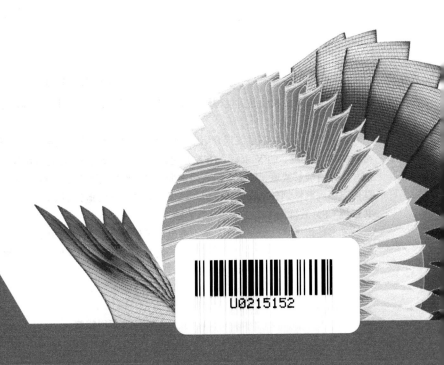

U0215152

CAX工程应用丛书

ANSYS CFX

19.0从入门到精通

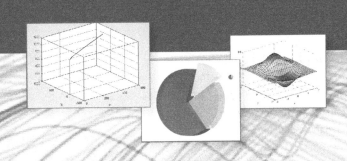

丁 源 编著

清华大学出版社

北 京

内 容 简 介

ANSYS CFX 软件是目前国际上比较流行的商业 CFD 软件，只要涉及流体、热传递及化学反应等工程问题，都可以用 CFX 进行求解。

本书通过大量实例系统地介绍了 CFX 19.0 的使用方法，包括计算流体的基础理论与方法、创建几何模型、划分网格、CFX 前处理、CFX 求解、CFX 后处理等，针对每个 CFX 可以解决的流体仿真问题进行详细讲解并辅以相应的实例，使读者能够快速、熟练、深入地掌握 CFX 软件。全书共 16 章，由浅入深地讲解了 CFX 仿真计算的各种功能，从几何建模到网格划分，从计算求解到结果后处理，详细地讲解 CFX 进行流体模拟计算的每一个步骤，使读者能够了解并掌握 CFX 软件的工作流程和计算方法。

本书结构严谨，条理清晰，重点突出，不仅适合广大 CFX 初、中级读者学习使用，也可作为大中专院校、高职类相关专业，以及社会有关培训班的教材，同时还可以作为工程技术人员的参考用书。

本书封面贴有清华大学出版社防伪标签，无标签者不得销售。

版权所有，侵权必究。举报：010-62782989，beiqinquan@tup.tsinghua.edu.cn。

图书在版编目（CIP）数据

ANSYS CFX 19.0 从入门到精通 / 丁源编著. — 北京：清华大学出版社，2020.1（2023.12重印）
（CAX 工程应用丛书）
ISBN 978-7-302-54629-0

Ⅰ. ①A… Ⅱ. ①丁… Ⅲ. ①工程力学－流体力学－有限元分析－应用软件 Ⅳ. ①TB126-39

中国版本图书馆 CIP 数据核字（2019）第 292728 号

责任编辑：王金柱
封面设计：王　翔
责任校对：闫秀华
责任印制：沈　露

出版发行：清华大学出版社
　　网　　址：https://www.tup.com.cn，https://www.wqxuetang.com
　　地　　址：北京清华大学学研大厦 A 座　　　　　邮　　编：100084
　　社 总 机：010-83470000　　　　　　　　　　　　邮　　购：010-62786544
　　投稿与读者服务：010-62776969，c-service@tup.tsinghua.edu.cn
　　质量反馈：010-62772015，zhiliang@tup.tsinghua.edu.cn
印 装 者：涿州市般润文化传播有限公司
经　　销：全国新华书店
开　　本：203mm×260mm　　　印　　张：24.25　　　字　　数：660 千字
版　　次：2020 年 2 月第 1 版　　　印　　次：2023 年 12 月第 5 次印刷
定　　价：89.00 元

产品编号：059610-01

[前言]
Preface

  ANSYS CFX 19.0 是一款功能强大的CFD工程分析软件，是ANSYS公司推出的最新版本，较以前的版本在性能方面有了较大的改善。只要涉及流体、热传递及化学反应等工程问题，都可以用CFX进行求解。

  CFX具有丰富的物理模型、先进的数值方法及强大的前后处理功能，在航空航天、汽车设计、石油天然气、涡轮机设计等方面有着广泛的应用。例如，在石油天然气工业上的应用就包括燃烧、井下分析、喷射控制、环境分析、油气消散/聚集、多相流、管道流动等。

本书特色

- 详略得当。将笔者十多年的CFD使用经验与CFX软件的各功能模块相结合，从点到面，将基本知识详细地讲解给读者。
- 信息量大。本书包含的内容全面，读者在学习过程中不应只关注细节，还应从整体出发，了解CFD的分析流程。
- 结构清晰。本书从结构上主要分为基础和案例两部分，在讲解基础知识的过程中穿插对实例的讲解，在综合介绍的过程中也同步回顾重点的基础知识。

本书内容

本书共分为 16 章，由浅入深，环环相扣，主要内容安排如下。

第 1 章　介绍了流体力学的基础知识，包括计算流体力学的基本概念及常用的CFD商用软件。

第 2 章　介绍了CFX软件的结构和计算分析过程中所用到的文件类型，让读者可以掌握CFX的基本概念。

第 3 章　首先介绍了建立几何模型的基本知识，然后讲解了DesignModeler建立几何模型的基本过程，最后给出了运用DesignModeler建立几何模型的典型实例。

第 4 章　介绍了网格生成的基本知识，包括ICEM CFD划分网格的基本过程，并给出运用ICEM CFD划分网格的典型实例。

第 5 章　介绍了CFX前处理器创建新工程项目、导入网格、定义模拟类型、创建计算域、指定边界条件、给出初始条件、定义求解控制、定义输出数据和写入定义文件并求解等功能。

第 6 章　讲解了CFX求解器的启动过程、CFX求解管理器的工作界面，以及文件输出的步骤，让读者可以掌握CFX求解管理器CFX-Solver Manager的使用方法。

第 7 章　介绍了CFD-Post的启动方法和工作界面，以及生成点、点样本、直线、平面、体、等值面等位置，显示云图、矢量图及制作动画短片等功能，让读者可以掌握CFX后理器CFD-Post的使用方法。

第 8 章　通过喷射混合管内稳态流动和烟囱非稳态流动两个实例分别介绍了CFX处理稳态和非稳态流动的工作流程，让读者可以掌握CFX中稳态、非稳态计算的设置，稳态、非稳态初始值的设置，非稳态时间步长的设置，稳态、非稳态求解控制的设置，以及稳态、非稳的输出控制。

第 9 章　通过圆管内气体流动和静态混合器内水的流动两个实例介绍了CFX处理内部流动的工作流程，让读者可以掌握CFX模拟的基本操作。

第 10 章　通过钝体绕流和机翼超音速流动两个实例介绍了CFX处理外部流动的工作流程，让读者可以掌握CFX处理外部流动的基本思路，以及模拟出流体在模型外表面的绕流情况。

第 11 章　通过自由表面流动和混合器内多相流动两个实例介绍了CFX处理多相流动的工作流程，让读者可以掌握CFX中多相流模型的设置和自适应网格的基本操作。

第 12 章　通过空调通风和加热盘换热两个实例分别介绍了CFX处理通风和传热流动的工作流程，让读者可以掌握CFX中Fortune子程序的调用、表达式的运用、传热模型的设置和物质属性的设置。

第 13 章　通过催化转化器和气升式反应器两个实例分别介绍了CFX处理多孔介质和气固两相流的工作流程，讲解了多孔介质模型的创建过程及多孔率、阻损等与多孔介质材料相关属性的设置，以及气体输送固体粒子过程模拟、固体粒子的生成过程及其形态设置，让读者可以掌握CFX中离散化设置、多相流模型的设置和多孔介质的设置。

第 14 章　通过甲烷燃烧和煤粉燃烧两个实例介绍了CFX处理化学反应，特别是燃烧模拟的工作流程，让读者可以掌握CFX中参数修改设置和燃烧模型的设置，基本掌握CFX处理化学反应问题，特别是气体燃烧和煤粉燃烧的基本思路和操作，对CFX处理化学反应问题有初步的认识。

第 15 章　通过球阀流动和浮标运动两个实例来介绍CFX处理动网格的工作流程和相关参数的设置，让读者可以掌握CFX中分析类型设置以及处理动网格问题的具体方法和步骤。

第 16 章　通过圆管内气体流动和三通内气体流动两个实例介绍了CFX在Workbench中应用的工作流程，让读者可以掌握CFX在Workbench中的创建、Meshing的网格划分方法及不同软件间的数据共享与更新。

本书实例源文件

本书提供所有例子的源文件，读者可以使用CFX打开源文件，根据本书的介绍进行学习和上机演练，扫描下述二维码下载源文件。

如果你在下载过程中遇到问题，请发送邮件至booksaga@126.com，邮件主题是"求ANSYS CFX 19.0 从入门到精通实例源文件"。

虽然编者在本书的编写过程中力求叙述准确、完善，但由于水平有限，书中欠妥之处在所难免，希望读者和同仁能够及时指出，共同促进本书质量的提高。

读者在学习过程中遇到难以解答的问题，可以直接发邮件到编者邮箱，编者会尽快给予解答。编者邮箱：comshu@126.com

编　者
2019 年 10 月

[目 录]
Contents

第1章

流体力学与计算流体力学基础

计算流体动力学分析（Computational Fluid Dynamics，CFD），是通过计算机进行数值计算，模拟流体流动时的各种相关物理现象，包含流动、热传导、声场等。计算流体动力学分析广泛应用于航空航天器设计、汽车设计、生物医学工业、化工处理工业、涡轮机设计、半导体设计等诸多工程领域。

本章将介绍流体动力学的基础理论、计算流体力学基础和常用的CFD软件。

知识要点

- 掌握流体动力学分析的基础理论
- 通过实例掌握流体动力学分析的过程
- 掌握计算流体力学的基础知识
- 了解常用的CFD软件

1.1 流体力学基础

本节介绍流体力学的基础知识，包括流体力学的基本概念和流体力学的基本方程。流体力学是进行流体力学工程计算的基础，如果想对计算的结果进行分析与整理，在设置边界条件时有所依据，那么学习流体力学的相关知识是非常有必要的。

1.1.1 基本概念

1. 流体的密度

流体的密度是指单位体积内所含物质的多少。若密度是均匀的，则有：

$$\rho = \frac{M}{V} \tag{1-1}$$

式中，ρ为流体的密度；M是体积为V的流体内所含物质的质量。

由上式可知，密度的单位是kg/m^3。对于密度不均匀的流体，其某一点处密度的定义为：

$$\rho = \lim_{\Delta V \to 0} \frac{\Delta M}{\Delta V} \tag{1-2}$$

例如，零下 4℃时水的密度为 1000kg/m^3，常温 20℃时空气的密度为 1.24kg/m^3。各种流体的具体密度值可查阅相关文献。

 流体的密度是流体本身固有的物理量，它随着温度和压强的变化而变化。

2. 流体的重度

流体的重度与流体密度有一个简单的关系式：

$$\gamma = \rho g \tag{1-3}$$

式中，g为重力加速度，其值为9.81m/s²。流体的重度单位为N/m³。

3. 流体的比重

流体的比重为该流体的密度与零下4℃时水的密度之比。

4. 流体的粘性

在研究流体流动时，若考虑流体的粘性，则称为粘性流动，相应的称流体为粘性流体；若不考虑流体的粘性，则称为理想流体的流动，相应的称流体为理想流体。

流体的粘性可由牛顿内摩擦定律表示：

$$\tau = \mu \frac{du}{dy} \tag{1-4}$$

 牛顿内摩擦定律适用于空气、水、石油等大多数机械工业中的常用流体。凡是符合切应力与速度梯度成正比的流体叫作牛顿流体，即严格满足牛顿内摩擦定律且μ保持为常数的流体，否则就称为非牛顿流体，如溶化的沥青、糖浆等。

非牛顿流体有以下三种不同的类型。

- 塑性流体，如牙膏等，它们有一个保持不产生剪切变形的初始应力τ_0，只有克服了这个初始应力后，其切应力才与速度梯度成正比。即：

$$\tau = \tau_0 + \mu \frac{du}{dy} \tag{1-5}$$

- 假塑性流体，如泥浆等。其切应力与速度梯度的关系是：

$$\tau = \mu \left(\frac{du}{dy} \right)^n \qquad (n<1) \tag{1-6}$$

- 胀塑性流体，如乳化液等。其切应力与速度梯度的关系是：

$$\tau = \mu \left(\frac{du}{dy} \right)^n \qquad (n>1) \tag{1-7}$$

5. 流体的压缩性

流体的压缩性是指在外界条件变化时，其密度和体积发生了变化。这里的条件有两种：一种是外部压

强发生了变化；另一种是流体的温度发生了变化。

流体的等温压缩率β，当质量为M，体积为V的流体外部压强发生ΔP的变化时，相应的其体积也发生了ΔV的变化，则定义流体的等温压缩率为：

$$\beta = -\frac{\Delta V / V}{\Delta p} \tag{1-8}$$

这里的负号是考虑到ΔP与ΔV总是符号相反的缘故，β的单位为 1/Pa。流体等温压缩率的物理意义为：当温度不变时，每增加一个单位压强所产生的流体体积的相对变化率。

考虑到压缩前后流体的质量不变，式（1-8）还有另外一种表示形式。即：

$$\beta = \frac{d\rho}{\rho dp} \tag{1-9}$$

气体的等温压缩率可由气体状态方程求得：

$$\beta = 1 / p \tag{1-10}$$

流体的体积膨胀系数α，当质量为M，体积为V的流体温度发生ΔT的变化时，相应的其体积也发生了ΔV的变化，则定义流体的体积膨胀系数为：

$$\alpha = \frac{\Delta V / V}{\Delta T} \tag{1-11}$$

考虑到膨胀前后流体的质量不变，式（1-11）还有另外一种表示形式。即：

$$\alpha = -\frac{d\rho}{\rho dT} \tag{1-12}$$

这里的负号是考虑到随着温度的升高，体积必然增大，密度必然减小，α的单位为 1/K。体积膨胀系数的物理意义为：当压强不变时，每增加一个单位温度所产生的流体体积的相对变化率。

气体的体积膨胀系数可由气体状态方程求得：

$$\alpha = 1 / T \tag{1-13}$$

在研究流体流动的过程中，若考虑到流体的压缩性，则称为可压缩流动，相应的称流体为可压缩流体，如相对速度较高的气体流动。

若不考虑流体的压缩性，则称为不可压缩流动，相应的称流体为不可压缩流体，如水、油等液体的流动。

6. 液体的表面张力

液体表面相邻两部分之间的拉应力是分子作用力的一种表现。液面上的分子受液体内部分子吸引而使液面趋于收缩，表现为液面任何两部分之间的具体拉应力，称为表面张力，其方向和液面相切，并与两部分的分界线相垂直。单位长度上的表面张力用σ表示，单位是N/m。

7. 质量力和表面力

作用在流体微团上的力可分为质量力与表面力。

与流体微团质量大小有关并且集中作用在微团质量中心上的力称为质量力，如在重力场中的重力mg、直线运动的惯性力ma等。

质量力是一个矢量，一般用单位质量所具有的质量力来表示。其形式如下：

$$f = f_x i + f_y j + f_z k \qquad (1-14)$$

式中，f_x、f_y、f_z为单位质量力在x、y、z轴上的投影，或者简称为单位质量分力。

大小与表面面积有关且分布作用在流体表面上的力称为表面力。表面力按其作用方向可以分为两种：一种是沿表面内法线方向的压力，称为正压力；另一种是沿表面切向的摩擦力，称为切应力。

作用在静止流体上的表面力只有沿表面内法线方向的正压力；单位面积上所受到的表面力称为这一点处的静压强。静压强有以下两个特征：

- 静压强的方向垂直指向作用面。
- 流场内的任意一点处的静压强大小与方向无关。

对于理想流体流动，流体质点所受到的作用力只有正压力，没有切向力；对于粘性流体流动，流体质点所受到的作用力既有正压力，也有切向力。单位面积上所受到的切向力称为切应力。对于一元流动，切向力由牛顿内摩擦定律求出；对于多元流动，切向力可由广义牛顿内摩擦定律求得。

8. 绝对压强、相对压强与真空度

一个标准大气压的压强是 760mmHg，相当于 101325Pa，通常用p_{atm}表示。若压强大于大气压，则以此压强为计算基准得到的压强称为相对压强，也称为表压强，通常用p_r表示；若压强小于大气压，则压强低于大气压的值就称为真空度，通常用p_v表示；若以压强 0Pa 为计算的基准，则这个压强就称为绝对压强，通常用p_s表示。这三者的关系如下：

$$p_r = p_s - p_{atm}, \quad p_v = p_{atm} - p_s \qquad (1-15)$$

在流体力学中，压强都用符号 p 表示，但一般来说有一个约定。对于液体来说，压强用相对压强表示；对于气体来说，特别是马赫数大于 0.1 的流动，应视为可压缩流动，压强用绝对压强表示。当然，特殊情况应有所说明。

9. 静压、动压和总压

对于静止状态下的流体而言，只有静压强。对于流动状态的流动，有静压力、动压力和总压强之分。

在一条流线上流体质点的机械能是守恒的，这就是伯努里（Bernoulli）方程的物理意义，对于理想流体的不可压缩流动，其表达式如下：

$$\frac{p}{\rho g} + \frac{v^2}{2g} + z = H \qquad (1-16)$$

式中，$p/\rho g$称为压强水头，也就是压能项，p为静压强；$v^2/2g$称为速度水头，也就是动能项；z称为位置水头，也就是重力势能项，这三项之和就是流体质点的总机械能；H称为总的水头高。

若把上式的等式两边同时乘以ρg，则有：

$$p + \frac{1}{2}\rho v^2 + \rho g z = \rho g H \qquad (1-17)$$

式中，p称为静压强，简称静压；$\frac{1}{2}\rho v^2$称为动压强，简称动压，也就是动能项；ρgH称为总压强，简称总压。

 对于不考虑重力的流动，总压就是静压和动压之和。

1.1.2　流体流动的分类

流体流动按运动形式分：若 $rot\vec{v}=0$，则流体做无旋运动；若 $rot\vec{v}\neq0$，则流体做有旋运动。

流体流动按时间变化分：若 $\frac{\partial}{\partial t}=0$，则流体做定常运动；若 $\frac{\partial}{\partial t}\neq0$，则流体做不定常运动。

流体流动按空间变化分：流体的运动有一维运动、二维运动和三维运动。

1.1.3　边界层和物体阻力

1. 边界层

对于工程实际中大量出现的大雷诺数问题，应该分成两个区域，即外部势流区域和边界层区域。

- 对于外部势流区域，可以忽略粘性力，采用理想流体运动理论解出外部流动，从而知道边界层外部边界上的压力和速度分布，并将其作为边界层流动的外边界条件。
- 在边界层区域必须考虑粘性力，只有考虑了粘性力才能满足粘性流体的粘附条件。边界层虽小，但是物理量在物面上的分布、摩擦阻力及物面附近的流动都与边界层内的流动联系在一起，因此非常重要。

描述边界层内的粘性流体运动的是N-S方程，但是由于边界层厚度δ比特征长度小很多，而且x方向的速度分量沿法向的变化比切向大得多，所以N-S方程可以在边界层内做很大的简化。简化后的方程称为普朗特边界层方程，它是处理边界层流动的基本方程，边界层示意图如图 1-1 所示。

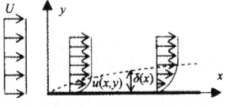

图 1-1　边界层示意图

边界层的厚重较物体的特征长度小得多，即δL（边界层相对厚度）是一个小量。边界层内粘性力和惯性力同阶。

对于二维平板或楔边界层方程，可以通过量阶分析得到：

$$\frac{\partial u}{\partial x} + \frac{\partial v}{\partial y} = 0$$

$$\frac{\partial u}{\partial t} + u\frac{\partial u}{\partial x} + v\frac{\partial u}{\partial y} = \frac{\partial U}{\partial t} + U\frac{\partial U}{\partial x} + v\frac{\partial^2 u}{\partial y^2}$$

（1-18）

边界条件：在曲面物体$y=0$上$u=v=0$，在$y=\delta$或$y\to\infty$时，$u=U(x)$。

初始条件：当$t=t_0$时，已知u、v的分布。

对于曲面物体，应采用贴体曲面坐标系，从而建立相应的边界层方程。

2. 物体阻力

阻力是由流体绕物体流动所引起的切向应力和压力差造成的，分为摩擦阻力和压差阻力两种。

- 摩擦阻力是指作用在物体表面的切向应力在来流方向上的投影总和，是粘性直接作用的结果。
- 压差阻力是指作用在物体表面的压力在来流方向上的投影总和，是粘性间接作用的结果，即由于边界层的分离，在物体尾部区域产生尾涡而形成的。压差阻力的大小与物体的形状有很大关系，又称为形状阻力。

摩擦阻力与压差阻力之和称为物体阻力。物体的阻力系数由下式确定：

$$C_D = \frac{F_D}{\frac{1}{2}\rho V_\infty^2 A}$$

（1-19）

式中，A为物体在垂直于运动方向或来流方向的截面积。

例如，对于直径为d的小圆球的低速运动来说，其阻力系数为：

$$C_D = \frac{24}{\mathrm{Re}}$$

（1-20）

式中，$\mathrm{Re} = \dfrac{V_\infty d}{v}$。此式在$\mathrm{Re} < 1$时，计算值与试验值吻合得较好。

1.1.4　层流和湍流

自然界中的流体流动状态主要有两种形式，即层流和湍流。在许多中文文献中，湍流也被译为紊流。层流是指流体在流动过程中两层之间没有相互混掺；湍流是指流体不是处于分层流动状态。一般来说，湍流是普通的，层流属于个别情况。

对于圆管内的流动，当$\mathrm{Re} \leqslant 2300$时，管流一定为层流；$\mathrm{Re} \geqslant 8000\sim12000$时，管流一定为湍流；当$2300 < \mathrm{Re} < 8000$，流动处于层流与湍流间的过渡区。

1.1.5　流体流动的控制方程

流体流动要受物理守恒定律的支配，基本的守恒定律包括质量守恒定律、动量守恒定律和能量守恒定律。

如果流动包含不同成分的混合或相互作用，系统还要遵守组分守恒定律；如果流动处于湍流状态，系统还要遵守附加湍流输运方程。控制方程是这些守恒定律的数学描述。

1. 质量守恒方程

任何流动问题都必须满足守恒定律。该定律可表述为：单位时间内流体微元体中质量的增加，等于同一时间间隔内流入该微元体的净质量。按照这一定律，可以得出质量守恒方程：

$$\frac{\partial \rho}{\partial t} + \frac{\partial}{\partial x_i}(\rho u_i) = S_m \tag{1-21}$$

该方程是质量守恒方程的一般形式，适用于可压流动和不可压流动。源项S_m是从分散的二级相中加入到连续相的质量（例如由于液滴的蒸发），也可以是任何的自定义源项。

2. 动量守恒方程

动量守恒定律也是任何流动系统都必须满足的基本定律。该定律可表述为：微元体中流体的动量对时间的变化率等于外界作用在该微元体上的各种力之和。

该定律实际上是牛顿第二定律。按照这一定律，可导出动量守恒方程：

$$\frac{\partial}{\partial t}(\rho u_i) + \frac{\partial}{\partial x_j}(\rho u_i u_j) = -\frac{\partial p}{\partial x_i} + \frac{\partial \tau_{ij}}{\partial x_j} + \rho g_i + F_i \tag{1-22}$$

式中，p为静压；τ_{ij}为应力张量；g_i和F_i分别为i方向上的重力体积力和外部体积力（如离散相相互作用产生的升力），F_i包含了其他的模型相关源项，如多孔介质和自定义源项。

应力张量由下式给出：

$$\tau_{ij} = \left[\mu \left(\frac{\partial u_i}{\partial x_j} + \frac{\partial u_j}{\partial x_i} \right) \right] - \frac{2}{3} \mu \frac{\partial u_l}{\partial x_l} \delta_{ij} \tag{1-23}$$

3. 能量守恒方程

能量守恒定律是包含热交换的流动系统必须满足的基本定律。该定律可表述为：微元体中能量的增加率等于进入微元体的净热流量加上体积力与表面力对微元体所做的功。该定律实际上是热力学第一定律。

流体的能量E通常是内能i、动能$K = \frac{1}{2}(u^2 + v^2 + w^2)$和势能$P$三项之和，内能$i$与温度$T$之间存在一定关系，即$i = c_p T$，其中$c_p$是比热容。可以得到以温度$T$为变量的能量守恒方程：

$$\frac{\partial(\rho T)}{\partial t} + div(\rho u T) = div\left(\frac{k}{c_p} grad T \right) + S_T \tag{1-24}$$

式中，c_p为比热容；T为温度；k为流体的传热系数；S_T为流体的内热源及由于粘性作用流体机械能转换为热能的部分，有时简称S_T为粘性耗散项。

 虽然能量方程是流体流动与传热的基本控制方程，但是对于不可压缩流动，若热交换量很小或可以忽略时，则可不考虑能量守恒方程。此外，它是针对牛顿流体得出的，对于非牛顿流体应使用另外形式的能量守恒方程。

1.1.6　边界条件与初始条件

　　对于求解流动和传热问题，除了使用上述介绍的三大控制方程以外，还要指定边界条件。对于非定常问题，还要制定初始条件。

　　边界条件就是在流体运动边界上控制方程应该满足的条件，一般会对数值计算产生重要的影响。即使对于同一个流场的求解，随着方法的不同，边界条件和初始条件的处理方法也是不同的。

　　在CFD模拟计算时，基本的边界类型包括以下几种。

1. 入口边界条件

　　入口边界条件就是指定入口流动变量的值。常见的入口边界条件有速度入口边界条件、压力入口边界条件和质量流量入口边界条件。

- 速度入口边界条件：用于定义流动速度和流动入口的流动属性相关的标量。这一边界条件适用于不可压缩，如果用于可压缩流，就会导致非物理结果，这是因为它允许驻点条件浮动。注意，不要让速度入口靠近固体妨碍物，否则会导致流动入口驻点属性具有太高的非一致性。
- 压力入口边界条件：用于定义流动入口的压力及其他标量属性。它既可以用于可压流，也可以用于不可压流。压力入口边界条件可用于压力已知但是流动速度或速率未知的情况。这一情况可用于很多实际问题，如浮力驱动的流动。压力入口边界条件也可用来定义外部或无约束流的自由边界。
- 质量流量入口边界条件：用于已知入口质量流量的可压缩流动。在不可压缩流动中不必指定入口的质量流量，因为密度为常数时，速度入口边界条件就确定了质量流量条件。当要求达到的是质量和能量流速而不是流入的总压时，通常就会使用质量入口边界条件。

　　调节入口总压可能会导致解的收敛速度较慢，当压力入口边界条件和质量入口条件都可以接受时，应该选择压力入口边界条件。

2. 出口边界条件

　　压力出口边界条件需要在出口边界处指定表压。表压值的指定只用于亚声速流动。如果当地流动变为超声速，就不再指定表压了，此时压力要从内部流动中求出，包括其他的流动属性。

　　在求解过程中，如果压力出口边界处的流动是反向的，则回流条件也需要指定。如果对于回流问题指定了比较符合实际的值，收敛性困难的问题就会不明显。

　　当流动出口的速度和压力在解决流动问题之前是未知时，可以使用质量出口边界条件来模拟流动。需要注意的是，如果模拟可压缩流或者包含压力出口时，就不能使用质量出口边界条件。

3. 固体壁面边界条件

　　对于粘性流动问题，可设置壁面为无滑移边界条件，也可以指定壁面切向速度分量（壁面平移或旋转运动时）给出壁面切应力，从而模拟壁面滑移。可以根据当地流动情况，计算壁面切应力和与流体的换热情况。壁面热边界条件包括固定热通量、固定温度、对流换热系数、外部辐射换热、对流换热等。

4. 对称边界条件

　　对称边界条件应用于计算的物理区域是对称的情况。由于在对称轴或对称平面上没有对流通量，因此垂直于对称轴或对称平面的速度分量为 0。在对称边界上，垂直边界的速度分量为 0，任何量的梯度也为 0。

5. 周期性边界条件

如果流动的几何边界、流动和换热是周期性重复的，就可以采用周期性边界条件。

1.2 计算流体力学基础

本节介绍计算流体力学的基础知识，包括计算流体力学的基本概念、求解过程、数值求解方法等。了解计算流体力学的基本知识，有助于理解CFX软件中相应的设置方法，是做好工程模拟分析的基础。

1.2.1 计算流体力学的发展

CFD是 20 世纪 60 年代起伴随计算科学与工程（Computational Science and Engineering，CSE）迅速崛起的一门学科分支，经过半个世纪的迅猛发展，这门学科已经相当成熟，一个重要的标志就是近几十年来，各种CFD通用软件的陆续出现，成为商品化软件，服务于传统的流体力学和流体工程领域，如航空、航天、船舶、水利等。

由于CFD通用软件的性能日益完善，应用的范围也在不断扩大，在化工、冶金、建筑、环境等相关领域中也被广泛应用，因此现在我们利用它来模拟计算平台内部的空气流动状况，也算是在较新的领域中应用。

现代流体力学的研究方法包括理论分析、数值计算和实验研究三个方面。这些方法针对不同的角度进行研究，相互补充。理论分析研究能够表述参数影响形式，为数值计算和实验研究提供了有效的指导；试验是认识客观现实的有效手段，用于验证理论分析和数值计算的正确性。计算流体力学通过提供模拟真实流动的经济手段补充理论及试验的空缺。

更重要的是，计算流体力学提供了廉价的模拟、设计和优化的工具，以及提供了分析三维复杂流动的工具。在复杂的情况下，测量往往是很困难的，甚至是不可能的，而计算流体力学则能方便地提供全部流场范围的详细信息。与试验相比，计算流体力学具有对于参数没有什么限制、费用少。流场无干扰的特点，我们选择它来进行模拟计算。简单来说，计算流体力学所扮演的角色是：通过直观地显示计算结果，对流动结构进行仔细的研究。

计算流体力学在数值研究上大体沿两个方向发展：一个是在简单的几何外形下，通过数值方法来发现一些基本的物理规律和现象；另一个是为解决工程实际需要，直接通过数值模拟进行预测，为工程设计提供依据。理论的预测出自数学模型的结果，而不是出自一个实际的物理模型的结果。计算流体力学是多领域交叉的学科，涉及计算机科学、流体力学、偏微分方程的数学理论、计算几何、数值分析等，这些学科的交叉融合，相互促进和支持，推动了学科的深入发展。

CFD方法是将流场的控制方程利用计算数学的方法将其离散到一系列网格节点上求其离散的数值解。控制所有流体流动的基本定律是质量守恒定律、动量守恒定律和能量守恒定律，由它们分别导出连续性方程、动量方程（N-S方程）和能量方程。应用CFD方法进行平台内部空气流场模拟计算时，首先需要选择或者建立过程的基本方程和理论模型，依据的基本原理是流体力学、热力学、传热传质等平衡或守恒定律。

由基本原理出发，可以建立质量、动量、能量、湍流特性等守恒方程组，如连续性方程、扩散方程等。这些方程构成非线性偏微分方程组，不能用经典的解析法，只能用数值方法求解。求解上述方程时，必须先给定模型的几何形状和尺寸，确定计算区域并给出恰当的进出口、壁面及自由面的边界条件，而且还需要适合的数学模型及包括相应的初值在内的过程方程的完整数学描述。

1.2.2 计算流体力学的求解过程

CFD数值模拟一般遵循以下几个步骤：

步骤 01 建立所研究问题的物理模型，并将其抽象成为数学、力学模型，然后确定要分析的几何体的空间影响区域。

步骤 02 建立整个几何体与其空间影响区域，即计算区域的CAD模型，将几何体的外表面和整个计算区域进行空间网格划分。网格的稀疏及网格单元的形状都会对以后的计算产生很大的影响。为保证计算的稳定性和计算效率，不同的算法格式对网格的要求也不一样。

步骤 03 加入求解所需要的初始条件，入口与出口处的边界条件一般为速度、压力等。

步骤 04 选择适当的算法，设置具体的控制求解过程和精度的一些条件，对所需分析的问题进行求解，并且保存数据文件结果。

步骤 05 选择合适的后处理器（Post Processor）读取计算结果文件，分析并显示出来。

以上这些步骤构成了CFD数值模拟的全过程，其中数学模型的建立是理论研究的课堂，一般由理论工作者来完成。

1.2.3 数值模拟方法和分类

在运用CFD方法对一些实际问题进行模拟时，常常需要设置工作环境、边界条件和选择算法等，算法的选择对模拟的效率及其正确性有很大的影响，需要特别重视。

随着计算机技术和计算方法的发展，许多复杂的工程问题都可以采用区域离散化的数值计算并借助计算机得到满足工程要求的数值解。数值模拟技术是现代工程学形成和发展的重要动力之一。

区域离散化就是用一组有限个离散的点来代替原来连续的空间。实施过程是把所计算的区域划分成许多互不重叠的子区域，确定每个子区域的节点位置和该节点所代表的控制体积。

一般把节点看成控制体积的代表。控制体积和子区域并不总是重合的。网格是离散的基础，网格节点是离散化物理量的存储位置。

常用的离散化方法为有限差分法、有限单元法和有限体积法。

1. 有限差分法

有限差分法是数值解法中比较经典的方法。它是将求解区域划分为差分网格，用有限个网格节点代替连续的求解域，然后将偏微分方程（控制方程）的导数用差商代替，推导出含有离散点上有限个未知数的差分方程组。这种方法的产生和发展比较早，也比较成熟，较多用于求解双曲线和抛物线等问题。用它求解边界条件时比较复杂，尤其是椭圆形问题不如有限单元法或有限体积法方便。

构造差分的方法有多种形式，目前主要采用的是泰勒级数展开方法。其基本的差分表达式主要有 4 种形式，即一阶向前差分、一阶向后差分、一阶中心差分和二阶中心差分，其中前两种形式为一阶计算精度，后两种形式为二阶计算精度。通过对时间和空间这几种不同差分格式的组合，可以组合成不同的差分计算格式。

2. 有限单元法

有限单元法是将一个连续的求解域任意分成适当形状的许多微小单元，并与各小单元分片构造插值函数，然后根据极值原理（变分或加权余量法），将问题的控制方程转化为所有单元上的有限元方程，把总体的极值作为各单元极值之和，即将局部单元总体合成，形成嵌入了指定边界条件的代数方程组，求解该方程组就能得到各节点上待求的函数值。

有限单元求解的速度比有限差分法和有限体积法慢，在商用CFD软件中的应用并不广泛。目前常用的商用CFD软件中，只有FIDAP采用的是有限单元法。

 有限单元法对椭圆形问题有很好的适应性。

3. 有限体积法

有限体积法又称为控制体积法，是将计算区域划分为网格，并使每个网格点周围有一个互不重复的控制体积，将待解的微分方程对每个控制体积积分，从而得到一组离散方程。其中的未知数是网格节点上的因变量。子域法加离散，就是有限体积法的基本思想。有限体积法的基本思路易于理解，并能得出直接的物理解释。

离散方程的物理意义就是因变量在有限大小的控制体积中的守恒原理，如同微分方程表示因变量在无限小的控制体积中的守恒原理一样。

有限体积法得出的离散方程，要求因变量的积分守恒对任意一组控制集都得到满足，对整个计算区域自然也得到满足，这是有限体积法吸引人的地方。

有一些离散方法（有限差分法）仅当网格极其细密时，离散方程才满足积分守恒，而有限体积法即使在粗网格情况下，也显示出准确的积分守恒。

就离散方法而言，有限体积法可视作有限单元法和有限差分法的中间产物，三者各有所长。

- 有限差分法：直观、理论成熟、精度可选，但是不规则区域处理烦琐。虽然网格生成可以使有限差分法应用于不规则区域，但是对于区域的连续性等要求比较严格。使用有限差分法的好处在于易于编程、并行。
- 有限单元法：适合于处理复杂区域，精度可选。缺点是内存和计算量大，并行不如有限差分法和有限体积法直观。
- 有限体积法：适用于流体计算，可以应用于不规则网格，适用于并行。精度只能是二阶。

 由于 ANSYS CFX 是基于有限体积法的，所以下面将以有限体积法为例介绍数值模拟的基础知识。

1.2.4　有限体积法的基本思想

有限体积法是从流体运动积分形式的守恒方程出发来建立离散方程。一维有限积分单元示意图如图 1-2 所示。

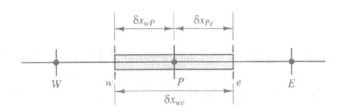

图 1-2 一维有限体积单元示意图

三维对流扩散方程的守恒型微分方程如下：

$$\frac{\partial(\rho\phi)}{\partial t} + \frac{\partial(\rho u\phi)}{\partial x} + \frac{\partial(\rho v\phi)}{\partial y} + \frac{\partial(\rho w\phi)}{\partial z} = \frac{\partial}{\partial x}\left(K\frac{\partial\phi}{\partial x}\right) + \frac{\partial}{\partial x}\left(K\frac{\partial\phi}{\partial y}\right) + \frac{\partial}{\partial x}\left(K\frac{\partial\phi}{\partial z}\right) + S_\phi \tag{1-25}$$

式中，ϕ是对流扩散物质函数，如温度、浓度。

若上式用散度和梯度表示：

$$\frac{\partial}{\partial t}(\rho\phi) + div(\rho u\phi) = div(Kgrad\phi) + S_\phi \tag{1-26}$$

将方程（1-26）在时间步长 Δt 内对控制体体积 CV 积分，可得：

$$\int_{CV}\left(\int_t^{t+\Delta t}\frac{\partial}{\partial t}(\rho\phi)dt\right)dV + \int_t^{t+\Delta t}\left(\int_A n\cdot(\rho u\phi)dA\right)dt = \int_t^{t+\Delta t}\left(\int_A n\cdot(Kgrad\phi)dA\right)dt + \int_t^{t+\Delta t}\int_{CV}S_\phi dVdt \tag{1-27}$$

式中散度积分已用格林公式简化为面积积分，A 为控制体的表面积。

该方程的物理意义是：Δt 时间段控制体CV内 $\rho\phi$ 的变化，加上 Δt 时间段通过控制体表面的对流量 $\rho u\phi$，等于 Δt 时间段通过控制体表面的扩散量，加上 Δt 时间段控制体CV内源项的变化。

例如一维非定常热扩散方程：

$$\rho c\frac{\partial T}{\partial t} = \frac{\partial}{\partial x}\left(k\frac{\partial T}{\partial t}\right) + S \tag{1-28}$$

在 Δt 时段和控制体积内部对式（1-28）进行积分：

$$\int_t^{t+\Delta}\int_{CV}\rho c\frac{\partial T}{\partial t}dVdt = \int_t^{t+\Delta}\int_{CV}\frac{\partial}{\partial}\left(k\frac{\partial T}{\partial x}\right)dVdt + \int_t^{t+\Delta}\int_{CV}SdVdt \tag{1-29}$$

上式也可写成：

$$\int_w^e\left[\int_t^{t+\Delta t}\rho c\frac{\partial T}{\partial t}dt\right]dV = \int_t^{t+\Delta t}\left[\left(kA\frac{\partial T}{\partial x}\right)_e - \left(kA\frac{\partial T}{\partial x}\right)_w\right]dt + \int_t^{t+\Delta t}\overline{S}\Delta Vdt \tag{1-30}$$

式（1-30）中 A 是控制体面积，ΔV 是体积，$\Delta V = A\Delta x$，Δx 是控制体宽度，$\overline{S}$ 为控制体中平均源强度。设 P 点在 t 时刻的温度为 T_P^0，而 $t+\Delta t$ 时的 P 点温度为 T_P，则式（1-30）可简化为：

$$\rho c\left(T_P - T_P^0\right)\Delta V = \int_t^{t+\Delta t}\left[k_e A\frac{T_E - T_P}{\delta x_{PE}} - k_w A\frac{T_P - T_W}{\delta x_{WP}}\right]dt + \int_t^{t+\Delta t}\overline{S}\Delta Vdt \tag{1-31}$$

为了计算上式右端的T_P、T_E和T_W对时间的积分，引入一个权数θ=0~1，将积分表示成t和$t+\Delta t$时刻的线性关系：

$$I_T = \int_t^{t+\Delta t} T_P dt = [\theta T_P + (1-\theta)T_P^0]\Delta t \qquad (1\text{-}32)$$

式（1-31）可写成：

$$\rho c\left(\frac{T_P - T_P^0}{\Delta t}\right)\Delta x = \theta\left[\frac{k_e(T_E - T_P)}{\delta x_{PE}} - \frac{k_w(T_P - T_W)}{\delta x_{WP}}\right] + (1-\theta)\left[\frac{k_e(T_E^0 - T_P^0)}{\delta x_{PE}} - \frac{k_w(T_P^0 - T_w^0)}{\delta x_{WP}}\right] + \bar{S}\Delta x \qquad (1\text{-}33)$$

由于上式左端第二项中 t 时刻的温度为已知，因此该式是 $t+\Delta t$ 时刻 T_P、T_E、T_W 之间的关系式。列出计算域上所有相邻三个节点上的方程，可形成求解域中所有未知量的线性代数方程，给出边界条件后可求解代数方程组。

由于流体运动的基本规律都是守恒率，并且有限体积法的离散形式也是守恒的，因此有限体积法在流体流动计算中应用广泛。

1.2.5 有限体积法的求解方法

控制方程被离散化之后就可以进行求解了。下面介绍几种常用的压力与速度耦合求解算法，分别是SIMPLE、SIMPLEC和PISO。

1. SIMPLE 算法

SIMPLE算法是目前工程实际中应用比较广泛的一种流场计算方法，它属于压力修正法的一种。该方法的核心是采用"猜测-修正"的过程，在交错网格的基础上来计算压力场，从而达到求解动量方程的目的。

SIMPLE算法的基本思想可以叙述为：对于给定的压力场，求解离散形式的动量方程，得到速度场。因为压力是假定的或不精确的，这样得到的速度场一般都不能满足连续性方程的条件，所以必须对给定的压力场进行修正。修正的原则是修正后的压力场相对应的速度场能满足这一迭代层次上的连续方程。

根据这个原则，我们把由动量方程的离散形式所规定的压力与速度的关系代入连续方程的离散形式，从而得到压力修正方程，再由压力修正方程得到压力修正值。接着根据修正后的压力场求得新的速度场，然后检查速度场是否收敛。若不收敛，用修正后的压力值作为给定压力场，开始下一层次的计算，直到获得收敛的解为止。

在上面所述的过程中，核心问题在于如何获得压力修正值以及如何根据压力修正值构造速度修正方程。

2. SIMPLEC 算法

SIMPLEC算法与SIMPLE算法在基本思路上是一致的，不同之处在于SIMPLEC算法在通量修正方法上有所改进，加快了计算的收敛速度。

3. PISO 算法

PISO算法的压力速度耦合格式是SIMPLE算法族的一部分，它是基于压力速度校正之间的高度近似关系的一种算法。SIMPLE和SIMPLEC算法的一个限制就是在压力校正方程解出之后新的速度值和相应的流量不满足动量平衡。因此，必须重复计算直至平衡得到满足。

为了提高该计算的效率，PISO算法执行了两个附加的校正，即相邻校正和偏斜校正。PISO算法的主要思想就是将压力校正方程中解的阶段中的SIMPLE和SIMPLEC算法所需的重复计算移除。经过一个或更多的附加PISO循环，校正的速度会更满足连续性和动量方程，这一迭代过程被称为动量校正或邻近校正。

PISO算法虽然在每个迭代中要花费较多的CPU时间，但是极大地减少了达到收敛所需要的迭代次数，尤其是对于过渡问题，这一优点更为明显。

对于具有一些倾斜度的网格，单元表面质量流量校正和邻近单元压力校正差值之间的关系是相当简略的。因为沿着单元表面的压力校正梯度的分量开始是未知的，所以需要进行一个与上面所述的PISO邻近校正中相似的迭代步骤。

初始化压力校正方程的解之后，需要重新计算压力校正梯度，然后用重新计算出来的值更新质量流量校正。这个被称为偏斜矫正的过程极大地减少了计算高度扭曲网格所遇到的收敛性困难。PISO偏斜校正可以使我们在基本相同的迭代步中，从高度偏斜的网格上得到和更改为正交网格上不相上下的解。

1.3　计算流体力学的应用领域

近十多年来，CFD有了很大的发展，替代了经典流体力学中的一些近似计算法和图解法，过去的一些典型教学实验，如Reynolds实验，现在完全可以借助CFD手段在计算机上实现。

所有涉及流体流动、热交换、分子输运等现象的问题，几乎都可以通过计算流体力学的方法进行分析和模拟。CFD不仅作为一个研究工具，而且还作为设计工具在水利工程、土木工程、环境工程、食品工程、海洋结构工程、工业制造等流域发挥作用。典型的应用场合及相关的工程问题包括：

- 水轮机、风机和泵等流体机械内部的流体流动。
- 飞机和航天飞机等飞行器的设计。
- 汽车流线外形对性能的影响。
- 洪水波及河口潮流计算。
- 风载荷对高层建筑物稳定性及结构性能的影响。
- 温室或室内的空气流动及环境分析。
- 电子元器件的冷却。
- 换热器性能分析及换热器片形状的选取。
- 河流中污染物的扩散。
- 汽车尾气对街道环境的污染。

对这些问题的处理，过去主要借助于基本的理论分析和大量的物理模型实验，而现在大多采用CFD的方式加以分析和解决，CFD技术现已发展到完全可以分析三维粘性湍流及漩涡运动等复杂问题的程度。

1.4　常用的 CFD 商用软件

为了完成CFD计算，过去大多是由用户自己编写计算程序，但由于CFD的复杂性及计算机硬件条件的多样性，使得用户各自的应用程序往往缺乏通用性，而CFD本身又有其鲜明的系统性和规律性，因此比较适合于被制成通用的商用软件。

从1981年开始，陆续出现了如PHOENICS、STAR-CD、STAR-CCM+、FLUENT、CFX等多个商用CFD软件。这些软件的特点为：

- 功能比较全面、适用性强，几乎可以求解工程界中的各种复杂问题。

- 具有比较易用的前后处理系统和与其他CAD及CFD软件的接口能力，便于用户快速完成造型、网格划分等工作。同时，还可以让用户扩展自己的开发模块。
- 具有比较完备的容错机制和操作界面，稳定性高。
- 可在多种计算机、多种操作系统（包括并行环境）下运行。

随着计算机技术的快速发展，这些商用软件在工程界正在发挥着越来越大的作用。

1.4.1　PHOENICS

PHOENICS是世界上第一套计算流体动力学与传热学的商用软件，除了通用CFD软件应该拥有的功能外，PHOENICS软件还具有自己独特的功能。

- 开发性：PHOENICS最大限度地向用户开发了程序，用户可以根据需要添加用户程序、用户模型。
- CAD接口：PHOENICS可以读入任何CAD软件的图形文件。
- 运动物体功能：PHOENICS可以定义物体的运动，克服了使用相对运动方法的局限性。
- 多种模型选择：提供了多种湍流模型、多相流模型、多流体模型、燃烧模型、辐射模型等。
- 双重算法选择：既提供了欧拉算法，也提供了基于粒子运动轨迹的拉格朗日算法。
- 多模块选择：PHOENICS提供了若干专用模块，用于特定领域的分析计算，如COFFUS用于煤粉锅炉炉膛燃烧模拟，FLAIR用于小区规划设计及高大空间建筑设计模拟，HOTBOX用于电子元器件散热模拟等。

1.4.2　STAR-CD

STAR-CD是目前世界上使用最广泛的专业计算流体力学（CFD）分析软件之一，由世界领先的综合性CAE软件和服务提供商CD-Adapco集团开发。集团不断将分布于世界各地的代表处的开发成果以及广大合作研究单位的研究成果融入到软件的最新版本中，使得STAR-CD保持了在热流解析领域的领先地位。

STAR-CD的解析对象涵盖基础热流解析，导热、对流、辐射（包含太阳辐射）热问题，多相流问题，化学反应/燃烧问题，旋转机械问题，流动噪音问题等。目前STAR-CD已将解析对象扩展到流体/结构热应力问题、电磁场问题和铸造领域。

作为最早引入非结构化网格概念的软件，STAR-CD保持了对复杂结构流域解析的优势，其最新的基于连续介质力学求解器具有内存占用少、收敛性强、稳定性好等特点，受到全球用户的好评。

STAR-CD作为重要工具参与了我国许多重大工程项目，如高速铁路、汽车开发设计、低排放内燃机、能源化工、动力机械、船舶设计、家电电子、飞行器设计、空间技术等，并为客户取得了良好的效益。

1.4.3　STAR-CCM+

STAR-CCM+是CD-Adapco集团推出的新一代CFD软件，采用最先进的连续介质力学算法，并和卓越的现代软件工程技术结合在一起，拥有出色的性能、精度和高可靠性。

STAR-CCM+拥有一体化的图形用户界面，从参数化CAD建模、表面准备、体网格生成、模型设置、计算求解一直到后处理分析的整个流程，都可以在同一个界面环境中完成。

基于连续介质力学算法的STAR-CCM+，不仅可以进行热、流体分析，还拥有结构应力、噪声等其他物理场的分析功能，功能强大且又易学易用。

1.4.4 FLUENT

FLUENT软件是当今世界CFD仿真领域最为全面的软件包之一，具有广泛的物理模型,以及能够快速准确的得到CFD分析结果。

FLUENT软件拥有模拟流动、湍流、热传递和反应等广泛物理现象的能力，在工业上的应用包括从流过飞机机翼的气流到炉膛内的燃烧，从鼓泡塔到钻井平台，从血液流动到半导体生产，以及从无尘室设计到污水处理装置等。软件中的专用模型可以用于开展缸内燃烧、空气声学、涡轮机械和多相流系统的模拟工作。

现今，全世界范围内数以千计的公司将FLUENT与产品研发过程中设计和优化阶段相整合，并从中获益。先进的求解技术可提供快速、准确的CFD结果、灵活的移动和变形网格，以及出众的并行可扩展能力。用户自定义函数可实现全新的用户模型和扩展现有模型。

FLUENT中的交互式的求解器设置、求解和后处理能力可轻易暂停计算过程，利用集成的后处理检查结果改变设置，并随后用简单的操作继续执行计算。ANSYS CFD-Post可以读入Case和Data文件，并利用其先进的后处理工具开展深入分析。

ANSYS Workbench集成ANSYS FLUENT后给用户提供了与所有主要CAD系统的双向连接功能，其中包括ANSYS DesignModeler强大的几何修复和生成能力，以及ANSYS Meshing先进的网格划分技术。该平台通过使用一个简单的拖放操作便可共享不同应用程序的数据和计算结果。

1.4.5 CFX

CFX是全球第一个通过ISO9001质量认证的大型商业CFD软件,由英国AEA Technology公司开发。2003年，CFX软件被ANSYS公司收购。诞生在工业应用背景中的CFX一直将精确的计算结果、丰富的物理模型、强大的用户扩展性作为其发展的基本要求，并以其在这些方面的卓越成就引领着CFD技术的不断发展。目前，CFX已经遍及航空航天、旋转机械、能源、石油化工、机械制造、汽车、生物技术、水处理、火灾安全、冶金、环保等领域，为其在全球6000多个用户解决了大量的实际问题。

与大多数CFD软件不同，CFX除了可以使用有限体积法之外，还采用了基于有限单元的有限体积法。基于有限单元的有限体积法保证了在有限体积法的守恒特性的基础上，吸收了有限单元法的数值精确性。在CFX中，基于有限单元的有限体积法对六面体网格单元采用24点插值，而单纯的有限体积法仅仅采用6点插值；对四面体网格单元采用60点插值，而单纯的有限体积法仅仅采用4点插值。在湍流模型的应用上，除了常用的湍流模型外，CFX最先使用了大涡模拟（LES）和分离涡模拟（DES）等高级涡流模型。

CFX可计算的物理问题包括可压与不可压流体、耦合传热、热辐射、多相流、粒子输送过程、化学反应和燃烧问题。还拥有诸如气蚀、凝固、沸腾、多孔介质、相间传质、非牛顿流、喷雾干燥、动静干涉、真实气体等的使用模型。

在其湍流模型中，纳入了k-ε模型、低Reynolds数k-ε模型、低Reynolds数Wilcox模型、代数Reynolds应力模型、微分Reynolds应力模型、微分Reynolds通量模型、SST模型和大涡模型。

作为世界上唯一采用全隐式耦合算法的大型商业软件，其算法上的先进性，丰富的物理模型和前后处理的完善性使ANSYS CFX在结果精确性、计算稳定性、计算速度和灵活性上都有优异的表现。

除了一般工业流动以外，ANSYS CFX还可以模拟诸如燃烧、多相流、化学反应等复杂流场。ANSYS CFX可以与ANSYS Structure及ANSYS Emag等软件配合，实现流体分析、结构分析、电磁分析等的耦合。ANSYS CFX也被集成在ANSYS Workbench环境下，方便用户在单一操作界面上实现对整个工程问题的模拟。

ANSYS Workbench平台融合了ANSYS DesignModeler强大的几何修复和ANSYS Meshing先进的网格划分技术，为所有主流的CAD系统提供优质的双向连接，使数据的拖放转换以及不同的应用程序间共享结果更为容易。例如，流体流动仿真可以应用在随后的结构力学模拟边界负荷的定义中。ANSYS CFX与ANSYS结构力学产品天然的双向连接，使最复杂的流固耦合（FSI）问题处于简便使用的环境内，减少了购买、管理或运行第三方耦合软件的需要。

ANSYS CFX具备以下特色功能：

- 先进的全隐式耦合多网格线性求解器。
- 收敛速度快（同等条件下比其他流体软件快 1~2 个数量级）。
- 可以读入多种形式的网格，并能在计算中自动加密/稀疏网格。
- 优秀的并行计算性能。
- 强大的前后处理功能。
- 丰富的物理模型，可以真实模拟各种工业流动。
- 简单友好的用户界面，方便使用。
- CCL语言使高级用户能方便地加入自己的子模块。
- 支持批处理操作。
- 支持多物理场耦合。
- 支持Workbench集成。

CFX能够解决的工程问题可以归结为以下几个方面：

- 可压缩与不可压缩流动问题。
- 稳态与瞬态流动问题。
- 层流与湍流问题。
- 牛顿流体与非牛顿流体问题。
- 对流换热、热传导与热辐射问题。
- 化学组分混合与反应问题。
- 多孔介质流动问题。
- 多相流问题。
- 自由表面流动问题。
- 流固耦合问题。
- 粒子流动问题。

当然，很多实际工程问题较为复杂，需要多个计算模型，CFX都能很好地计算并求解。

1.5　本章小结

本章首先介绍了流体力学的基础知识，然后讲解了计算流体力学的基本概念，最后介绍了常用的CFD商用软件。通过对本章内容的学习，读者可以掌握计算流体力学的基本概念，了解目前常用的CFD商用软件。

第 2 章
CFX 软件简介

CFX是目前国际上比较流行的商用CFD软件，只要是涉及流体、热传递及化学反应等的工程问题，都可以用CFX进行求解。CFX具有丰富的物理模型、先进的数值方法以及强大的前后处理功能，在航空航天、汽车设计、石油天然气、涡轮机设计等方面有着广泛的应用。例如，在石油天然气工业上的应用就包括燃烧、井下分析、喷射控制、环境分析、油气消散/聚集、多项流、管道流动等。

知识要点

- 掌握 CFX 软件的结构
- 掌握CFX计算分析过程中所用到的文件类型

2.1 CFX 的软件结构

ANSYS CFX不是单一的软件，而是由多个相互配合的软件模块构成的软件包。ANSYS CFX软件包含4个功能模块，分别为前处理器（CFX-Pre）、求解器（CFX-Solver）、求解管理器（CFX-Solver Manager）、后处理器（CFD-Post），如图 2-1 所示。

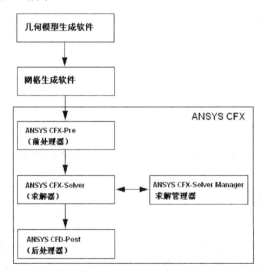

图 2-1　CFX 软件结构图

- 前处理器（CFX-Pre）：用于定义求解的问题，如流体介质的属性、计算区域的边界条件、选用的数学模型、求解的计算精度、迭代的步数、目标残差等。

- 求解器（CFX-Solver）：是CFX软件模拟计算的核心程序，在后台执行，用户通过求解管理器来控制设置求解器。
- 求解管理器（CFX-Solver Manager）：便于用户监视求解进程，用于显示CFX求解器输出的求解过程信息，如当前迭代步数、残差等。
- 后处理器（CFX-Post）：用于完成计算结果的统计和图形化处理。

2.1.1　启动 CFX

启动运行CFX应用程序时，有直接启动及在Workbench中启动两种方式。

1．直接启动

（1）Windows 系统

只要执行"开始"→"所有程序"→ANSYS 19.0→Fluid Dynamics→CFX 19.0 命令，便可启动CFX程序进入软件主界面，或者在DOS窗口中输入"C:\Program Files\Ansys Inc\V140\CFX\bin\cfx5.exe"命令，也可以启动CFX程序。

（2）Linux 系统

在终端窗口中键入"/usr/ansys_inc/v140/CFX/bin/cfx5.exe"命令，即可启动CFX程序。

2．在 Workbench 中启动

在Workbench中启动CFX程序时，首先需要运行Workbench程序，然后导入CFX计算模块，从而进入程序。步骤如下：

步骤 01　在Windows系统下执行"开始"→"所有程序"→ANSYS 19.0→Workbench命令，启动ANSYS Workbench 19.0，进入如图 2-2 所示的主界面。

图 2-2　Workbench 主界面

步骤 02　双击主界面Toolbox（工具箱）中的Component Systems→CFX选项，即可在项目管理区创建分析

项目A，如图2-3所示。

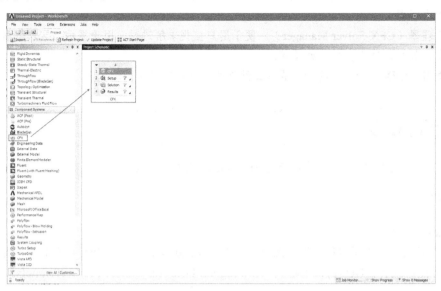

图 2-3　创建分析项目 A

步骤 03　双击分析项目A中的Setup，将直接进入CFX-Pre界面。CFX软件启动后进入Launcher界面，如图 2-4所示。

图 2-4　Launcher 界面

步骤 04　通过Launcher界面可以启动TurboGrid 19.0（旋转机械网格）、CFX-Pre 19.0（前处理器）、CFX-Solver Manager 19.0（求解管理器）和CFD-Post 19.0（后处理器）4 个功能模块。其中，TurboGrid 19.0 （旋转机械网格）模块主要用于设置旋转机械，通过此模块可以进入旋转机械网格划分界面 （ANSYS TGRID 19.0），然后通过导入几何图形、设置拓扑、生成网格等操作生成旋转机械网格 文件，本书对此部分内容不做详细说明。

2.1.2　前处理器

前处理器（CFX-Pre）用于定义求解的问题，如流体介质的属性、计算区域的边界条件、求解参数、 迭代的步数、目标残差等。

前处理器（CFX-Pre）的主要功能包括导入网格、设置求解条件、生成求解文件等。

- 前处理器（CFX-Pre）可以导入的网格类型较多，包括ANSYS Meshing生成的网格、CFX网格工具生成的网格、CFX后处理中包含的网格信息、ICEM CFD生成的网格、Gambit生成的网格等。
- 前处理器（CFX-Pre）中可以设置的求解条件很多，包括定常/非定常问题、求解域、边界条件和求解参数。
- 前处理器（CFX-Pre）会将使用者导入的网格和定义的求解条件统一输出到一个.def文件中，供求解器求解时使用。

前处理器（CFX-Pre）界面如图2-5所示，大致分为5个区域。

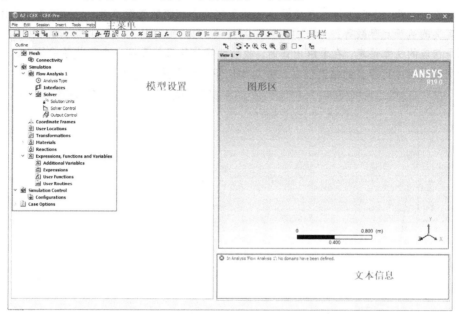

图2-5　前处理器（CFX-Pre）界面

- 主菜单：CFX遵循了常规软件的方式，主菜单里包含了软件的全部功能。
- 工具栏：一般情况下，使用这些工具栏中的按钮就足够了。
- 模型设置：管理全部模型内容，包括网格、求解域、边界条件、材料数据库、化学反应库等。
- 图形区：以图形的方式直观显示模型计算结果。
- 文本信息区：用于反馈CFX命令的执行情况。

2.1.3　求解管理器

CFX的求解过程实际上就是一个代数方程组的迭代求解过程，在求解过程中求解器会反馈一些信息，供使用者判断程序的求解运行过程是否正常。求解管理器（CFX-Solver Manager）就是这样一个反馈程序。

求解管理器（CFX-Solver Manager）具有下列主要功能：

- 启动一个新的求解过程，启动前可以定义是否使用外部已有计算文件、是否使用并行。
- 监视正在进行的求解过程，包括随迭代步变化的残差、监视点的状态参数和三个守恒方程的总体守恒满足程度等。

通过以上信息，可以判断求解过程是否正常，如果发现不正常求解，就可以通过求解管理器中止求解过程，或者动态修改求解参数或边界条件。

- 对于已经求解完成的问题，求解管理器（CFX-Solver Manager）还可以回放求解过程，辅助使用者发现求解过程中的问题。

如图 2-6 所示为求解管理器（CFX-Solver Manager）的界面，主要有两个区域。

- 左侧是收敛曲线，以图形方式显示随迭代步变化的各种收敛判断参数，包括残差、总体守恒度、用户自定义的监视点参数等。
- 右侧是相应的文本信息，在求解出错时，收敛曲线往往只能看到一个不收敛的结果，而文本信息会给使用者提供尽可能多的错误信息，并对如何修改模型提出建议。

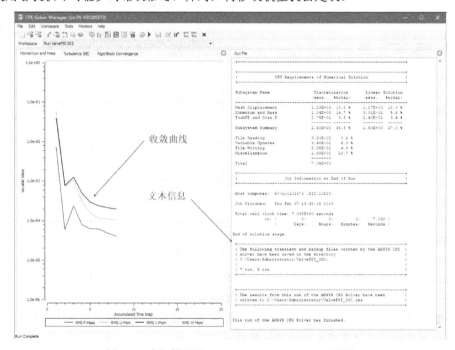

图 2-6　求解管理器（CFX-Solver Manager）界面

2.1.4　后处理器

求解完成后，需要使用后处理器（CFD-Post）对求解后的数据进行图形化显示和统计处理。如图 2-7 所示为后处理器（CFD-Post）的界面。

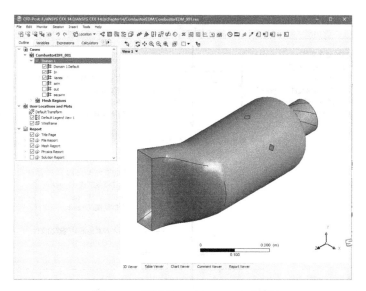

图 2-7　后处理器（CFD-Post）界面

后处理器（CFD-Post）具有一般后处理器的全部特征，包括打开结果文件、建立几何特征、生成矢量图/云图、计算统计量、生成动画、导出文本数据等。

后处理器（CFD-Post）还可以建立自己的宏命令，从而构建一套针对特定问题的后处理。后处理器（CFD-Post）具有一套专门针对旋转机械的后处理功能，就是使用宏命令编写的。

2.2　CFX 的文件类型

在创建模型进行计算分析的过程中，CFX软件将生成一系列的文件，不同的文件类型具有不同的文件扩展名，表 2-1 中对这些文件的作用进行了简要介绍。

表 2-1　CFX 文件类型

文件类型	扩展名	作用
项目文件	.cfx	记录物理数据、区域定义、网格信息
网格文件	.cfx，.cfx5，.msh	记录网格数据信息
求解器输入文件	.def，.mdef	记录物理模型、网格数据信息
计算结果文件	.res，.mres	记录中间计算结果、最终计算结果
计算结果备份文件	.bak	文件备份
瞬态计算结果文件	.trn	记录瞬态计算结果
错误记录文件	.err	记录计算过程中的错误信息
信息文件	.pre	记录执行的 CFX 命令语言（CCL）
CFX 命令语言文件	.ccl	记录 CFX 命令语言

在CFX计算分析的过程中，不同功能模块将会用到的文件类型如图 2-8 所示。

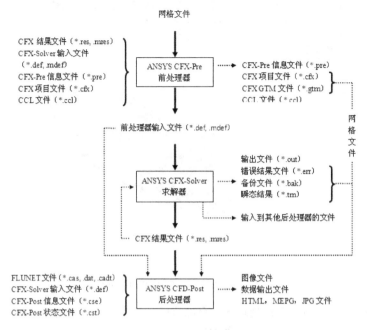

图 2-8　CFX 文件类型

2.3　本章小结

　　本章介绍了CFX软件的结构和计算分析过程中所用到的文件类型。通过对本章内容的学习，读者可以掌握CFX的基本概念，为后面的学习打下基础。

第 3 章

创建几何模型

创建几何模型是进行计算流体模拟分析的基础，建立良好的几何模型既可以准确地反应所研究的物理对象，又能够方便地进行下一步的网格划分工作。目前，创建几何模型的方法主要有通过网格生成软件直接创建模型和采用三维CAD软件进行几何建模。

本章将重点对DesignModeler软件进行介绍，并通过一个实例来详细介绍DesignModeler的工作流程。

知识要点

- 掌握建立几何模型的基本概念
- 掌握 DesignModeler 软件的使用方法
- 通过实例掌握DesignModeler的工作过程

3.1 建立几何模型概述

在进行计算流体力学计算分析之前，首先要根据所研究的对象建立几何模型。目前，创建几何模型的方法主要有两种。

1. 通过网格生成软件直接创建模型

目前主流的网格生成软件都具备创建几何模型的功能，通过这种方法创建的几何模型精度高，但操作过程相对麻烦，创建复杂的几何模型较为困难。

2. 采用三维 CAD 软件进行几何建模

先通过三维CAD软件创建几何模型，然后转化为网格生成软件可以识别的接口文件，导入网格生成软件后再进行网格划分。通过这种方法创建模型较为方便，能够生成复杂的几何模型，但模型的几何精度一般不高，在导入网格软件后必要时需要进行修复。

下面重点介绍ANSYS Workbench 19.0 中DesignModeler模块的使用方法，这个模块具备一般三维CAD软件使用方便的优点，同时能够保证创建的模型具备较高的几何精度。与其他CAD软件类似，DesignModeler几何建模主要有 3 种方法。

- 自底向顶的建模方法：所谓自底向顶的建模方式就是按"点→线→面"一体的顺序依次建模，它符合设计人员的建模逻辑，对于概念设计阶段的产品建模非常适合。
- 自顶向底的建模方法：它是直接利用体元，通过布尔运算的方法，合并、分割和相交等方式建立复杂的几何模型。这种方式的优点是建模快速，能充分利用已有设计模型及子模型，故而也被广泛采用。

- 混合使用前两种方法：结合前两种方法进行综合运用，但应考虑到要获得什么样的有限元模型，即在进行网格划分时，是要产生自动网格划分还是映射网格划分。自动网格划分时，实体模型的建立比较简单，只要所有的面或体能结合成一个体就可以；而映射网格划分时，平面结构一定要由 3 或 4 个边围成，体结构则要求由 4 或 5 或 6 个面围成。

3.2 DesignModeler 简介

DesignModeler 19.0 是 ANSYS Workbench 19.0 中创建几何模型的平台。从界面上看，DesignModeler类似于一般的CAD工具，但与普通的CAD软件又不同。

DesignModeler主要是为ANSYS中有限元分析和计算流体力学分析服务的，它具有的一些功能也是一般CAD软件所不具备的，如梁建模、封闭操作、填充操作、点焊设置等。

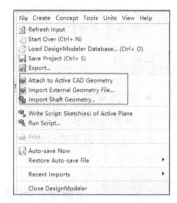

要进入DesignModeler界面，可由CAD几何体开始，一般包括以下 3 种方式，具体如图 3-1 所示。

- 从一个打开的CAD系统中探测并导入当前的CAD文件（File→Attach to Active CAD Geometry）。

- 导入外部集合体（File→Import External Geometry File），几何体格式有Parasolid、SAT等。

- 导入杆件模型（File→Import Shaft Geometry），通过一个描述杆件内径、外径和长度的TXT文件，建立杆件的CAD模型。

图 3-1　进入 DesingModeler 的方式

进入DesignModeler之后，首先呈现在眼前的是如图 3-2 所示的DesignModeler用户界面。

图 3-2　DesignModeler 用户界面

可以看出，DesignModeler的用户界面实际上与目前流行的三维CAD软件非常类似。同样，DesignModeler也允许用户配置个人窗口来满足使用要求，如利用鼠标移动和调整窗口等。下面来认识一下DesignModeler

的基本结构。

　　DesignModeler的主要功能都集成于它的各项主菜单之中，如创建文件、具体操作和帮助文件等。这部分主要包括 6 项内容，如图 3-3 所示。

- ● File：这是基本文件操作，包括常规的文件输入、输出、保存及脚本的运行等功能，子菜单如图 3-4 所示。

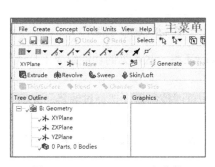

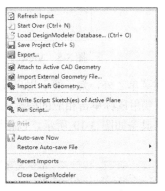

图 3-3　DesignModeler 主菜单　　　　　　　　　图 3-4　File 子菜单

- ● Create：用于创建 3D模型和修改操作工具（如布尔运算、倒角等），如图 3-5 所示。
- ● Concept：用于创建梁模型和面（壳体），子菜单如图 3-6 所示。
- ● Tools：用于整体建模操作、参数管理及定制程序等，子菜单如图 3-7 所示。

图 3-5　Create 子菜单　　　图 3-6　Concept 子菜单　　　图 3-7　Tools 子菜单

- ● View：这是用来设置显示项的工具。例如，在梁模型中利用显示功能可以直观地看到梁单元的横截面。其子菜单如图 3-8 所示。
- ● Help：这是帮助文档，在使用DesignModeler的过程中碰到一些问题或者有一些不清楚的地方，随时可以使用帮助文档，子菜单如图 3-9 所示。

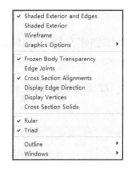

图 3-8　View 子菜单

图 3-9　Help 子菜单

除了上述菜单之外，为了便于用户使用，DesignModeler还将一些常见的功能组成工具条形式放置在主菜单下面，只要用鼠标单击相应的图标就可以直接使用。

常见的工具条如图 3-10 所示，包括图形控制器、平面/草图控制器、选择过滤器、3D几何体建模工具等。

图 3-10　DesignModeler 工具条

3.3　草图模式

在DesignModeler中，创建二维几何体是在草图模式下完成的。这些二维几何体主要是为创建 3D几何体和概念建模做准备的。本节主要学习如何在草图模式下进行 2D建模。

3.3.1　进入草图模式

在开始进行一个新的模型设计之前，首先会出现一个长度单位对话框供用户选择需要的长度单位（可以将其设置为默认值）。当确定长度单位后，就可进入到草图模式中。

 单位不能在操作过程中改变，如图 3-11 所示。

图 3-11　长度单位对话框

3.3.2　创建新平面

因为在DesignModeler中草图都是要在平面上创建的，所以用户必须先建立一个工作平面用来绘制草图。用户可以根据需要任意创建平面，而且一个平面可以和多个草图相关联。

选择 来创建新平面，这时在下拉列表中会显示构建新平面的几种类型，如图 3-12 所示。

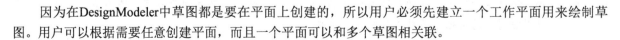

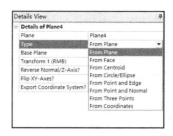

图 3-12　构建新平面

- From Plane：从另一个已有面创建平面。
- From Face：从表面创建平面。
- From Point and Edge：用一点和一条直线的边界定义平面。
- From Point and Normal：用一点和一条边界方向的法线定义平面。
- From Three Points：用三点定义平面。
- From Coordinates：通过键入距离原点的坐标和法线定义平面。

3.3.3　创建草图

当平面创建好以后，就可以在平面上创建草图了。操作时只要用鼠标单击草图 🔲 按钮就能在激活的平面上新建草图。

当然，也可以从平面中直接建立面/草图的快捷方式。操作时只要先选中将要创建新平面所用的表面，然后直接切换到草图标签就可以开始绘制草图了，过程如图 3-13 所示。

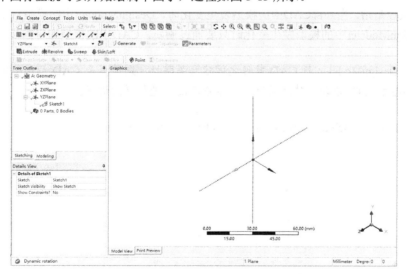

图 3-13　直接建立面/草图

进入草图模式界面后，一系列Sketching Toolboxes面板都将出现在草图模式界面的左边，如图 3-14 所示。

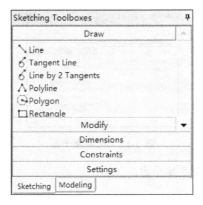

图 3-14　Sketching Toolboxes 面板

 利用 Toolboxes 面板绘制草图时会发现，DesignModeler 的草图与目前主流 CAD 软件的草图非常类似，也很容易上手，对于常规性的绘图过程本书就不作详细介绍了（本书后面有一些 2D 建模的实例操作过程）。

3.3.4　几何模型的关联性

DesignModeler本身的建模虽然与CAD软件的建模思路非常类似，但是DesignModeler也有其自己的特点，如能与绝大多数CAD的几何模型建立关联性。

所谓双向关联性是指，当外部CAD中的模型发生变化时，DesignModeler中的模型只要刷新便可同步更新，同样，当DesignModeler中的模型发生变化时只要通过刷新，CAD中的模型即可同步更新。

 若要在 DesignModeler 与 CAD 软件之间建立关联性，则前提是 CAD 程序一定是开启的。至于能与哪些主流 CAD 软件建立关联性，本书后面会进行详细讲述。

操作过程为：File→Attach to Active CAD Geometry，如图 3-15 所示。

图 3-15　与 CAD 软件间的关联性

3.4 创建 3D 几何体

在DesignModeler草图中建立 2D 几何体后，只需将 2D 几何体通过一定的拉伸、旋转等操作就能生成 3D几何体。

同样，在DesignModeler中生成 3D 几何体的过程与普通CAD软件生成 3D 几何体的建模过程非常类似。只要有一点CAD建模的基本知识，相信完全能够掌握这些内容。

在DesignModeler中只有两种状态的几何体。

- 激活状态的几何体：在这种情况下，几何体可以进行常规的建模操作，如布尔操作等，但不能被切片（Slice）。切片操作属于DesignModeler的特色之一，这主要是为后面网格划分中划分规则的六面体服务的。

- 冻结状态的几何体：之所以要对几何体冻结，实际上就是对几何体进行切片操作。由于建模中的操作除切片外均不能用于冻结体，所以用户若要在以后划分出高质量的六面体网格，就要对一些不规则的几何体切片成形状规则的几何体。

DesignModeler包括三种体元，即 3D实体（Solid Body）、面体（Surface Body）和线体（Line Body）。图 3-16 为 3D建模工具栏，常用的建模工具按钮及使用说明如下。

图 3-16　3D 建模工具栏

3.4.1 拉伸（Extrude）

拉伸可以用于创建面体和 3D实体，当前激活的 2D草图为拉伸命令默认的操作图元，用户可以改变拉伸命令的属性，如拉伸长度、方向及布尔运算的方式，控制实体或面体的创建。在拉伸属性设置完毕后，单击 Generate 按钮，即可生成相应的实体。

例如，生成一个圆柱体，可以按照图 3-17 的提示单击 Extrude 按钮，设置圆柱的高度为30mm，单击 Generate 按钮完成建模过程。

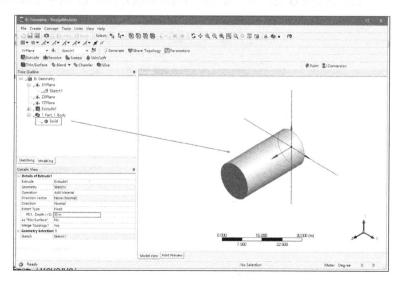

图 3-17　拉伸建模实例

3.4.2 旋转（Revolve）

旋转命令用于创建 3D 轴对称的旋转体，整个创建过程与拉伸操作类似，也有选择、属性设置和创建三个步骤。区别是在选择时必须制定旋转轴。

图 3-18 给出了用旋转命令来创建实体圆柱的操作过程。

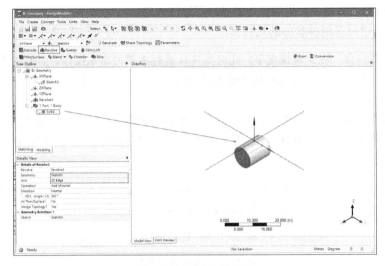

图 3-18　旋转建模实例

3.4.3 扫掠（Sweep）

扫掠命令可以把几何元素经过不同的形成方式在空间中扫描曲面。如图 3-19 所示为矩形沿着圆弧扫描成扇形体。

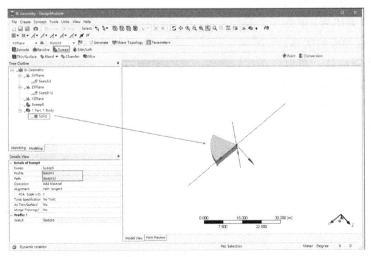

图 3-19　扫掠建模实例

3.4.4　直接创建 3D 几何体（Primitives）

与上述图元的创建类似，在DesignModeler中，用户可以通过指定角点、中心点以及通过坐标设置等不同的方式来创建棱锥体、圆锥体、球体和圆环体。

该方法因无须事先绘制 2D 草图，故而更加快捷，可以直接生成 3D 图元，如图 3-20 所示。

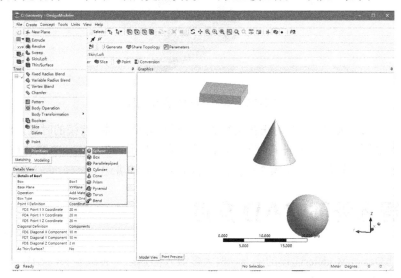

图 3-20　3D 建模实例

3.4.5　填充(Fill)和包围(Enclosure)

填充（Fill）和包围（Enclosure）这两个操作是在CFD（计算流体力学）计算建模的过程中经常用到的。如图 3-21 所示是一个管道，流体在管道内流动，现在来对管道内的流体进行分析。

在CAD建模的时候只是创建了固体的管道部分，而CFD分析实际上是对管道空腔内的流体进行分析。此时只要采用填充操作就能建立流体部分的几何体。

图 3-21　管道模型

下面就以此为例来说明填充的操作过程。

步骤01　在主菜单中执行Tool→Fill命令。

步骤02　用鼠标在选择过滤器中选取类型为面。

步骤03　选中内腔中的两个圆柱面。

步骤04　将Extraction Type设置为By Cavity（腔填充），并单击Apply按钮。

步骤05　单击Generate按钮。

以上操作过程如图 3-22 所示。

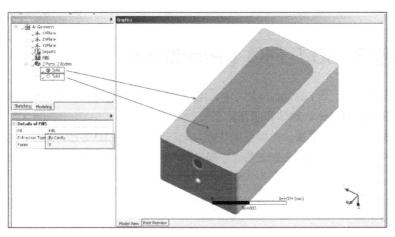

图 3-22　填充（Fill）操作过程

对于包围（Enclosure）操作，若要对正在飞行的导弹进行分析，则在建模的时候只对固体的导弹建模，而分析时却是将导弹周围的空气作为研究对象，此时只要采用包围（Enclosure）操作就能为周围的空气建立模型。包围（Enclosure）操作与填充操作类似，本书就不再详细讲述了。

3.5　导入外部 CAD 文件

许多人都不熟悉DesignModeler建模的命令，但大多数人都熟悉一种或多种CAD软件，用户可以先在自己熟悉的CAD系统中建好模型再将模型导入DesignModeler中。

DesignModeler的优点之一就是能与大多数主流的CAD软件协同建模。它不但能读入外部CAD模型，还能嵌入到主流CAD软件系统中。

在CAD软件中建好模型后，可以将模型转成第三方格式，然后导入DesignModeler中。目前DesignModeler能读入外部模型的格式有ACIS、AutoCAD、Catia V4、Catia V5、Creo Elements/Direct Modeling、Creo Parametric、Inventor、JTOpen、Parasolid、SolidWorks、Solid Edge。

导入时的命令为File→Import External Geometry File，操作过程如图 3-23 所示。

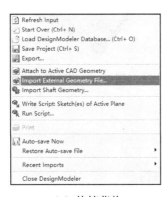

（a）快捷菜单　　　　　　　　　　　　（b）"打开"对话框

图 3-23　导入文件的操作过程

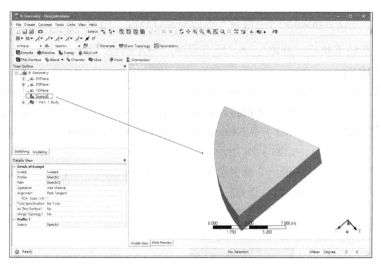

（c）几何模型显示

图 3-23　导入文件的操作过程（续）

在这种情况下导入后的几何体与原先的外部几何体就没有关联性了。若想使CAD中的模型与导入DesignModeler中的模型仍然保持关联性，即二者能相互刷新、协同建模，则需要将DesignModeler嵌入到主流CAD系统中。

若想将DesignModeler嵌入到CAD系统中，则先要安装相应的CAD系统，然后在ANSYS中进行相应的设置，如图 3-24 所示。

若当前CAD系统已打开，则从DesignModeler输入CAD模型后，CAD系统与DesignModeler自动保持双向刷新功能；若需要采用参数化双向刷新功能，则参数采用的默认格式是DS_XX形式。这样二者之间就能通过改变参数值来相互刷新几何体了。

当然，DesignModeler能从外部导入几何体，反过来它也能向外输出几何体模型，其命令为File→Export，如图 3-25 所示。

图 3-24　ANSYS 安装过程

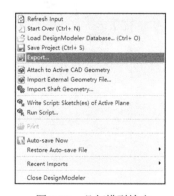

图 3-25　几何模型输出

3.6　创建几何体的实例操作

在了解了DesignModeler的基本功能后，先通过一个实例来巩固一下这些知识。下面的实例过程是先从外部导入几何体，然后在DesignModeler中对导入的模型加以修改，相应的过程如下。

步骤01 在Windows系统下执行"开始"→"所有程序"→ANSYS 19.0 →Workbench 19.0 命令，启动Workbench 19.0。

步骤02 进入Workbench 19.0界面后，在任务栏中单击 按钮进入Save Case（保存项目）对话框，在File name（文件名）中输入example1.wbpj，再单击Save按钮保存项目文件。

步骤03 双击主界面Toolbox（工具箱）中的Component Systems→Geometry（几何体）选项，即可在项目管理区创建分析项目A，如图 3-26 所示。

步骤04 双击项目A中的A2 栏Geometry，此时会进入到DesignModeler界面，弹出长度单位选择对话框，如图 3-27 所示，选中Millimeter单选按钮，单击OK按钮。

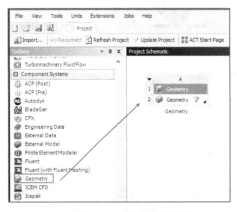

图 3-26　创建分析项目　　　　　　　　图 3-27　长度单位选择对话框

步骤05 在Geometry树中单击ZXPlane，选择ZX平面为草图放置平面，然后单击 ![] 按钮新建草图Sketch1，如图 3-28 所示。为了便于操作，可选择单击 ![] 按钮，选择视图正视自己的视角。

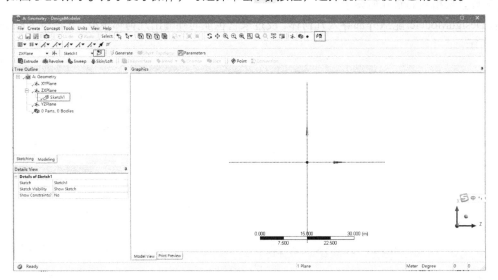

图 3-28　进入草图

步骤06 选择Sketching选项卡进入Sketching Toolboxes窗口，单击Draw（画图）项中的Rectangle（矩形）按钮，在图形工作区的不同地方单击鼠标两次，生成一个矩形，然后单击Draw（画图）项中的Circle（圆形）按钮，在图形工作区中单击鼠标并拖动，生成一个圆形，如图 3-29 所示。

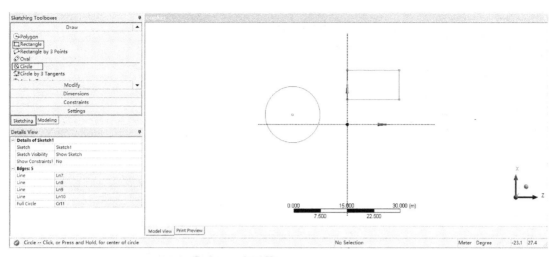

图 3-29　绘制矩形与圆形

步骤 07　如图 3-30 所示，单击Dimensions（尺寸）项中的Diameter（直径）按钮，将圆形的直径设置为 10mm，再单击Dimensions（尺寸）项中的Horizontal（水平）按钮，将圆形圆心到X轴的距离设置为 15mm，矩形的长边长度设置为 20mm，矩形左边到X轴的距离设置为 20mm，单击Dimensions（尺寸）项中的Vertical（竖直）按钮，将圆形圆心到矩形上边的距离设置为 5mm，矩形的短边长度设置为 10mm，矩形下边到Z轴的距离设置为 5mm。

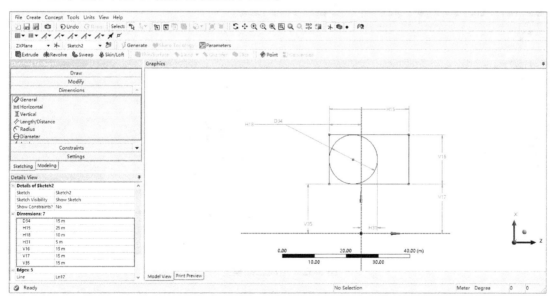

图 3-30　尺寸设置

步骤 08　单击Modify（修改）项中的Fillet（倒角）按钮，设置倒角半径为 2.5mm，再单击Trim（修剪）按钮，将圆形与矩形重叠区域的线段删除，如图 3-31 所示。

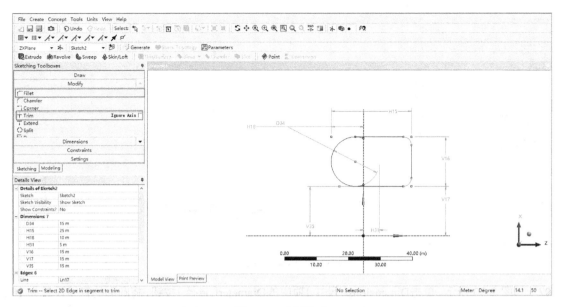

图 3-31　草图修改

步骤 09 单击工具栏中的 🖽Extrude（拉伸）按钮，选中创建的草图并在Details View工具栏中设置Depth（高度）为 20mm，单击工具栏中的 ⚡Generate（生成）按钮来生成三维几何体，如图 3-32 所示。

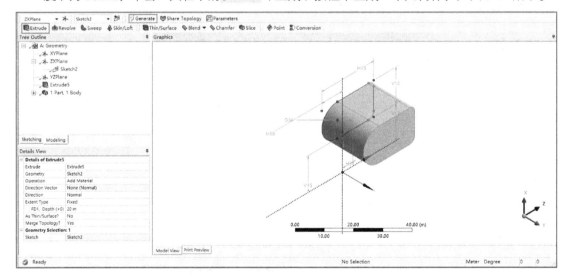

图 3-32　生成三维模型

步骤 10 在主菜单中执行Tools→Enclosure（包围）命令，在Details View工具栏中设置 6 个面的Cushion（间离）为 100mm。单击工具栏中的 ⚡Generate（生成）按钮来生成三维几何体外流场计算区域，如图 3-33 所示。

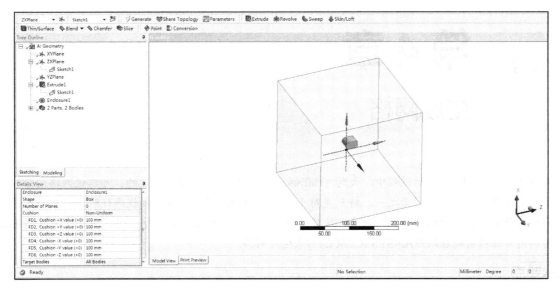

图 3-33　外流场计算区域

3.7　本章小结

　　本章首先介绍了建立几何模型的基本知识，然后讲解了DesignModeler建立几何模型的基本过程，最后给出了运用DesignModeler建立几何模型的典型实例。通过对本章内容的学习，读者可以掌握DesignModeler的使用方法。

第4章

生成网格

在使用商用 CFD 软件的过程中，大约有 80%的时间是花费在网格划分上的，可以说网格划分能力的高低是决定工作效率的主要因素之一。特别是对于复杂的CFD问题，网格生成极为耗时，且极易出错，因此，网格质量将直接影响CFD计算的精度和速度，有必要对网格生成方式给予足够的关注。本章将重点介绍如何利用专业的前处理软件ANSYS ICEM CFD来生成网格。

知识要点

- 掌握网格生成的基本概念
- 掌握 ANSYS ICEM CFD 软件的基本使用方法
- 通过实例掌握ANSYS ICEM CFD的工作过程

4.1 网格生成概述

利用CFD计算分析的第一步是生成网格，即要对空间上连续的计算区域进行剖分，把它划分成许多个子区域并确定每个区域中的节点。

由于实际工程计算中大多数计算区域较为复杂，因而不规则区域内网格的生成是计算流体力学中一个十分重要的研究领域。实际上，CFD计算结果的最终精度及计算过程的效率主要取决于所生成的网格与所采用的算法。

现有的各种生成网格的方法在一定的条件下都有其优越性和弱点，各种求解流场的算法也各有其适应范围。一个成功而高效的数值计算，只有在网格的生成及求解流场的算法这两者之间有良好的匹配时才能实现。

自从 1974 年Thompson等人提出生成贴体坐标的方法以来，网格生成技术在计算流体力学及传热学中的作用日益被研究者们重视。

网格生成技术的基本思想是根据求解物理问题的特征，构造合适的网格布局，且将原物理坐标 (x,y,z) 内的基本方程变换到计算坐标(ξ,η,ζ)内的均匀网格求解，以提高计算精度。

从总体来说，CFD计算中采用的网格可以大致分为结构化网格和非结构化网格两大类。一般情况下的数值计算中，正交与非正交曲线坐标系中生成的网格都是结构化网格，其特点是每一节点与其邻点之间的连接关系固定不变且隐含在所生成的网格中，因而我们不必专门设置数据去确认节点与邻点之间的这种联系。

从严格意义上讲，结构化网格是指网格区域内所有的内部点都具有相同的毗邻单元。结构化网格的主要优点是：

- 网格生成的速度快。
- 网格生成的质量好。

- 数据结构简单。
- 对曲面或空间的拟合大多采用参数化或样条插值的方法得到，区域光滑，与实际模型更接近。
- 它可以很容易地实现区域的边界拟合，便于流体和表面应力集中等方面的计算。

结构化网格最典型的缺点是适用的范围比较窄。尤其是随着近几年计算机和数值方法的快速发展，人们对求解区域的复杂性的要求越来越高，在这种情况下，结构化网格生成技术就显得力不从心了。

在结构化网格中，每一个节点及控制容积的几何信息必须加以存储，但该节点的邻点关系则是可以依据网格编号的规律而自动得出的，因而不必专门存储这类信息，这是结构化网格的一大优点。

但是，当计算区域比较复杂时，即使应用网格生成技术也难以妥善地处理所求解的不规则区域，这时可以采用组合网格，又叫块结构化网格。在这种方法中，把整个求解区域分为若干个小块，每一块中均采用结构化网格，块与块之间可以是并接的，即两块之间用一条公共边连接，也可以是部分重叠的。

这种网格生成方法既有结构化网格的优点，同时又不要求一条网格线贯穿整个计算区域，给处理不规则区域带来了很多便利，因此，目前该方法应用很广。

同结构化网格的定义相对应，非结构化网格是指网格区域的内部点不具有相同的毗邻单元。从定义上可以看出，结构化网格和非结构化网格有相互重叠的部分，即非结构化网格中可能会包含结构化网格的部分。

非结构化网格技术从 20 世纪 60 年代开始得到了发展，主要是弥补结构化网格不能解决任意形状和任意连通区域内网格部分的欠缺。

由于其对不规则区域的特别适应性，因而非结构化网络技术自 20 世纪 80 年代以来得到迅速发展，由于非结构化网格的生成技术比较复杂，随着人们对求解区域复杂性要求的不断提高，对非结构化网格生成技术的要求也越来越高。

从现在的文献调查情况来看，非结构化网格生成技术中只有平面三角形的自动生成技术比较成熟，平面四边形网格的生成技术正在走向成熟。

4.2　ANSYS ICEM CFD 简介

ANSYS ICEM CFD是一款专业处理软件，包括从几何创建、网格划分、前处理条件设置、后处理等功能。在CFD网格生成领域优势更为突出。

ANSYS ICEM CFD提供了高级几何获取、网格生成、网格优化及后处理工具等，以满足当今复杂分析对集成网格生成与后处理工具的需求。

为了在网格生成与后处理中与几何保持紧密的联系，ANSYS ICEM CFD被用于诸如计算流体动力学与结构分析中。

ANSYS ICEM CFD的网格生成工具提供了参数化创建网格的能力，包括许多不同的格式。

- Multiblock Structured（多块结构网格）。
- Unstructured Hexahedral（非结构六面体网格）。
- Unstructured Tetrahedral（非结构四面体网格）。
- Cartesian with H-grid Refinement（带H型细化的笛卡尔网格）。
- Hybrid Meshed Comprising Hexahedral, Tetrahedral, Pyramidal and/or Prismatic Elements（混合了六面体、四面体、金字塔或棱柱形网格的杂交网格）。
- Quadrilateral and Triangular Surface Meshes（四边形和三角形表面网格）。

ANSYS ICEM CFD提供了几何与分析间的直接联系。在ICEM CFD中，集合可以以商用CAD设计软件包、第三方公共格式、扫描的数据或点数据等任何格式被导入。

4.2.1　ICEM CFD 的工作流程

ICEM CFD的一般工作流程如图 4-1 所示，简而言之，包括以下 5 个步骤。

- **步骤 01**　打开/创建一个工程。
- **步骤 02**　创建/导入几何体。
- **步骤 03**　创建网格。
- **步骤 04**　检查/编辑网格。
- **步骤 05**　生成求解器的导入文件。

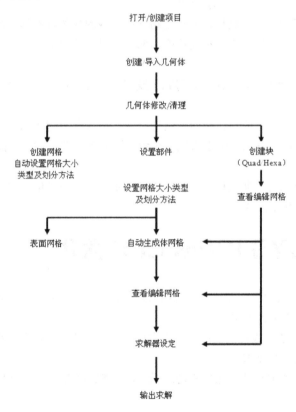

图 4-1　ICEM CFD 工作流程

4.2.2　ICEM CFD 的文件类型

在ICEM CFD工作流程中常用的文件类型如表 4-1 所示。

表 4-1　ICEM CFD 文件类型

文件类型	扩展名	说明
Tetin	*.tin	包括几何实体、材料点、块关联以及网格尺寸等信息
Project	*.prj	工程文件，包含项目信息
Blocking	*.blk	包含块的拓扑信息
Boundary Conditions	*.fbc	包含边界条件
Attributes	*.atr	包含属性、局部参数及单元信息
Parameters	*.par	包含模型参数及单元类型信息
Journal	*.jrf	包含所有操作的记录
Replay	*.rpl	包含重播脚本

4.2.3　ICEM CFD 的用户界面

ICEM CFD的图形用户接口提供了一个创建及编辑计算网格的完整环境。如图 4-2 所示为ICEM CFD的图形用户界面。

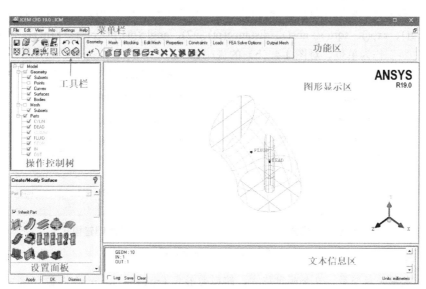

图 4-2　ICEM CFD 图形界面

4.3　ANSYS ICEM CFD 基本用法

ICEM CFD是功能强大的几何建模和网格划分工具，本节将介绍创建几何模型、导入几何模型、生成网格、生成块、编辑网格、输出网格等基本操作。

4.3.1　创建几何模型

在进行流体计算中，不可避免地要创建流体计算域模型。除了使用其他几何建模软件以外，ICEM CFD

也具备一定的几何建模能力。

下面介绍基本几何模型的创建方式，包括点、线、面等。

1. 点的创建

打开Geometry选项卡，单击 按钮（创建点），即可进入点创建工具面板。该面板包含的按钮如图4-3所示。

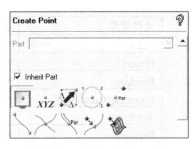

图4-3 点创建功能区域

（1）Part（部件）

若没有勾选下方的Inherit Part复选框，则该区域可编辑。可将新创建的点放入指定的Part中。默认此项为GEOM且Inherit Part复选框被勾选。

（2） （屏幕选择点）

单击该按钮后可在屏幕上选取任何位置进行点的创建。

（3） xyz （坐标输入）

单击此按钮后，可进行精确位置点的创建。可选模式包括单点创建及多点创建，如图4-4所示。

图4-4（a）为单点创建模式，输入点的(X, Y, Z)坐标即 65 可创建点。图4-4（b）为多点创建模式，可以使用表达式创建多个点。表达式可以包含"+""–""/""*""^""()"、sin()、cos()、tan()、asin()、acos()、atan()、log()、exp()、sqrt()、abs()、distance(pt1,pt2)、angle(pt1,pt2,pt3)、X(pt1)、Y(pt1)、Z(pt1)等，所有的角度均以"°"作为单位。对图4-4（b）的说明如下。

（a）单点创建模式

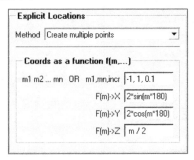

（b）多点创建模式

图4-4 点的创建方式

- 第一个文本框表示变量，包含两种格式，即列表形式（m1 m2 … mn）与循环格式（m1,mn,incr）。主要区别在于是否存在逗号。若没有逗号，则为列表格式；若有逗号，则为循环格式，如"0.1 0.3 0.5 0.7"为列表格式，"0.1, 0.7, 0.2"为循环格式，表示起始值为0.1，终止值为0.7，增量为0.2。
- F(m)->X为点的X方向坐标，通过表达式进行计算。
- F(m)->Y为点的Y方向坐标，通过表达式进行计算。
- F(m)->Z为点的Z方向坐标，通过表达式进行计算。

实际上，图4-4（b）中创建的是一个螺旋形的点集。

（4） （基点偏移法）

以一个基准点及其偏移值创建点。使用时需要指定基准点以及相对该点的X、Y、Z坐标。

（5） （三点定圆心）

可以利用此按钮创建三个点或圆弧的中心点。选取三个点创建中心点，其实是创建了由此三点构建的圆的圆心。

（6）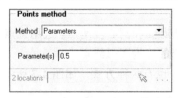（两点之间定义点）

可利用屏幕上选取的两点创建另一个点。单击此按钮后出现如图 4-5 所示的操作面板。

图 4-5　点的创建方式

利用此方法创建点时有两种方式：其一为如图 4-5 所示的参数方法；其二为指定点的个数的方法。

- 其一，若设置参数值为 0.5，则创建指定两点连线的中点。此处的参数为偏离第一点的距离，该距离的计算方式为两点连线的长度与指定参数的乘积。
- 其二，可在两点间创建一系列点。若指定点个数为 1，则创建中点。

（7）＼（线的端点）

单击此按钮后可创建两个点，且所创建的点为选取曲线的两个终点。

（8）✕（线段交点）

创建两条曲线相交所形成的交点。

（9）✎（线上定义点）

与方式（6）类似，不同的是此按钮选取的是曲线，创建的是曲线的中点或沿曲线均匀分布的N个点。

（10）✎（投影到线上的点）

将空间点投影到某一曲线上，创建新的点。该按钮可使新创建的点分割曲线。

（11）✎（投影到面上的点）

将空间点投影到曲面上创建新的点。

创建点的方式一共有 11 种，其中用于创建几何的是前 3 种，后面 8 种主要用于辅助几何的构建。当然，它们都可以用于创建几何体。

2．线的创建

打开Geometry选项卡，单击 ＼（创建线）按钮，即可进入线创建工具面板。该面板包含的按钮如图 4-6 所示。

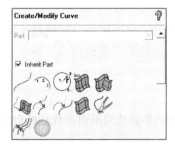

图 4-6　线创建功能区域

（1） （多点生成样条曲线）

该按钮为已存在的点或选择多个点创建曲线。需要说明的是，若选择的点为 2 个，则创建直线；若点的数目多于 2 个，则自动创建样条曲线。

（2） （3 点定弧线）

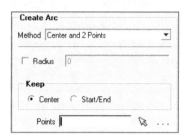

圆弧的创建方式有两种：三点创建圆弧和圆心及两点。选用三点创建圆弧时，第一点为圆弧起点，最后选择的点为圆弧终点。

采用第二种方式进行圆弧创建时，也有两种方式，如图 4-7 所示。

- 若采用 Center 的方式，则第一个选取的点与第二个点间的距离为半径，第三个点表示圆弧弯曲的方向。

- 若采用 Start/End 方式，则第一点并非圆心，只是指定了圆弧的弯曲方向，而第二点与第三点为圆弧的起点与终点。当然这两种方式均可人为地确定圆弧半径。

图 4-7 圆弧的创建

（3） （圆心和两点定义圆）

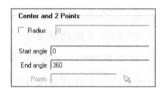

该按钮主要用于创建圆，如图 4-8 所示，规定了一个圆心加两个点。选取点时，第一次选择的点为圆心。

若没有人为地确定半径值，则第一点与第二点间的距离为圆的半径值。可以设置起始角与终止角。若规定了半径值，则其实是用第一点与半径创建圆，第二点与第三点的作用是联合第一点确定圆所在的平面。

图 4-8 圆的创建

（4） （表面参数）

根据表面参数创建曲线。此按钮的功能与块切割的做法很相似，本功能在实际应用中用得很少。

（5） （面相交线）

此功能按钮用于获得两相交面的交线，使用起来也很简单，直接选取两个相交的曲面即可。选择方式有直接选取面、选择 Part 及选取两个子集。

（6） （投影到面上的线）

曲线向面投影，有两种操作方式，即沿面法向投影及指定方向投影。沿面法向投影方式只需要指定投影曲线及目标面，指定方向投影的方式需要人为指定投影方向。

3．面的创建

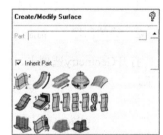

打开 Geometry 选项卡，单击 （创建面）按钮，即可进入面创建工具面板。该面板包含的按钮如图 4-9 所示。

（1） （由线生成面）

单击此按钮后，可以通过曲线创建面。可选模式包括选择 2~4 条边界曲线创建面，选择多条重叠或不相互连接的线创建面及选择 4 个点创建面。

图 4-9 面创建功能区域

（2） （放样）

单击此按钮后，可以通过选取一条或多条曲线沿引导线扫略创建面。

（3） （沿直线方向放样）

单击此按钮后，可以通过选取一条曲线沿矢量方向或直线扫略创建面。

（4）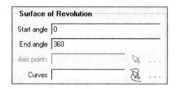（回转）

单击此按钮后，可以通过设置起始和结束角度，选取一条曲线沿轴回转创建面，如图4-10所示。

（5）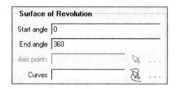（利用数条曲线放样成面）

单击此按钮后，可以通过利用多条曲线放样的方法生成面。

图 4-10　回转创建面

4.3.2　导入几何文件

由于ICEM CFD建模功能不强，因此对于一些复杂结构模型，常常需要在专业的CAD软件中进行创建，然后将几何文件导入到ICEM CFD中完成网格划分。

ICEM CFD可以导入多种CAD软件绘制的几何文件，如图4-11所示。

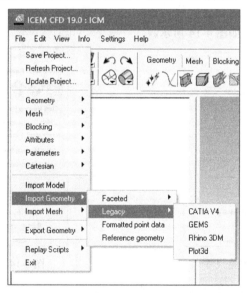

图 4-11　ICEM CFD 可导入的 CAD 格式

4.3.3　生成网格

ICEM CFD生成的网格主要分为四面体网格、六面体网格、三棱柱网格、O-Grid网格等。其中：

- 四面体网格能够很好地贴合复杂的几何模型，生成简单。
- 六面体网格的网格质量高，需要生成的网格数量相对较少，适合对网格质量要求较高的模型，但生成过程复杂。

- 三棱柱网格适合薄壁几何模型。
- O-Grid网格适合圆或圆弧模型。

选择哪种网格类型进行网格划分需要根据实际模型的情况而定，甚至可以将几何模型分割成不同的区域，采用多种网格类型进行网格划分。

ICEM CFD为复杂模型提供了自动网格生成功能，使用此功能能够自动生成四面体网格和描述边界的三棱柱网格。网格生成功能如图4-12所示。

图4-12　网格生成

其主要具备以下功能。

1.　Global Mesh Parameters（全局网格设置）

（1）（全局网格尺寸）
用于设置最大网格尺寸及比例尺寸，从而确定全局网格尺寸，如图4-13所示。

（2）（表面网格尺寸）
设置表面网格类型及大小，如图4-14所示。

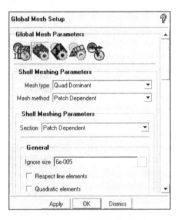

图4-13　全局网格尺寸　　　　　　　　图4-14　表面网格尺寸

Mesh type（网格类型）中有以下4种网格类型可供选择。

- All Tri：所有网格类型为三角形。
- Quad w/one Tri：面上的网格单元大部分为四边形，最多允许有一个三角形网格单元。
- Quad Dominant：面上的网格单元大部分为四边形，允许有一部分三角形网格单元的存在。这种网格类型大多用于复杂的面，如果此时全部生成四边形网格，将会导致网格质量非常低。对于简单的几何模型，使用该网格类型和Quad w/one Tri生成的网格效果相似。
- All Quad：所有网格类型为四边形。

Mesh method（网格生成方法）中有以下4种网格生成方法可供选择。

- AutoBlock：自动块方法，自动地在每个面上生成二维的Block，然后生成网格。

- Patch Dependent：根据面的轮廓线来生成网格，该方法能够较好地捕捉几何特征，创建以四边形为主的高质量网格。
- Patch Independent：在网格生成过程中不严格按照轮廓线，而是使用稳定的八叉树方法。在生成网格的过程中能够忽略小的几何特征，适用于精度不高的几何模型。
- Shrink Wrap：是一种笛卡尔网格生成方法，会忽略大的几何特征，适用于复杂的几何模型快速生成面网格。此方法不适合薄板类实体的网格生成。

（3） （体网格尺寸）

用于设置体网格类型及大小，如图 4-15 所示。

Mesh Type（网格类型）中有以下三种网格类型可供选择。

图 4-15　体网格尺寸

- Tetra/Mixed：是一种应用广泛的非结构网格类型。在默认情况下自动生成四面体网格（Tetra），通过设置可以创建三棱柱边界层网格（Prism），也可以在计算域内部生成以六面体单位为主的体网格（Hexcore），或者生成既包含边界层又包含六面体单元的网格。
- Hex-Dominant：是一种以六面体网格为主的体网格类型，此种网格在接近壁面处网格质量较好，在模型内部网格质量会较差。
- Cartesian：是一种自动生成的六面体非结构网格。

不同的体网格类型对应着不同的网格生成方法。Mesh Method（网格生成方法）中主要有以下几种可供选择：

- Robust（Octree）：适用于 Tetra/Mixed 网格类型。此方法使用八叉树方法生成四面体网格，是一种自上而下的网格生成方法，即先生成体网格，然后生成面网格。对于复杂模型，不需要花费大量时间用于几何修补和面网格的生成。
- Quick（Delaunay）：适用于 Tetra/Mixed 网格类型。此方法生成的四面体网格是一种自下而上的网格生成方法，即先生成面网格，然后生成体网格。
- Smooth（Advancing Front）：适用于 Tetra/Mixed 网格类型。此方法生成的四面体网格是一种自下而上的网格生成方法，即先生成面网格，然后生成体网格。与 Quick 方法不同的是，接近壁面处的网格尺寸变化平缓，对初始的面网格质量要求较高。
- TGrid：适用于 Tetra/Mixed 网格类型。此方法生成的四面体网格是一种自下而上的网格生成方法，能够使近壁面网格尺寸变化平缓。
- Body-Fitted：适用于 Cartesian 网格类型。此方用于创建非结构笛卡尔网格。
- Staircase（Global）：适用于 Cartesian 网格类型。该方法可以对笛卡尔网格进行细化。
- Hexa-Core：适用于 Cartesian 网格类型。该方法用于生成以六面体为主的网格。

（4） （棱柱网格尺寸）

用于设置棱柱网格大小，如图 4-16 所示。

（5） （设置周期性网格）

用于设置周期性网格的类型及尺寸，如图 4-17 所示。

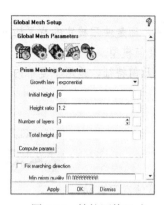

图 4-16 棱柱网格尺寸

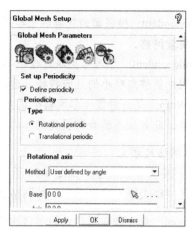

图 4-17 设置周期性网格

由于棱柱网格尺寸和设置周期性网格的相关操作较为简单，限于篇幅不再赘述，请参考帮助文档。

2. Mesh Size for Parts（特定部位网格尺寸设置）

设置几何模型中指定区域的网格尺寸，如图 4-18 所示。可以通过将几何模型中的特征尺寸区域定义为一个 Part（设置较小的网格尺寸）来捕捉细致的几何特征，或者将对计算结果影响不大的几何区域定义为一个 Part（设置较大的网格尺寸）来减少网格生成的计算量，以提高数值计算的效率。

Part	Prism	Hexa-core	Maximum size	Height	Height ratio	Num layers	Tetra size ratio	Tetra width	Min size limit	Max deviation	Prism height limit factor	Prism growth law	Internal wall	Split wall	Parameter
CYLIN			5	1	1.2		1.2					undefined			
DEAD												undefined			
ELBOW			5	1	1.2	0	1.2	0	0	0	0	undefined			
FLUID												undefined			
GEOM			1					0	0	0	0	undefined			
IN			5	0	0	0	0	0	0	0	0	undefined			
OUT			5	0	0	0	0	0	0	0	0	undefined			

☑ Show size params using scale factor
☐ Apply inflation parameters to curves
☐ Remove inflation parameters from curves
Highlighted parts have at least one blank field because not all entities in that part have identical parameters
Existing workbench input parameters using a lightblue background

Apply   Dismiss

图 4-18 特定部位网格尺寸设置

3. Surface Mesh Setup（表面网格设置）

通过鼠标选择几何模型中的一个或几个面设置其网格尺寸，如图 4-19 所示。

4. Curve Mesh Parameters（曲线网格参数）

设置几何模型中指定曲线的网格尺寸，如图 4-20 所示。

5. Create Density（网格加密）

通过选取几何模型上的一点，指定加密宽度、网格尺寸和比例，生成以指定点为中心的网格加密区域，如图 4-21 所示。

6. Define Connectors（定义连接）

通过定义连接两个不同的实体，如图 4-22 所示。

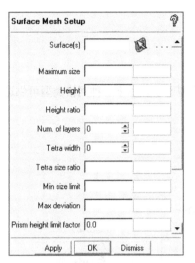

图 4-19　表面网格设置

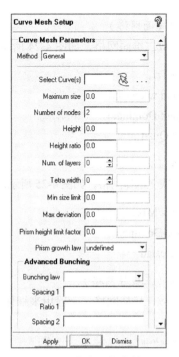

图 4-20　曲线网格参数

图 4-21　网格加密

图 4-22　定义连接

7.　**Mesh Curve（生成曲线网格）**

为一维曲线生成网格，如图 4-23 所示。

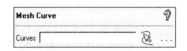

图 4-23　生成曲线网格

8.　**Compute Mesh（计算网格）**

根据前面的设置生成二维面网格、三维体网格或三棱柱网格。

（1） （面网格）

用于生成二维面网格，如图 4-24 所示。Mesh Type（网格类型）中有以下 4 种网格类型可供选择。

- All Tri。
- Quad w/one Tri。
- Quad Dominant。
- All Quad。

（2） （体网格）

用于生成三维体网格，如图 4-25 所示。Mesh Type（网格类型）中有以下三种网格类型可供选择。

- Tetra/Mixed。
- Hex-Dominant。
- Cartesian。

（3） （三棱柱网格）

用于生成三棱柱网格，一般用来细化边界，如图 4-26 所示。

图 4-24　面网格

图 4-25　体网格

图 4-26　三棱柱网格

4.3.4　生成块

除了自动生成网格外，ICEM CFD 还可以通过生成 Block（块）来逼近几何模型，在块上生成质量更高的网格。

ICEM CFD 生成块的方式主要有两种：自上而下和自下而上。

- 自上而下生成块的方式类似于雕刻家，利用以切割、删除等操作方式构建符合要求的块。
- 自下而上类似于建筑师，从无到有一步步地以添加的方式构建符合要求的块。

不管是以何种方式进行块的构建，最终的块通常都是相似的。

生成块的功能如图 4-27 所示。

图 4-27　生成块

其主要具备以下功能。

1. Create Block（生成块）

图 4-28　生成块面板

生成块用于包含整个几何模型，如图 4-28 所示。生成块的方法包括以下几种。

- （生成初始块）：通过选定部位的方法生成块。
- （从顶点或面生成块）：使用选定顶点或面的方法生成块。
- （拉伸面）：使用拉伸二维面的方法生成块。
- （从二维到三维）：将二维面生成三维块。
- （从三维到二维）：将三维块转换成二维块。

2. Split Block（分割块）

将块沿几何变形部分分割开来，从而使块能够更好地逼近几何模型，如图 4-29 所示。分割块的方法包括以下几种。

- （分割块）：直接使用界面分割块。
- （生成 O-Grid 块）：将块生成 O-Grid 网格形式。
- （延长分割）：延长局部的分割面。
- （分割面）：通过面的上边线分割面。
- （指定分割面）：通过端点分割块。
- （自由分割）：通过手动指定的面分割块。

3. Merge Vertices（合并顶点）

将两个以上的顶点合并成一个顶点，如图 4-30 所示。

图 4-29　分割块面板

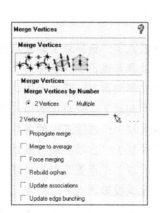

图 4-30　合并顶点面板

合并顶点的方法包括以下几种。

- （合并指定顶点）：通过指定固定点和合并点的方法将合并点向固定点移动，从而合成新顶点。
- （使用公差合并顶点）：合并在指定公差极限内的顶点。
- （删除块）：通过删除块的方法将原来块的顶点合并。
- （指定边缘线）：通过指定边缘线的方法将端点合并到线上。

4. Edit Blocks（编辑块）

通过编辑块的方法可得到特殊的网格形式，如图 4-31 所示。编辑块的方法包括以下几种。

- （合并块）：将一些块合并为一个较大的块。
- （合并面）：将面和与之相邻的块合并。
- （修正O-Grid网格）：更改O-Grid网格的尺寸因子。
- （周期顶点）：在选定的几个顶点之间生成周期性顶点。
- （修改块类型）：通过修改块类型生成特殊网格类型。
- （修改块方向）：改变块的坐标方向。
- （修改块编号）：更改块的编号。

5. Blocking Associations（生成关联）

在块与几何模型之间生成关联关系，从而使块更加逼近几何模型，如图 4-32 所示。

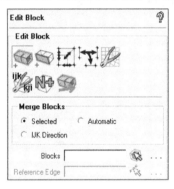

图 4-31　编辑块面板

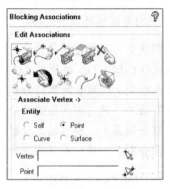

图 4-32　生成关联面板

生成关联的方法包括以下几种。

- （关联顶点）：选择块上的顶点及几何模型上的顶点，将两者关联。
- （关联边界与线段）：选择块上的边界和几何体上的线段，将两者关联。
- （关联边界到面）：将块上的边界关联到几何体的面上。
- （关联面到面）：将块上的面关联到几何体的面上。
- （删除关联）：删除选中的关联。
- （更新关联）：自动在块与最近的几何体之间建立关联。
- （重置关联）：重置选中的关联。
- （快速生成投影顶点）：将可见顶点或选中顶点投影到相对应点、线或面上。
- （生成或取消复合曲线）：将多条曲线生成群组，形成复合曲线，从而可以将多条边界关联到一条直线上。
- （自动关联）：以最合理的原则自动关联块和几何模型。

6. Move Vertices（移动顶点）

通过移动顶点的方法使网格角度达到最优化，如图 4-33 所示。移动顶点的方法包括以下几种。

- （移动顶点）：直接用鼠标拖动顶点。
- （指定位置）：为顶点直接指定位置，可以直接指定顶点坐标，或者选择参考点和相对位置的方法指定顶点位置。

- （沿面排列顶点）：指定平面，将选定顶点沿着面边界排列。
- （沿线排列顶点）：指定参考线段，将选定顶点移动至此线段上。
- （设置边界长度）：通过修改边界长度的方法移动顶点。
- （移动或旋转顶点）：移动或旋转顶点。

7. Transform Blocks（变换块）

通过对块的变换复制生成新的块，如图 4-34 所示。变换块的方法包括以下几种。

- （移动）：通过移动的方法生成新块。
- （旋转）：通过旋转的方法生成新块。
- （镜像）：通过镜像的方法生成新块。
- （成比例缩放）：以一定比例缩放生成新块。
- （周期性复制）：通过周期性的复制生成新块。

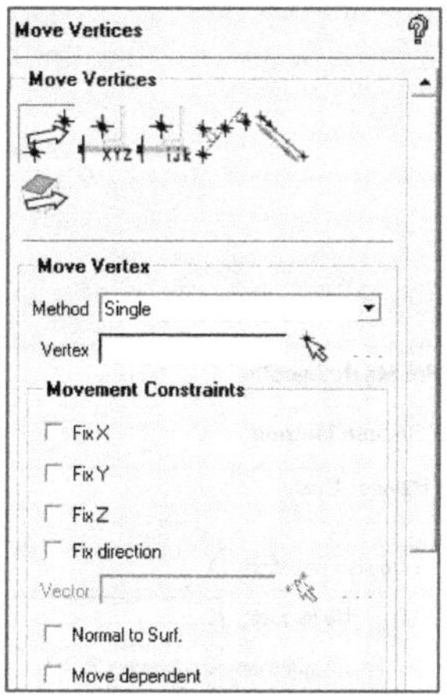

图 4-33 移动顶点面板

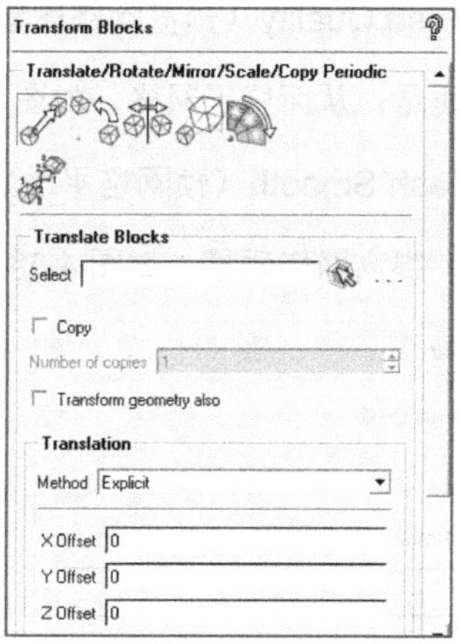

图 4-34 变换块面板

8. Edit Edge（编辑边界）

通过对块的边界进行修整以适应几何模型，如图 4-35 所示。编辑边界的方法包括以下几种。

- （分割边界）。
- （移出分割）。
- （通过关联的方法设置边界形状）。
- （移出关联）。
- （改变分割边界类型）。

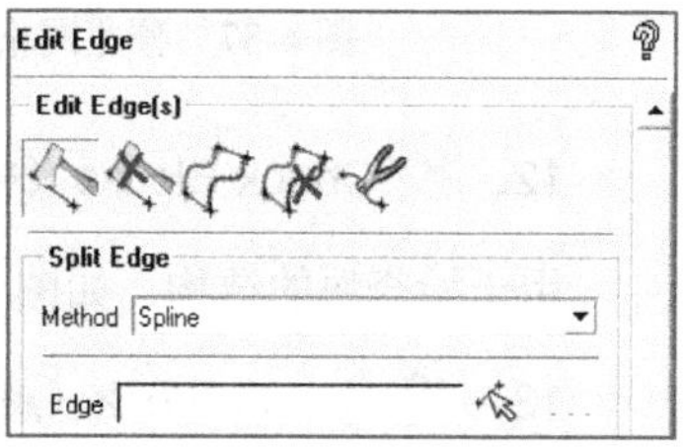

图 4-35 编辑边界面板

9. Pre-Mesh Params（预设网格参数）

用于指定网格参数供用户预览，如图 4-36 所示。预设网格参数包括以下几种。

- （更新尺寸）：自动计算网格尺寸。
- （指定因子）：指定一固定值，将网格密度变为原来的n倍。

- （边界参数）：指定边界上的节点个数和分布原则。
- （匹配边界）：将目标边界与参考边界相比较，按比例生成节点个数。
- （细化块）：允许用户使用一定的原则细化块。

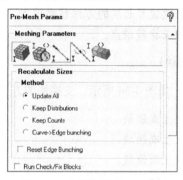

图 4-36　预设网格参数面板

10. Pre-Mesh Quality（预览网格质量）

用于预览网格质量，从而修正网格，如图 4-37 所示。

11. Pre-Mesh Smooth（预网格平滑）

用于平滑网格，提高网格质量，如图 4-38 所示。

图 4-37　预览网格质量面板

图 4-38　预网格平滑面板

12. Check Blocks（检查块）

用于检查块的结构，如图 4-39 所示。

13. Delete Block（删除块）

用于删除选定的块，如图 4-40 所示。

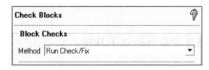

图 4-39　检查块面板

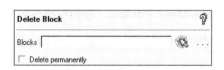

图 4-40　删除块面板

由于预览网格质量、预网格平滑、检查块和删除块的设置相对简单，限于篇幅不再赘述，请参考帮助文档。

4.3.5　编辑网格

网格生成以后，需要查看网格质量是否满足计算要求。若不满足，则需要进行网格修改，利用网格编辑选项就可实现这样的目的。网格编辑选项如图 4-41 所示。

图 4-41　网格编辑选项

1. 　Create Elements（生成元素）

手动生成不同类型的元素，元素类型包括点、线、三角形、矩形、四面体、棱柱、金字塔、六面体等，如图 4-42 所示。

2. 　Extrude Mesh（扩展网格）

通过拉伸面网格生成体网格，如图 4-43 所示。扩展网格的方法包括以下几种。

- Extrude by Element Normal（通过单元拉伸）。
- Extrude Along Curve（通过沿曲线拉伸）。
- Extrude by Vector（通过沿矢量方向拉伸）。
- Extrude by Rotation（通过旋转拉伸）。

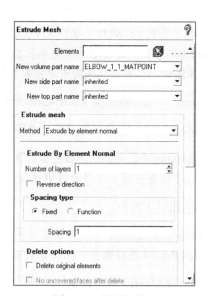

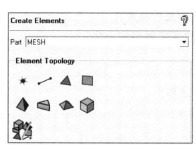

图 4-42　生成元素

图 4-43　扩展网格

3. 　Check Mesh（检查网格）

检查并修复网格，以提高网格质量，如图 4-44 所示。

4. Quality Metrics（显示网格质量）

显示查看网格质量，如图 4-45 所示。

5. Smooth Elements Globally（平顺全局网格）

修剪自动生成的网格，删去质量低于某值的网格节点，提高网格质量，如图 4-46 所示。

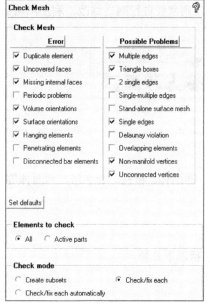

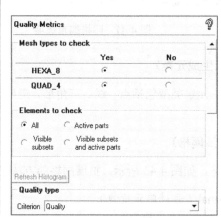

图 4-44　检查网格　　　　　图 4-45　显示网格质量　　　　图 4-46　平顺全局网格

平顺全局网格的类型包括以下几种。

- **Smooth**（平顺）：通过平顺特定单元类型的单元来提高网格质量。
- **Freeze**（冻结）：通过冻结特定单元类型的单元使得在平顺过程中该单元不被改变。
- **Float**（浮动）：通过几何约束来控制特定单元类型的单元在平顺过程中的移动。

6. Smooth Hexahedral Mesh-Orthogonal（平顺六面体网格）

修剪非结构化网格，提高网格质量，如图 4-47 所示。平顺类型包括以下两种。

- **Orthogonality**（正交）：平顺将努力保持正交性和第一层的高度。
- **Laplace**（拉普拉斯）：平顺将尝试通过设置控制函数来使网格均一化。

冻结选项包括以下两种。

- **All Surface Boundaries**（所有表面边界）：冻结所有边界点。
- **Selected Parts**（选择部分）：冻结所选择部分的边界点。

7. Repair Mesh（修复网格）

手动修复质量较差的网格，如图 4-48 所示。

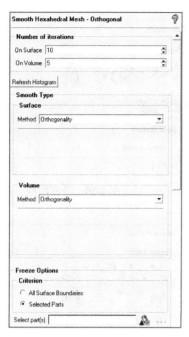

图 4-47　平顺六面体网格

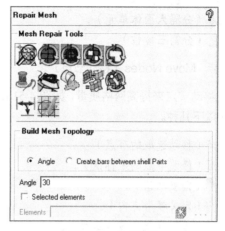

图 4-48　修复网格

修复网格的方法包括以下几种。

- （建立网格的拓扑结构）。
- （重新划分网格）。
- （重新划分质量较差的单元网格）。
- （发现/关闭网格中的孔）。
- （网格边缘）。
- （缝边）。
- （光顺表面网格）。
- （填充/使一致）。
- （关联网格）。
- （加强节点，重新划分网格）。
- （指定/删除周期性）。
- （标记封闭单元）。

8. Merge Nodes（合并节点）

通过合并节点来提高网格质量，如图 4-49 所示。合并节点的
类型包括以下几种。

- （合并选定节点）。
- （根据容差合并节点）。
- （合并网格）。

9. Split Mesh（分割网格）

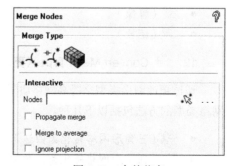

图 4-49　合并节点

通过分割网格来提高网格质量，如图 4-50 所示。分割网格的类型包括以下几种。

- <img_1> （分割节点）。
- （分割边界）。
- （交换边界）。
- （分割三角单元）。
- （分割内部墙）。
- （分隔六面体单元）。
- （分割三棱柱）。

10. Move Nodes（移动节点）

通过移动节点来提高网格质量，如图 4-51 所示。移动节点类型包括以下几种。

- （移动选取的节点）。
- （修改节点的坐标值）。
- （偏置网格）。
- （定义参考方向）。
- （重新分配三棱柱边界）。
- （投影节点到面）。
- （投影节点到曲线）。
- （投影节点到点）。
- （非投影节点）。
- （锁定/解锁单元）。
- （选取投影节点）。
- （更新投影）。
- （投影节点到平面）。

11. Mesh Transformation Tools（转换网格）

通过移动、旋转、镜像和缩放等方法来提高网格质量，如图 4-52 所示。转换网格的方法包括以下几种。

- （移动）。
- （旋转）。
- （镜像）。
- （缩放）。

12. Convert Mesh Type（更改网格类型）

通过更改网格类型来提高网格质量，如图 4-53 所示。更改网格类型的方法包括以下几种。

- （三角形网格转化为四边形网格）。
- （四边形网格转化为三角形网格）。
- （四面体网格转化为六面体网格）。
- （所有类型网格转化为四面体网格）。

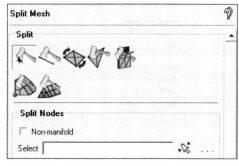

图 4-50　分割网格

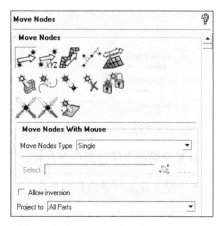

图 4-51　移动节点

图 4-52　转换网格

- 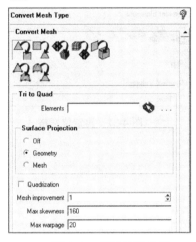（面网格转换为体网格）。
- （创建网格中点）。
- （删除网格中点）。

13. Adjust Mesh Density（调整网格密度）

加密网格或使网格变稀疏，如图 4-54 所示。调整网格密度的方法包括以下几种。

- （加密所有网格）。
- （加密选择的网格）。
- （使所有网格变稀疏）。
- （使选择的网格变稀疏）。

图 4-53　更改网格类型

图 4-54　调整网格密度

14. Renumber Mesh（重新网格编号）

为网格重新编号，如图 4-55 所示。重新网格编号的方法包括以下几种。

- （用户定义）。
- （优化带宽）。

15. Adjust Mesh Thickness（调整网格厚度）

修改选定节点的网格厚度，如图 4-56 所示。调整网格厚度的方法包括以下几种。

- Calculate（计算）：网格厚度将自动通过表面单元厚度计算得到。
- Remove（去除）：去除网格厚度。
- Modify selected nodes（修改选择的节点）：修改单个节点的网格厚度。

图 4-55　重新网格编号

16. Re-orient Mesh（再定位网格）

使网格在一定方向上重新定位，如图 4-57 所示。再定位网格的方法包括以下几种。

- （再定位几何体）。
- （再定位一致性）。
- （反转方向）。
- （再定位方向）。
- （反转线单元方向）。
- （改变单元方向）。

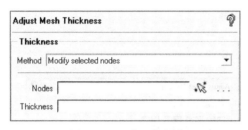

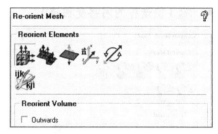

图 4-56　调整网格厚度

图 4-57　再定位网格

17. Delete Nodes（删除节点）

删除选择的节点，如图 4-58 所示。

18. Delete Elements（删除网格）

删除选择的网格，如图 4-59 所示。

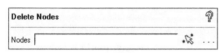

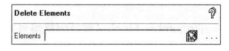

图 4-58　删除节点

图 4-59　删除网格

19. Edit Distributed Attribute（编辑分布属性）

通过编辑网格单元的分布属性来提高网格质量，如图 4-60 所示。

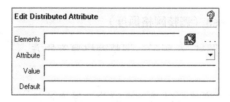

图 4-60　编辑分布属性

4.3.6　输出网格

网格生成并修复后，便可将网格输出，以供后续模拟计算时使用。网格输出的工具如图 4-61 所示。

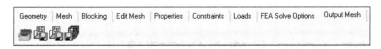

图 4-61　网格输出

网格输出的使用方法如下。

1. Select Solver（选择求解器）

选择进行数值计算的求解器，对于CFX来说，求解器选择为ANSYS CFX选项，命令结构选择为ANSYS
选项，如图 4-62 所示。

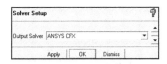

图 4-62　选择求解器

2. Boundary Conditions（边界条件）

此功能用于查看定义的边界条件，如图 4-63 所示。

3. Edit Parameters（编辑参数）

用于编辑网格参数。

4. Write Import（写出输入）

将网格文件写成CFX可导入的*.cfx5 文件，如图 4-64 所示。

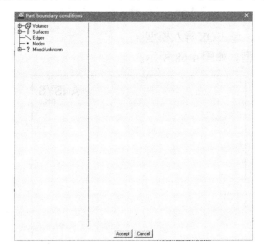

图 4-63　边界条件

图 4-64　写出输入

4.4　ANSYS ICEM CFD 实例分析

本节将通过一个弯管网格划分的实例，让读者对ANSYS ICEM CFD 19.0 进行网格划分的过程有一个初步的了解。

4.4.1 启动 ICEM CFD 并建立分析项目

步骤 01 在Windows系统下执行"开始"→"所有程序"→ANSYS 19.0 →Meshing→ICEM CFD 19.0 命令，启动ICEM CFD 19.0，进入ICEM CFD 19.0 界面。

步骤 02 执行File→Save Project命令，弹出如图 4-65 所示的Save Project As（保存项目）对话框，在文件名中输入tube，单击"保存"按钮关闭对话框。

4.4.2 导入几何模型

步骤 01 执行File→Import Geometry→Parasolid命令，弹出如图 4-66 所示的Select ps file（选择文件）对话框，在文件名中输入tube.x_t，单击"打开"按钮。

图 4-65 "保存项目"对话框

图 4-66 "选择文件"对话框

步骤 02 在弹出的如图 4-67 所示Import Model对话框中，单击OK导入模型。

步骤 03 导入几何文件后，在图形显示区将显示几何模型，如图 4-68 所示。

图 4-67 打开"Import Model"对话框

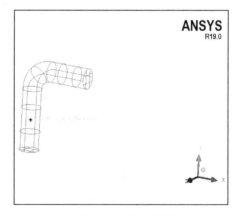

图 4-68 几何模型

4.4.3 建立模型

步骤 01 单击功能区内Geometry（几何）选项卡中的 ▨（修复模型）按钮，弹出如图 4-69 所示的Repair

Geometry（修复模型）面板，单击 按钮，在Tolerance文本框中输入 0.1，单击OK按钮，几何模型将修复完毕，如图 4-70 所示。

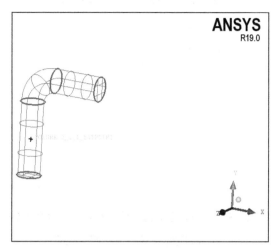

图 4-69　修复模型面板　　　　　　　　　图 4-70　修复后的几何模型

步骤 02　单击功能区内Geometry（几何）选项卡中的 （生成体）按钮，弹出如图 4-71 所示的Create Body（生成体）面板，单击 按钮后单击OK按钮确认生成体。

步骤 03　在操作控制树中，右键单击Parts选项，在弹出的快捷菜单中（见图 4-72）选择Create Part命令，弹出如图 4-73 所示的Create Part面板，在Part文本框中输入IN，单击 按钮选择边界，单击鼠标中键进行确认，生成的入口边界条件如图 4-74 所示。

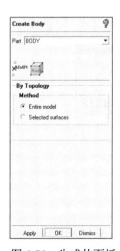

图 4-71　生成体面板　　　　　图 4-72　选择生成边界命令　　　　　图 4-73　生成边界面板

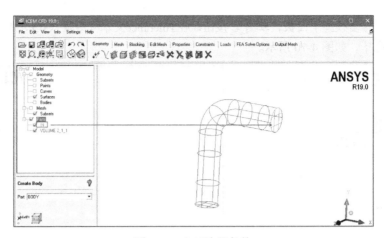

图 4-74　入口边界条件

步骤 04 同步骤（3）方法，生成出口边界条件，命名为**OUT**，如图 4-75 所示。

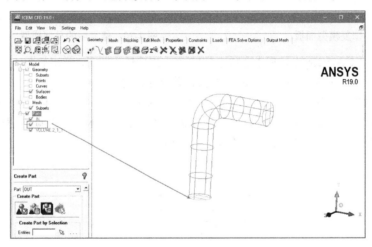

图 4-75　出口边界条件

步骤 05 同步骤（3）方法，生成壁面边界条件，命名为**WALL**，如图 4-76 所示。

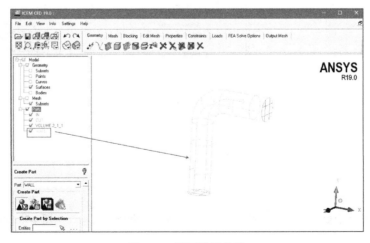

图 4-76　壁面边界条件

4.4.4 生成网格

步骤 01 单击功能区内Mesh（网格）选项卡中的 ![icon]（全局网格设置）按钮，弹出如图 4-77 所示的Global Mesh Setup（全局网格设置）面板，在Max element文本框中输入 1.0，单击Apply按钮。

步骤 02 单击功能区内Mesh（网格）选项卡中的 ![icon]（计算网格）按钮，弹出如图 4-78 所示的Compute Mesh（计算网格）面板，单击 ![icon]（体网格）按钮，再单击Apply按钮确认生成体网格文件，如图 4-79 所示。

图 4-77 全局网格设置面板

图 4-78 计算网格面板

图 4-79 生成体网格

步骤 03 在Compute Mesh（计算网格）面板中，单击 ![icon]（棱柱网格）按钮后单击 `Select Parts for Prism Layer` 按钮，弹出Prism Parts Data对话框，勾选WALL行中的prism复选框，在Height ratio中输入 1.3，在Num layers中输入 5，如图 4-80 所示，单击Apply按钮退出该对话框，单击Compute按钮重新生成体网格，效果如图 4-81 所示。

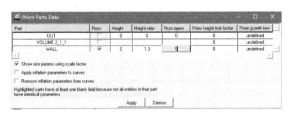

图 4-80 Prism Parts Data 对话框

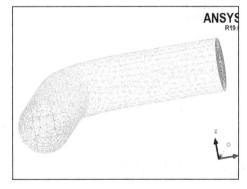

图 4-81 生成体网格

4.4.5 编辑网格

步骤 01 单击功能区内Edit Mesh（网格编辑）选项卡中的 ![icon]（显示网格质量）按钮，弹出如图 4-82 所示的Quality Metrics（显示网格质量）面板，单击Apply按钮后即可在信息栏中显示网格质量信息，如图4-83所示。

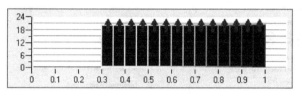

图4-82　显示网格质量面板　　　　　　　　　　　图4-83　网格质量信息

步骤 02　生成的网格质量为0.3~1，一般我们建议删除网格质量在0.4以下的网格。单击功能区内Edit Mesh（网格编辑）选项卡中的 ![] （平顺全局网格）按钮，弹出如图4-84所示的Smooth Elements Globally（平顺全局网格）面板，在Up to value中输入0.4，单击Apply按钮。如图4-85所示为平顺后的网格。

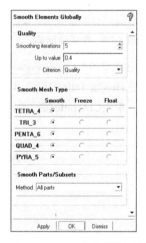

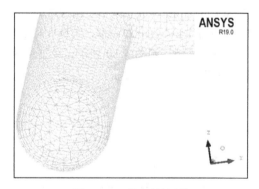

图4-84　平顺全局网格面板　　　　　　　　　　　图4-85　平顺后的网格

4.4.6　输出网格

步骤 01　单击功能区内Output（输出）选项卡中的 ![] （选择求解器）按钮，弹出如图4-86所示的Solver Setup（选择求解器）面板，在Output Solver中选择ANSYS CFX，单击Apply按钮。

步骤 02　单击功能区内Output（输出）选项卡中的 ![] （写出输入）按钮，弹出如图4-87所示的对话框，单击Done按钮进行确认即可。

图 4-86　选择求解器面板

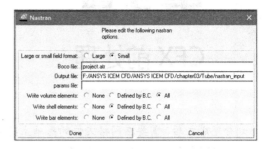

图 4-87　写出输入对话框

4.5　本章小结

　　本章首先介绍了网格生成的基本知识，然后讲解了ICEM　CFD划分网格的基本过程，最后给出了运用ICEM CFD划分网格的典型实例。通过对本章内容的学习，读者可以掌握ICEM CFD的使用方法。

第5章

CFX 前处理

在网格划分完成之后，需要在网格文件的基础上建立数学模型、设置边界条件、定义求解条件等，CFX软件通过前处理器CFX-Pre来完成前处理工作。

CFX-Pre的主要功能包括创建新项目、导入网格、定义模拟类型、创建计算域、指定边界条件、给出初始条件、定义求解控制、定义输出数据和写入定义文件并求解。

本章将重点介绍如何利用CFX处理器CFX-Pre来建立数学模型、设置边界条件和定义求解条件等。

知识要点

- 掌握新建工程项目和网格导入
- 掌握计算域和边界条件的设置
- 掌握初始条件和求解器的设置
- 掌握输出文件和计算过程监控的设置

5.1 新建工程项目与网格导入

本节将介绍CFX软件的启动及新工程项目的创建、网格导入、项目保存等基本操作。

5.1.1 新建工程项目

要启动CFX-Pre，需要单击Launcher界面中的CFX-Pre 19.0（前处理器）按钮，如图 5-1 所示，进入CFX-Pre界面，如图 5-2 所示。

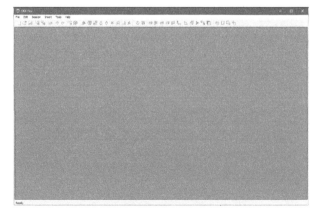

图 5-1　Launcher 界面　　　　　　　　　　　图 5-2　CFX-Pre 界面

在任务栏中单击 ▢（New Case）按钮，弹出New Case（新建项目）对话框，如图 5-3 所示，共有 4 个模型可以选择。

- 一般模拟类型（General）：通常选用的模拟类型，对于所有的模拟分析均可适用。
- 旋转机械（Turbomachinery）：专门针对旋转机械问题模拟分析的模型。
- 快速设置（Quick Setup）：这种模型在最大程度上简化了模型的建立，此方法仅适用于一个域和单相问题，对于更复杂的问题，如多相、燃烧、辐射、先进的湍流模型等不适用。
- 库模板（Library Template）：库模板模型提供了一套库文件，可以直接引用。在这种模式下可以通过加载模板文件很容易地确定一个复杂的物理问题。

图 5-3 New Case（新建项目）对话框

通常选择General选项，单击OK按钮建立分析项目并返回CFX-Pre界面。

5.1.2 导入网格

选中目录树中的Mesh选项并单击鼠标右键，在弹出的快捷菜单中选择Import Mesh命令，如图 5-4 所示，可进行网格导入工作。

在Import Mesh命令中，有 8 个选项可供选择，包含了CFX可以接收的所有网格类型，如CFX Mesh、ANSYS Meshing、CFX-Solver Input、ICEM CFD、ANSYS、FLUENT、CGNS和其他一些网格类型。

图 5-4 网格导入

5.1.3 保存项目

在任务栏中单击 ▦（保存）按钮，进入如图 5-5 所示的Save Case（保存项目）对话框，在File name（文件名）中输入项目的名称，再单击Save按钮保存项目文件。

图5-5　保存项目对话框

5.2　设置计算域

计算域是指一些空间的区域，流动控制方程或是热传递方程在这个区域内进行求解。本节将介绍CFX中计算域的设置方法。

创建计算域时需要单击任务栏中的（域）按钮，弹出如图5-6所示的Insert Domain（生成域）对话框，名称保持默认，单击OK按钮进入如图5-7所示的Domain（域设置）面板。

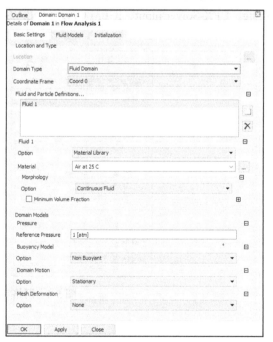

图5-6　生成域对话框　　　　　　　　　　图5-7　域设置面板

在创建计算域之后，需要在Domain（域设置）面板中，对计算域的主要参数进行设置。

● 对于单向流问题的计算域，需要设置Basic Settings、Fluid Models、Initialization这三部分内容。

- 对于多项流问题的计算域，需要设置的内容除了上述三部分外，还需要设置Fluid Specific Models、Fluid Pairs Models、Porosity Settings这三部分内容。

5.2.1　Basic Settings（基本设置）选项卡

1. 位置及类型

位置及类型设置计算域所在的体、类型及所在的坐标系，如图 5-8 所示。

图 5-8　设置位置及类型

2. 流体及粒子定义

流体及粒子定义用于选择不同的流体、粒子类型及种类，如图 5-9 所示。

默认情况下，Material（材料）中只有Air Ideal Gas（理想气体）、Air at 25C（25℃空气）和Water（水）。如果用户需要添加其他物质，可以单击 ... 按钮，通过弹出如图 5-10 所示的对话框找到需要的物质。

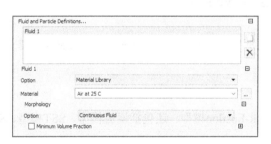

图 5-9　流体及粒子定义

图 5-10　材料对话框

3. 域模型

域模型用于设置参考压力、浮力、域运动、网格变形，如图 5-11 所示。

默认情况下，Domain Motion（域运动）设置为Stationary（静止状态）。当设置域为Rotating（选择）状态时，需要设置Angular Velocity（角速度）及Rotating Axis（旋转轴），旋转轴默认为Z轴，如图 5-12 所示。

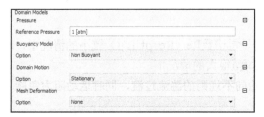

图 5-11　域模型

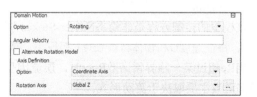

图 5-12　域运动设置

5.2.2 Fluid Models（流体模型）选项卡

1. 热传递模型

热传递模型包括无热量传递、等温、热焓和全热模型，如图 5-13 所示。

- 默认情况下，Heat Transfer（热传递模型）设置为 None（无热量传递），无热量传递不考虑热量传输。
- Isothermoal（等温模型）需要给出特定的温度值，结算结果可以作为复杂模型的初始条件，此模型不计算热量传输。
- Thermal Energy（热焓模型）只计算对流换热及热传导，不考虑流体动能带来的变化，适用于低速流动及不可压缩流动。
- Total Energy（全热模型）是在热焓模型的基础上，考虑了流体动能带来的热量变化，适合于高速流动及可压缩流动的传热计算。

图 5-13　热传递模型

当物质为可压缩流体时，没有 None（无热量传递）选项，因为可压缩流体的密度是温度的函数。

2. 湍流模型

适用于不同复杂程度的多种湍流模型，默认为 k-Epsilon 模型，还包括层流模型、SST 模型、SSG 模型和 BSL 模型，如图 5-14 所示。

图 5-14　湍流模型

（1）k-Epsilon（k-Epsilon 模型）
这是最简单的完整湍流模型，是两个方程的模型，需要解出两个变量，即速度和长度尺度。

（2）Laminar（层流模型）
该模型的控制方程是非稳态 Navier-Stokes 方程，适用于雷诺数 Re（$Re=\rho UL/\mu$）较小的情况中，即流体密度 ρ、特征速度 U 和物体特征长度 L 都很小，或者流体粘度 μ 很大的情况下。

当 Re 超过某一临界雷诺数 Recr 时，层流因受扰动开始向不规则的湍流过渡，同时运动阻力急剧增大。临界雷诺数主要取决于流动形式。

对于圆管，Recr≈2000，这里的特征速度是指圆管横截面上的平均速度，特征长度是圆管内径。层流远比湍流简单，其流动方程大多有精确解、近似解和数值解。层流一般比湍流的摩擦阻力小，因而在飞行器或船舶设计中，应尽量使边界层流动保持层流状态。

（3）Shear Stress Transport（剪切压力传输 k-ω 模型，SST）

该模型综合了 $k-\omega$ 模型在近壁区计算的优点和标准 $k-\varepsilon$ 模型在远场计算的优点，将 $k-\omega$ 模型和标准 $k-\varepsilon$ 都乘以一个混合函数后再相加就得到这个模型。在近壁区，由于混合函数的值等于 1，因此在近壁区等价于 $k-\omega$ 模型；在远离壁面的区域，由于混合函数的值等于 0，因此自动转换为标准 $k-\varepsilon$ 模型。SST模型的适用范围较广，如可以用于带逆压梯度的流动计算、翼型计算、跨音速激波计算等。

（4）SSG Reynolds Stress（SSG 模型）

它是雷诺应力模型的一种，在计算漩涡流体时特别精确。

（5）BSL Reynolds Stress（BSL 模型）

它是雷诺应力模型的一种，是基于ω方程的雷诺应力模型。

3. 反应或燃烧模型

只有当多组成分在一个计算域中同时被选择时，这个选项才会被激活。可选的模型包括湍动能耗散模型、限定速率化学反应模型、限定速率化学反应和湍动能耗散模型、带有PDF的层流小火焰模型、部分预混和带有PDF的层流小火焰模型，如图 5-15 所示。

图 5-15　反应或燃烧模型

（1）Eddy Dissipation（湍动能耗散模型）

它是涡耗散模型的扩展，假定反应发生在小的湍流结构中，在湍流流动中详细的化学反应机理，被广泛应用于工业燃烧的模拟分析中。

（2）Finite Rate Chemistry（限定速率化学反应模型）

限定速率化学反应模型允许对化学反应速率进行估算，适用于层流或湍流流动。

（3）Finite Rate Chemistry and Eddy Dissipation（限定速率化学反应和湍动能耗散模型）

它是以上湍动能耗散模型和限定速率化学反应模型的结合。

（4）Laminar Flamelet with PDF（带有 PDF 的层流小火焰模型）

带有PDF的层流小火焰模型可以提供少量物质和原子团的信息，这些物质包括CO和OH，还可以计算高能耗下温度和局部消耗的湍流波动。

（5）Partially Premixed and Laminar Flamelet with PDF（部分预混和带有 PDF 的层流小火焰模型）

它是带有预混的层流小火焰模型。

4. 热辐射模型

可以选择多种热辐射模型，除了None以外，还包括Rosseland模型、P1 模型、DTRM模型、MCM模型，如图 5-16 所示。

图 5-16　热辐射

- Rosseland（Rosseland 模型）适用于光学深度大于 3 的问题，可以模拟散射。
- P1（P1 模型）适用于光学深度大于 1 且小于 3 的问题，可以模拟散射。
- Discrete Transfer（DTRM 模型）不考虑散射。

● Monte Carlo（MCM 模型）用来模拟光子和环境间的物理交换。

5.2.3 Initialization（初始化）选项卡

初始化选项卡用于定义流场的初始状态。对于非稳态问题，必须设置该选项；稳态问题为可选设置，设置后可加快收敛速度，如图 5-17 所示。

图 5-17　初始化设置

5.2.4 Fluid Specific Models（流体模型）选项卡

此项与单项流设置相同，但只针对多项流中的连续流体。对于离散系统，默认使用零方程模型，如图 5-18 所示。

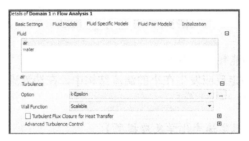

图 5-18　流体模型

5.2.5 Fluid Pairs Models（流体对）选项卡

Fluid Pairs Models（流体对）中可设置的内容包括表面张力、相间传递、动量传递和质量传递等，如图 5-19 所示。

● 表面张力：设置两相间的表面张力系数和表面张力模型。
● 相间传递：在多项流模拟中，两相流之间的相互传递模型包括自由表面模型、混合相模型和粒子模型。
● 动量传递：设置计算拖曳力（拖曳力系数、Schiller Naumann模型、Ishii Zuber模型、Grace模型）和非曳力（升力、虚拟质量力、壁面润滑力、湍流耗散力）。
● 质量传递：质量传递模型包括用户自定义质量传输、热相变模型、空化模型。

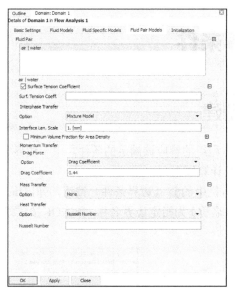

图 5-19　Fluid Pairs（流体对）设置

5.2.6　Porosity Settings（多孔介质设置）选项卡

在多孔介质设置选项卡中需要设置的参数包括多孔介质面积和多孔介质体积，如图 5-20 所示。

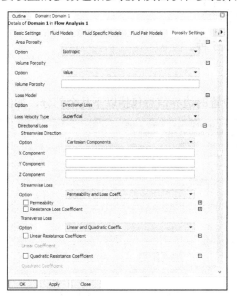

图 5-20　多孔介质设置

- 多孔介质面积：指液体通过的比表面积，默认是各向同性。
- 多孔介质体积：指流过的液体占总体积的比例，1 代表体积内全是流体，0 代表体积内无流体通过。

5.3 设置边界条件

5.3.1 边界条件的创建

边界条件是指在运动边界上方程组的解应该满足的条件。由于边界条件是在计算域的基础上设置的，因此边界条件应该是设置在相应的计算域上。

创建边界条件时需要单击任务栏中的 ![icon]（边界条件）按钮，弹出Insert Boundary（生成边界条件）对话框，如图 5-21 所示，设置Name（名称）为指定边界名称，单击OK按钮即可进入如图 5-22 所示的Boundary（边界条件设置）选项卡。

图 5-21　生成边界条件对话框

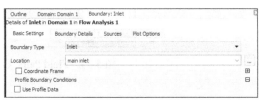

图 5-22　边界条件设置

5.3.2 边界条件的类型

边界条件的类型主要包括以下 5 种。

1. 入口边界条件

在入口边界条件设置中需要设置的边界信息包括以下几个部分，如图 5-23 所示。

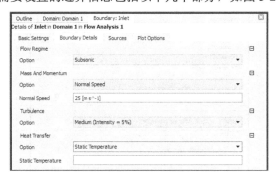

图 5-23　入口边界条件设置

（1）流体性质

用于设置流体流动为亚音速、超音速或混合模式。

默认情况下，此选项为Subsonic（亚音速）。若模拟计算超音速流动，则必须保证此流体域内的流体设置为理想流体，如Air Ideal Gas、Water Ideal Gas等，同时热量传输模型中必须选定模型为全热模型。对于多项流问题，应该选择为亚音速。

（2）质量和动量

用于设置流体的流入计算域的方式。

当流体性质选择为亚音速时，质量与动量有以下几种设置方式。

- Normal Speed（标准速度）：可直接输入速度值，速度方向垂直于入口面。
- Cart. Vel. Components（笛卡尔速度分量）：分别输入X、Y、Z方向上的速度分量。
- Cyl. Vel. Components（圆柱坐标速度分量）：分别输入圆柱坐标系中各方向上的速度分量。
- Mass Flow Rate（质量流量）：直接输入单位时间内物质流入的质量。
- Total Pressure（总压）：直接输入入口边界处的总压值，流动方向分别为垂直于入口边界、笛卡尔坐标和圆柱坐标三种。
- Static Pressure（静压）：直接输入入口边界处的静压值，流动方向分别为垂直于入口边界、笛卡尔坐标、圆柱坐标和零梯度方向 4 种。

 总压与静压的关系为：总压=静压+动压=常数，其反应了无粘性流体定常流动中的能量守恒定律。

当流体性质选择为超音速或混合模式时，质量与动量有以下几种设置方式。

- Normal Speed（标准速度）：可直接输入速度值，速度方向垂直于入口面。
- Cart. Vel. Components（笛卡尔速度分量）：分别输入X、Y、Z方向上的速度分量。
- Cyl. Vel. Components（圆柱坐标速度分量）：分别输入圆柱坐标系中各方向上的速度分量。

设置速度值的同时还需要设置入口压强，分别如下。

- Total Pressure（总压）：直接输入入口边界处的总压值。
- Static Pressure（静压）：直接输入入口边界处的静压值。

（3）湍流

用于设置湍流动能系数。

一般情况下，湍流动能系数建议使用默认值Medium（Intensity=5%），即中等湍流密度，适合于大部分的计算。

湍流密度的可选项有以下几种。

- Low（Intensity=1%）（低等湍流密度）：定义 1%的湍流密度。
- Medium（Intensity=5%）（中等湍流密度）：定义 5%的湍流密度。
- High（Intensity=10%）（高等湍流密度）：定义 10%的湍流密度。

（4）热量传输

用于设置边界处的温度。

边界处的温度值包括静态温度、总温度和总热焓三个选项。

- Static Temperature（静态温度）：为入口流体指定热力学温度值。
- Total Temperature（总温度）：为入口流体设置总温度值。
- Total Enthalpy（总热焓）：为入口流体指定总热量。

2. 出口边界条件

出口边界条件设置中需要设置的边界信息包括以下几个部分，如图 5-24 所示。

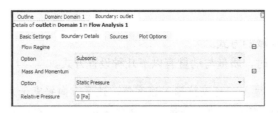

图 5-24　出口边界条件设置

（1）流体性质

用于设置流体流动为亚音速或超音速。

出口边界处的流体性质只可设置为亚音速或超音速，没有混合模式。

（2）质量和动量

用于设置流体的流出计算域的方式。

当流体性质选择为亚音速时，质量与动量有以下几种设置方式。

- Normal Speed（标准速度）：可直接输入速度值，速度方向垂直于出口面。
- Static Pressure（静压）：直接输入出口边界处的静压值，流动方向通过计算得到。
- Cart. Vel. Components（笛卡尔速度分量）：分别输入X、Y、Z方向上的速度分量。
- Cyl. Vel. Components（圆柱坐标速度分量）：分别输入圆柱坐标系中各方向上的速度分量。
- Average Static Pressure（平均静压）：设置出口边界处的平均静压值，流动方向通过计算得到。与设置为静压模式相比，设置为平均静压后允许出口处压力发生变化。
- Mass Flow Rate（质量流量）：直接输入单位时间内物质流出的质量。
- Fluid Dependent（流体因变）：只适合于多项流模拟，选择此选项后，应设置每一项的出口形式。

当出口边界条件选择标准速度、笛卡尔速度分量和圆柱坐标速度分量三种模式时，若计算得到的流动方向与设置的出口流动方向存在较大差距时，则极易引起计算发散，所以不建议选择这三种模式。

3．自由流出口边界条件

自由流出口边界条件可用于不能确定此处流体是流入或流出的边界。自由流出口边界条件只适用于亚音速流动。

在自由流出口边界条件设置中，边界条件类型选择为Opening并选取边界的所在位置。自由流出口边界条件设置中需要设置的边界信息包括以下几个部分，如图 5-25 所示。

- 流体性质：设置流体流动为亚音速或超音速。
- 质量和动量：设置流体的流入计算域的方式。
- 湍流：设置湍流动能系数。
- 热量传输：设置边界处的温度。

4．壁面边界条件

图 5-25　自由流出口边界条件设置

在壁面边界条件设置中，边界条件类型选择为Wall并选取边界的所在位置。

壁面边界条件设置中需要设置的边界信息包括以下几个部分，如图 5-26 所示。

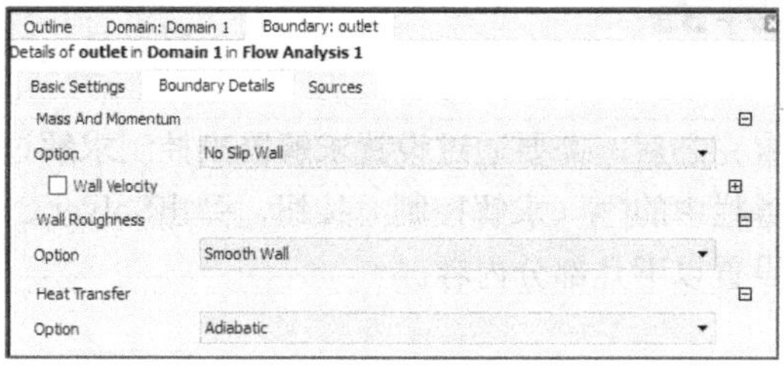

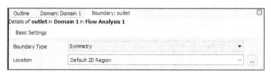

图 5-26 壁面边界条件设置

- 壁面对流体的影响：设置流体的流入计算域的方式。
- 壁面粗糙度：设置湍流动能系数。
- 热量传递：设置边界处的温度。

5. 对称边界条件

若计算模拟的几何模型是相对于某个平面对称的，则为了节省计算时间和网格数量，可以使用一半几何体进行模拟计算，将对称面设置为对称边界条件。

在对称边界条件设置中，边界条件类型选择为Symmetry并选取边界的所在位置，如图 5-27 所示。

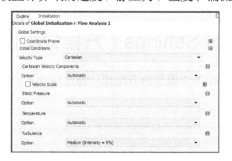

图 5-27 对称边界条件

5.4 设置初始条件

对于稳态流体问题，初始条件就是在进行数值迭代计算的各变量初始值，理论上对最终的计算结果无影响，只是影响迭代计算的时间，对于非稳态问题。初始条件就是在初始时刻运动应该满足的初始状态，包含运动及其各阶导数的初值，即t=0 时的条件。

设置初始条件时需要单击任务栏中的 $\mathbf{I}_{t=0}$（初始条件）按钮，弹出如图 5-28 所示的Global Initialization（初始条件）设置面板。

对于初始条件的设置，需要设置计算域的速度、静压力、温度和湍流 4 个物理量。

图 5-28 初始条件设置面板

5.5　设置求解器

在边界条件及初始条件设置完之后，需要通过设置求解器来控制求解过程中的控制参数。

设置求解器时需要单击任务栏中的（求解控制）按钮，弹出Solver Control（求解控制）设置面板。对于求解器的设置，需要设置以下几部分内容。

5.5.1　Basic Settings（基本设置）选项卡

基本设置选项卡中需要设置的参数包括求解格式、时间步长选择、时间尺度控制、收敛方案和逝去时间控制，如图5-29所示。

- 求解格式：可以分为三种主要模式，即高阶求解模式、迎风模式和指定混合因子。
- 时间步长选择：对于稳态模拟，需设置最大迭代步数；对于非稳态模拟，需设置单次时间步计算停止的标准。
- 时间尺度控制：用于控制计算的总时间和单步计算时间，从而调整计算的稳定性和收敛性。
- 收敛方案：设置收敛残差值标准。
- 逝去时间控制：设置最大逝去时间到达时停止计算。

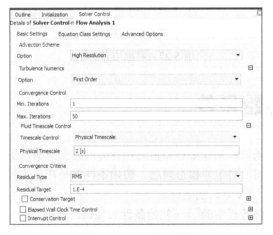

图 5-29　求解器设置

5.5.2　Equation Class Settings（方程分类设置）选项卡

方程分类设置选项卡可以设置计算中用到的方程式，通过修改某一方程的参数达到计算收敛的目的，如图5-30所示。

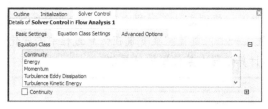

图 5-30　方程分类设置选项卡

5.5.3　Advanced Options（高级设置）选项卡

高级设置一般用于模拟计算，不需要修改，如图 5-31 所示。

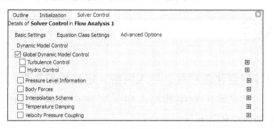

图 5-31　高级设置选项卡

5.6　输出文件和设置监控

输出文件的作用是用来记录计算过程中的计算结果，以便在后处理中查看过程的变化或作为重新计算的初始文件。

设置监控的作用是用来监控计算过程中某一个位置的某变量的变化情况，从而判断计算结果是否与预期一致。

稳态计算输出文件设置如图 5-32 所示，共包含三部分内容。

- Results（结果）：设置结果文件输出的内容，包括变量、边界和方程残差等。
- Backup（备份）：设置在一定计算步后记录当时的计算文件。
- Monitor（监控）：设置某一个位置监控某变量在计算过程中的变化情况。

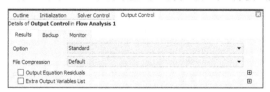

图 5-32　稳态计算输出文件设置

非稳态计算输出文件设置如图 5-33 所示，共包含 6 部分内容。

- Results（结果）：设置结果文件输出的内容，包括变量、边界和方程残差等。
- Backup（备份）：设置在一定计算步后记录当时的计算文件。
- Trn Results（瞬态结果）：记录瞬态计算过程中的结果文件。

- Trn Stats（瞬态统计结果）：将瞬态计算过程中某些指定变量的统计结果记录在结果文件中。
- Monitor（监控）：设置某一个位置监控某变量在计算过程中的变化情况。
- Export（输出）：输出计算过程中某位置的结果值。

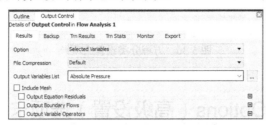

图 5-33　非稳态计算输出文件设置

5.7 本章小结

　　本章介绍了通过CFX前处理器创建新项目、导入网格、定义模拟类型、创建计算域、指定边界条件、给出初始条件、定义求解控制、定义输出数据和写入定义文件并求解等过程。通过对本章内容的学习，读者可以掌握CFX前处理器CFX-Pre的使用方法。

第6章

CFX 数值求解

在前处理设置完成后，便可进行计算求解。CFX求解主要使用了有限体积法，整个求解过程实际上就是一个代数方程组的迭代求解过程，在求解过程中求解器会反馈一些信息，供使用者判断程序的求解运行过程是否正常。CFX软件通过求解管理器CFX-Solver Manager来控制、监控求解过程。

本章将重点介绍CFX求解管理器CFX-Solver Manager的使用方法。

知识要点

- 掌握 CFX-Solver Manager 的启动方法
- 熟悉 CFX-Solver Manager 的工作界面
- 掌握求解文件的输出步骤

6.1 启动求解管理器

CFX的Solver Manager具有下列主要功能。

- 启动一个新的求解过程，启动前可以定义是否使用已有计算文件，以及是否使用并行。
- 监视正在进行的求解过程，包括随迭代步变化的残差、监视点的状态参数和三个守恒方程的总体守恒满足程度等，使用者可以通过这些信息，判断求解过程是否正常。如果发现不正常求解，用户则可以通过求解管理器中止求解过程，或者动态修改求解参数、边界条件等。
- 对于已经求解完成的问题，Solver Manager还可以回放求解过程，辅助使用者发现求解过程中的问题。

要启动CFX-Solver Manager，需要单击Launcher界面中的CFX- Solver Manager 19.0（求解管理器）按钮，如图 6-1 所示，弹出CFX-Solver Manager界面，如图 6-2 所示。

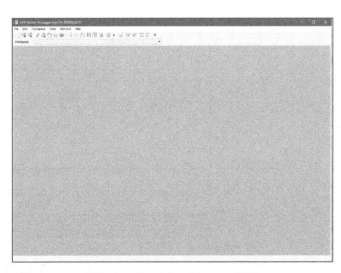

图 6-2　CFX-Solver Manager 界面

图 6-1　Launcher 界面

启动求解管理器时还可以在设置前处理后，直接从CFX-Pre进入。步骤如下：

步骤 01 单击任务栏中的 ❀（求解管理器）按钮，弹出**Write Solver Input File**（输出求解文件）对话框，如图 6-3 所示，在**File name**（文件名）中输入指定文件名，单击**Save**按钮保存。

步骤 02 求解文件保存退出后，**Define Run**（求解管理器）对话框会自动弹出，确认求解文件和工作目录后，单击**Start Run**按钮开始进行求解，如图 6-4 所示。

图 6-3 输出求解文件对话框 图 6-4 求解管理器对话框

步骤 03 求解开始后，收敛曲线窗口将显示残差收敛曲线的即时状态，直至所有残差值达到 1.0E-4，如图 6-5 所示。计算结束后自动弹出提示框，勾选**Post-Process Results**复选框，单击**OK**按钮进入后处理窗口。

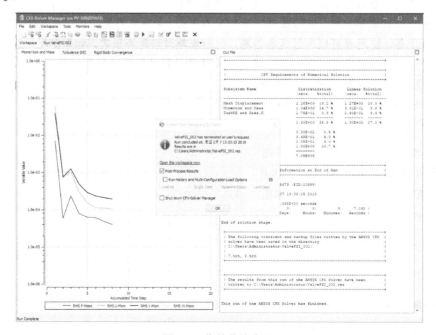

图 6-5 收敛曲线窗口

6.2　设置模拟计算

求解管理器对话框如图 6-4 所示，主要包含以下几个设置。

- Solver Input File（输入求解文件）：引入前处理写出的求解文件，格式为*.def，可通过打开文件夹选中求解文件，如引入结果文件，格式为*.res，继续计算已有的模拟。
- Initial Values Specification（初始值文件）：初始值除了可以通过初始条件设置外，还可以通过导入初始文件的方法进行定义。
- Type of Run（计算类型）：计算类型可分为Full（完整）和Patitioner Only（仅分卷）两种，分卷计算仅在并行计算中才会用到，输出文件的格式为*.par。
- Run Mode（计算类型）：设置计算类型为Serial（串行计算）、Platform MPI Local Parallel（本地并行计算）或Platform MPI Distributed Parallel（分布式并行计算）。通过设置并行计算，可以把几个分卷分别指定到不同的主机进行计算，从而缩短计算的收敛时间。
- Run Environment（计算环境）：设置指定的求解所在的文件夹，计算生成的所有文件都将存储在此文件夹中。
- Show Advance Controls（高级选项）：包含三部分内容，分别为Patitioner（分卷设置）、Solver（求解设置）和Interpolator（插值设置）。

6.3　工作界面

求解管理器的工作界面如图 6-6 所示，主要包含 4 个部分。

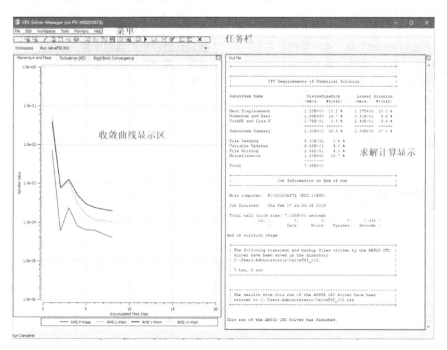

图 6-6　求解管理器的工作界面

- 菜单：包括求解器的所有操作，如新建、打开求解过程文件、边界求解界面、查看残差曲线、打开帮助文件等功能。
- 任务栏：包括主要快捷键，通过使用任务栏可以快速实现部分功能与操作。
- 收敛曲线显示区：CFX将求解每一步的残差值使用曲线的方式描绘出来，使用户可以更直观地查看收敛结果。
- 求解计算显示区：显示计算的所有详细信息，包括CCL语言、网格信息、计算过程、计算时间、输出文件、结束信息等。

通过任务栏中的快捷键可以实现求解绝大多数功能，快捷键功能如表6-1所示。

表6-1 快捷键功能

按钮	名称	含义
	Define Run（定义计算）	新建计算，可导入前处理写出文件，定义求解
	Monitor Run in Progress（在监控过程中计算）	打开正在运行过程中的计算文件,重新弹出监控运行界面
	Monitor Finisher Run（监控结果文件）	打开已经计算完成的计算文件
	Edit Define File（编辑定义文件）	打开前处理输出文件或求解结果文件,编辑模拟设置
	Export Results（输出结果）	导出网格文件
	Interpolate Results（插入结果）	将一个结果文件强行插入到一个具有不同网格类型的定义文件中
	Post-Process Results（后处理求解结果）	弹出后处理界面，处理求解结果
	Workspace Properties（工作页面属性）	更改残差曲线的个数和类型
	New Monitor（新建监控）	设置新的监控曲线
	Toggle Layout Types（连接版面类型）	将版面显示在两种模式间切换
	Arrange Workspace（排列页面）	将所有残差曲线和求解界面平均显示在页面中
	Stop Current Run（停止当前计算）	强行停止当前计算
	Restart Current Run（重启当前计算）	重启已经停止的当前计算
	Backup Run（备份计算）	备份计算过程中的计算状态
	Edit Run in Progress（过程编辑）	编辑计算过程中的定义文件
	Edit Current Results File（编辑结果文件）	编辑计算结束后的定义文件
	View RMS Residuals（查看均方根残差）	收敛曲线以均方根残差模式显示
	View MAX Residuals（查看最大残差）	收敛曲线以最大残差模式显示

6.4 求解文件输出

求解结束后，系统会弹出后处理窗口，用户可以单击OK按钮，直接进入后处理界面，如图6-7所示。如果要打开已存在的求解结果，可以通过后处理结果文件选项进入后处理界面，如图6-8所示。

图 6-7　求解结束窗口

图 6-8　后处理结果文件

在选择后处理结果文件后，将弹出后处理开始对话框，如图 6-9 所示，单击OK按钮，启动后处理界面。

图 6-9　后处理开始对话框

6.5　本章小结

　　本章通过对求解定义的介绍，讲解了CFX求解器的启动过程，介绍了CFX求解管理器的工作界面、基本功能，以及文件输出的步骤。通过对本章内容的学习，读者可以掌握CFX求解管理器CFX- Solver Manager的使用方法。

第7章

CFX 后处理

求解完成后，使用者就需要利用后处理功能对求解后的数据进行图形化显示和统计处理了，从而对计算结果进行分析。后处理可以生成点、点样本、直线、平面、体、等值面等位置，显示云图、矢量图，也可利用动画功能制作动画短片等。

CFX软件通过后理器CFD-Post来完成后处理工作。CFD-Post的主要功能包括创建位置、创建对象和创建数据。本章将重点介绍CFX后理器CFD-Post的使用方法。

知识要点

● 掌握 CFD-Post 的启动方法
● 熟悉 CFD-Post 的工作界面
● 掌握创建点、线、面等位置
● 掌握创建云图、矢量、流线等对象
● 掌握使用表达式直接获取相应位置的变量数据

7.1 启动后处理器

若要启动CFD-Post，需要单击Launcher界面中的CFD-Post 19.0（后处理器）按钮，如图 7-1 所示，进入后处理器界面，如图 7-2 所示。

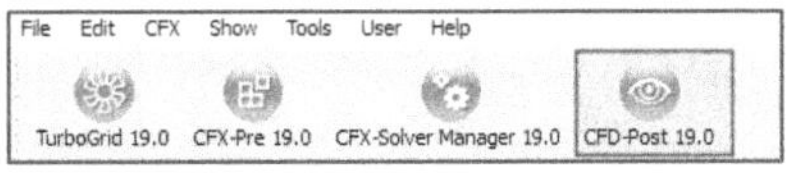

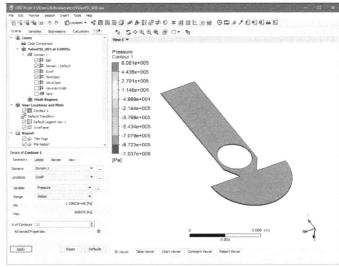

图 7-1 Launcher 界面

图 7-2 CFD-Post 界面

还可以在设置数值求解后，直接从CFX-Solver Manager进入后处理器界面。步骤为：计算结束后自动弹出提示框，如图 7-3 所示，勾选Post-Process Results复选框，单击OK按钮进入后处理器界面。

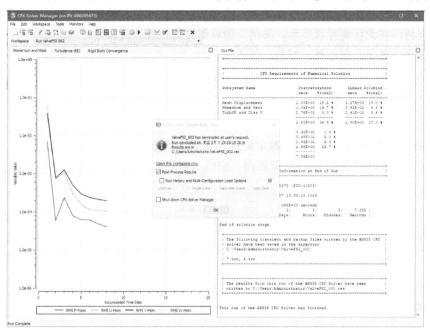

图 7-3　收敛曲线窗口

7.2　工作界面

后处理器的工作界面如图 7-4 所示，主要包含 4 个部分。

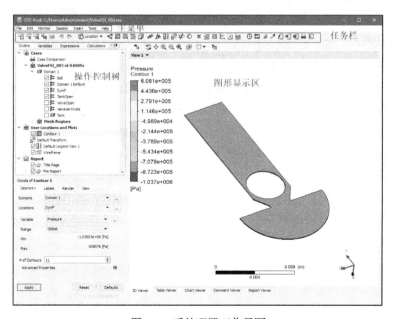

图 7-4　后处理器工作界面

- 主菜单：包括后处理的所有操作，如新建、打开求解过程文件，编辑、插入等基本操作，以及打开帮助文件等。
- 任务栏：通过使用任务栏中的快捷键可以快速实现部分功能与操作。
- 操作控制树：在此区域可以显示、关闭、编辑创建的位置、数据等。
- 图形显示区：显示几何图形、制表、制图等。

7.3 创建位置

用户可以根据计算分析的需要，创建特定位置来显示结算结果。可以创建的位置包括点、点云、线、面、体、等值面、区域值面、型芯区域、旋转面、曲线、自定义面、多组面、旋转机械面、旋转机械线，如图 7-5 所示。

图 7-5　创建位置类型

7.3.1 Point（生成点）

1. Geometry（几何）

在几何选项卡中，可以设置点的位置。

一般利用输入点的坐标值来设置点的位置，如图 7-6 所示。Method（方法）选择XYZ，在Point（点）中输入点的X、Y、Z坐标值，生成如图 7-7 所示的点。

图 7-6　设置点位置

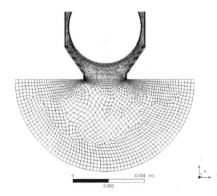

图 7-7　生成点

2. Color（颜色）

在颜色选项卡中，可以设置点的显示颜色，如图 7-8 所示。

生成点的颜色一般有以下两种方法。

- Constant（恒量）：颜色为恒定值，默认的点颜色为黄色。
- Variable（变量）：可以设置变量，根据变量所在点位置的大小来决定点的显示颜色。

3. Symbol（样式）

在样式选项卡中，可以设置点的显示样式，如图 7-9 所示。

点的样式包括十字架形、八面体形、立面体形和球形等，默认为十字架形。

图 7-8　颜色选项卡　　　　　　　　　　图 7-9　样式选项卡

4. Render（绘制）

在生成点的过程中，绘制选项为灰色，无法编辑，如图 7-10 所示。

5. View（显示）

将生成的点按一定规则改变，如旋转、平移、镜像等，如图 7-11 所示。

图 7-10　绘制选项卡　　　　　　　　　　图 7-11　显示选项卡

7.3.2　Point Cloud（点云）

1. Geometry（几何）

在几何选项卡中，可以设置点云的所在域、所在位置、生成方法和生成个数等，如图 7-12 所示。

点云的生成方法有以下几种。

- Equally Spaced（等空间）：点云的所在位置平均分布。
- Rectangular Grid（角网格）：按一定比例、一定距离、一定角度排列点，从而生成点云。
- Vertex（顶点）：将点生成在网格的顶点处。
- Face Center（面中心）：将点生成在网格面的中心处。
- Free Edge（自由边界）：将点生成在线段中心的外边缘处。

- Random（随机）：随机生成点云。

生成点云的效果如图 7-13 所示。

图 7-12　设置点云位置

图 7-13　生成点云

2. Color（颜色）

在颜色选项卡中，可以设置点云的显示颜色。

生成点云的颜色一般有以下两种方法。

- Constant（恒量）：颜色为恒定值，默认的点云颜色为黄色。
- Variable（变量）：可以设置变量，根据变量所在点云位置的大小来决定点云的显示颜色。

生成点云的效果如图 7-14 所示。

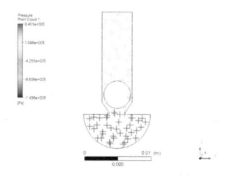

图 7-14　点云变量颜色显示

点云的样式、绘制及显示设置与点的设置相同，此处不再赘述。

7.3.3　Line（线）

1. Geometry（几何）

在几何选项卡中，可以设置线的所在域、生成方法、生成线的类型，如图 7-15 所示。
生成线的方法为两点坐标确定直线。生成线的类型有以下两种。

- Sample（取样法）：生成线上两点之间的点平均分布在线上。

- Cut（相交法）：生成的线自动延伸至域边界处，线上的点在线与网格节点的交点处。

生成线的效果如图 7-16 所示。

图 7-15　设置线位置

图 7-16　生成线

2. Color（颜色）

在颜色选项卡中，可以设置线的显示颜色。

生成线的颜色一般有以下两种方法。

- Constant（恒量）：颜色为恒定值，默认的线颜色为黄色。
- Variable（变量）：可以设置变量，根据变量所在线位置的大小来决定线的显示颜色。

生成线的效果如图 7-17 所示。

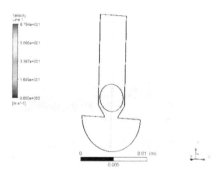

图 7-17　线变量颜色显示

线的样式、绘制及显示设置与点的设置相同，此处不再赘述。

7.3.4　Plane（面）

1. Geometry（几何）

在几何选项卡中，可以设置面的所在域、生成方法，如图 7-18 所示。

生成面的方法有以下几种。

- YZ Plane、XY Plane、XZ Plane（切面法）：指定与面垂直的坐标轴，设置面与坐标原点间的距离。
- Point and Normal（点与垂线法）：指定面上一点和与面垂直的向量。

- Three Points（三点法）：通过三个点确定平面。

图 7-18　几何选项卡

2. Color（颜色）

在颜色选项卡中，可以设置面的显示颜色。

生成面的颜色一般有以下两种方法。

- Constant（恒量）：颜色为恒定值，默认的面颜色为黄色。
- Variable（变量）：可以设置变量，根据变量所在面位置的大小来决定面的显示颜色。

生成面的效果如图 7-19 所示。

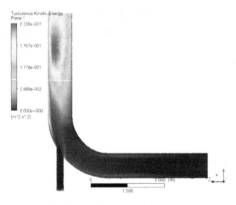

图 7-19　面变量颜色显示

3. Render（绘制）

在绘制选项卡中，可以设置显示面、网格线和纹理，如图 7-20 所示。

在 Show Faces（显示面）选项组中，需要设置以下内容。

- Transparency（透明度）：设置值为 0 时，平面完全不透明，设置值为 1 时，平面完全透明。
- Draw Mode（绘制模式）：设置面颜色的绘制方法，默认为 Smooth Shading（平滑明暗法），节点处的颜色与周围颜色相同。
- Face Culling（面挑选）：一般默认选择 No Culling，面显示完全。

图 7-20　绘制选项卡

在 Show Mesh Lines（显示网格线）选项组中，可以设置边界角度、线宽和颜色模式。

在 Apply Texture（纹理应用）选项组中，可在生成面上显示纹理。

7.3.5 Volume（体）

1. Geometry（几何）

在几何选项卡中，可以设置体的所在域、网格类型及生成方法，如图 7-21 所示。

图 7-21　几何选项卡

网格类型包括四面体、金字塔形、楔形、六面体形等。生成体的方法有以下几种。

- Sphere（球形体）：指定球形中心和球径生成球形体。
- From Surface（自由面组成）：选择平面，表面上的网格节点形成体。
- Isovolume（等值线）：指定一个变量，设置变量值，由此变量值形成的等值面围成一个等值体。
- Surrounding Node（围绕节点）：指定节点编号，由节点处的网格形成体。

2. Color（颜色）

在颜色选项卡中，可以设置体的显示颜色。

生成体的颜色一般有以下两种方法。

- Constant（恒量）：颜色为恒定值，默认的体颜色为黄色。
- Variable（变量）：可以设置变量，根据变量所在体位置的大小来决定体的显示颜色。

生成体的效果如图 7-22 所示。

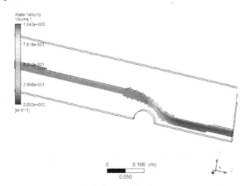

图 7-22　体变量颜色显示

体的样式、绘制及显示设置与线的设置相同，此处不再赘述。

7.3.6 Isosurface（等值面）

1. Geometry（几何）

在几何选项卡中，可以设置等值面的所在域、选择变量、设置变量类型、为变量设置数值，如图 7-23 所示。

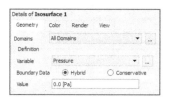

图 7-23　几何选项卡

2. Color（颜色）

在颜色选项卡中，可以设置等值面的显示颜色，如图 7-24 所示。

生成等值面的颜色一般有以下几种方法。

- Use Plot Variable（使用当前变量）：等值面颜色设置使用等值面选定变量，只能更改变量极值，然后根据变量范围决定此时等值面的颜色。
- Variable（变量）：可以设置变量，根据变量所在等值面位置的大小来决定等值面的显示颜色。
- Constant（恒量）：颜色为恒定值。

生成等值面的效果如图 7-25 所示。

图 7-24　颜色选项卡

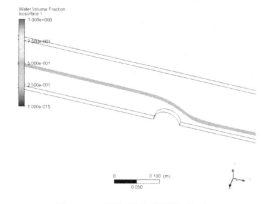

图 7-25　等值面变量颜色显示

Color Scale（颜色比例尺）是指比例尺的颜色分布，颜色比例尺有两种类型。

- Linear（线性比例尺）：此时变量范围均匀分布在比例尺上。
- Logarithmic（对数比例尺）：此时变量范围呈现对数函数分布在比例尺上。

Color Map（颜色绘制）设置了颜色描述的模式，主要有以下几种。

- Rainbow（彩虹状）：使用绘图颜色，以蓝色描述最小，以红色描述最大。若设置为 Inverse，则颜色与极值反转。

- Rainbow 6（扩展彩虹状）：使用标准绘图的扩展颜色，以蓝色描述最小，以紫红色描述最大。若设置为 Inverse，则颜色与极值反转。
- Greyscale（灰色标尺）：以黑色描述最小，以白色描述最大。若设置为 Inverse，则颜色与极值反转。
- Blue to White（蓝白标尺）：以蓝色和白色代表极值部分。
- Zebra（斑马状）：将指定范围划分为 6 个部分，每部分均为黑色向白色过渡。

等值面的样式、绘制及显示设置与线的设置相同，此处不再赘述。

7.3.7　Iso Clip（区域值面）

1. Geometry（几何）

在几何选项卡中，可以设置区域值面的所在域、位置，如图 7-26 所示。

图 7-26　几何选项卡

2. Color（颜色）

在颜色选项卡中，可以设置区域值面的显示颜色。

生成区域值面的颜色一般有以下两种方法。

- Constant（恒量）：颜色为恒定值，默认的区域值面颜色为黄色。
- Variable（变量）：可以设置变量，根据变量所在区域值面位置的大小来决定区域值面的显示颜色。

生成区域值面的效果如图 7-27 所示。

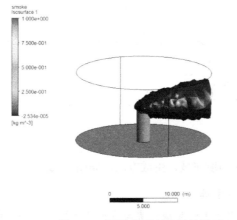

图 7-27　区域值面变量颜色显示

区域值面的样式、绘制及显示设置与线的设置相同，此处不再赘述。

7.3.8 Vortex Core Region（型芯区域）

在几何选项卡中，可以设置型芯区域的所在域、生成方法，如图 7-28 所示。

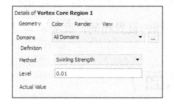

图 7-28 几何选项卡

型芯区域的颜色、样式、绘制及显示设置与线的设置相同，此处不再赘述。

7.3.9 Surface of Revolution（旋转面）

在几何选项卡中，可以设置旋转面的所在域、生成方法，如图 7-29 所示。旋转面的生成方法有以下几种。

- Cylinder（圆柱体）：生成圆柱面，通过点 1 设置底面位置及旋转半径，通过点 2 设置圆柱高度，取样个数为圆柱面上的数据点个数，角样本是形成旋转面的轮廓个数，其个数越大，圆柱面越光滑。
- Cone（圆锥面）：生成圆锥面，通过点 1 设置底面位置及底面半径，通过点 2 设置圆锥高度，取样个数为圆锥面上的数据点个数，角样本是形成旋转面的轮廓个数，其个数越大，圆锥面越光滑。
- Disc（圆盘面）：生成圆盘面，通过点 1 设置底面位置及外径大小，通过点 2 设置圆盘内径大小，取样个数为圆盘面上的数据点个数，角样本是形成旋转面的轮廓个数，其个数越大，圆盘面越光滑。

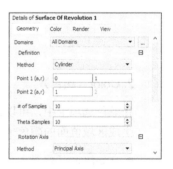

图 7-29 几何选项卡

- Sphere（球面）：生成球面，通过点 1 设置球心位置及球半径，取样个数为球面上的数据点个数，角样本是形成旋转面的轮廓个数，其个数越大，球面越光滑。
- From Line（由线生成）：指定线段按一定旋转轴旋转。

旋转面的颜色、样式、绘制及显示设置与线的设置相同，此处不再赘述。

7.3.10 Polyline（曲线）

1. Geometry（几何）

在几何选项卡中，可以设置曲线的所在域、生成方法，如图 7-30 所示。曲线的生成方法有以下几种。

- From File（从文件导入）：从文件导入点。
- Boundary Intersection（边界交点）：生成边界与几何体上面之间的交线。

- From Contour（从云图生成）：由云图的边线生成的曲线。

图 7-30　几何选项卡

2. Color（颜色）

在颜色选项卡中，可以设置曲线的显示颜色。

生成曲线的颜色一般有以下两种方法。

- Constant（恒量）：颜色为恒定值，曲线默认的颜色为黄色。
- Variable（变量）：可以设置变量，根据变量所在曲线位置的大小来决定曲线的显示颜色。

生成曲线的效果如图 7-31 所示。

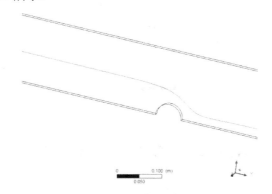

图 7-31　曲线变量颜色显示

曲线的样式、绘制及显示设置与线的设置相同，此处不再赘述。

7.3.11　User Surface（自定义面）

1. Geometry（几何）

在几何选项卡中，可以设置自定义面的所在域、生成方法，如图 7-32 所示。自定义面的生成方法有以下几种。

- From File（从文件导入）：从文件导入点。
- Boundary Intersection（边界交点）：生成边界与几何体上面之间的面。

图 7-32　几何选项卡

- From Contour（从云图生成）：由云图的边线生成的面。
- Transformed Surface（面转换）：编辑一个已经生成的面，对其进行旋转、移动、放大等操作，生成一个新面。
- Offset From Surface（面偏移）：将一个已经生成的面按一定方向偏移一定距离生成新面。

2. Color（颜色）

在颜色选项卡中，可以设置面的显示颜色。

生成面的颜色一般有以下两种方法。

- Constant（恒量）：颜色为恒定值，默认的面颜色为黄色。
- Variable（变量）：可以设置变量，根据变量所在面位置的大小来决定面的显示颜色。

生成面的效果如图 7-33 所示。

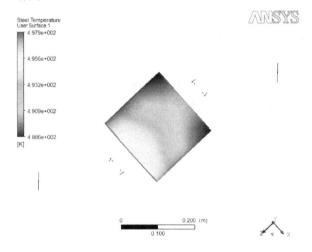

图 7-33　自定义面变量颜色显示

自定义面的样式、绘制及显示设置与线的设置相同，此处不再赘述。

7.3.12　Surface Group（多组面）

在几何选项卡中，可以设置多组面的所在域、位置，如图 7-34 所示。

图 7-34　几何选项卡

多组面的颜色、样式、绘制及显示设置与线的设置相同，此处不再赘述。

7.4　创建对象

CFD-Post可以创建的对象包括矢量、云图、流线、粒子轨迹、体绘制、文本、坐标系、图例、场景转换、彩图等，如图 7-35 所示。

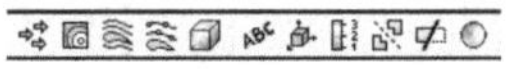

图 7-35　创建对象类型

7.4.1　创建 Vector（矢量）对象

1. Geometry（几何）

在几何选项卡中，可以设置矢量的所在域、位置、取样、缩减、比例因子、变量、投影等，如图 7-36 所示。

Projection（投影）用于设置矢量的方向显示，有以下几种方式。

- None（无设置）：矢量投影方向为矢量的实际方向。
- Coord Frame（坐标系设置）：设置矢量投影的坐标方向，仅显示与此坐标轴平行的矢量方向。
- Normal（垂直设置）：矢量仅显示与面垂直方向分量。
- Tangential（切向设置）：矢量仅显示与面平行方向分量。

2. Color（颜色）

在颜色选项卡中，可以设置矢量的显示颜色，如图 7-37 所示。

图 7-36　几何选项卡

图 7-37　颜色选项卡

生成矢量的颜色一般有以下两种方法。

- Use Plot Variable（使用当前变量）：矢量颜色设置使用矢量选定变量，只能更改变量极值，然后根据变量范围决定此时的矢量颜色。
- Variable（变量）：可以设置变量，根据变量所在矢量位置的大小来决定矢量的显示颜色。
- Constant（恒量）：颜色为恒定值。

3. Symbol（样式）

设置矢量的显示样式，包括矢量箭头的样式和箭头的大小，如图 7-38 所示。

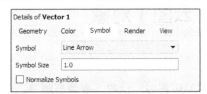

图 7-38　样式选项卡

4. Render（绘制）

可以设置显示面、网格线和纹理，如图 7-39 所示。

在Show Faces（显示面）部分中，需要设置以下内容。

- Transparency（透明度）：设置值为 0 时，平面完全不透明；设置值为 1 时，平面完全透明。
- Draw Mode（绘制模式）：设置面颜色的绘制方法，默认为Smooth Shading（平滑明暗法），节点处的颜色与周围颜色相同。
- Face Culling（面挑选）：一般默认选择No Culling，表示面显示完全。

在Show Lines（显示网格线）选项组中，可设置边界角度、线宽和颜色模式。

5. View（显示）

将生成的矢量按一定规则改变，如旋转、平移、镜像等，如图 7-40 所示。

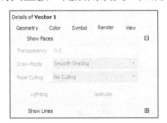

图 7-39 绘制选项卡

图 7-40 显示选项卡

生成的矢量图如图 7-41 所示。

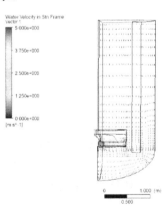

图 7-41 矢量图

7.4.2 创建 Contour（云图）对象

1. Geometry（几何）

在几何选项卡中，可以设置云图的所在域、位置、变量范围等，如图 7-42 所示。

Range（变量范围）的指定方法有以下几种。

- Global（全局值）：变量范围由整个计算域内的变量值决定。

- Local（局部值）：变量范围由所在位置内的变量值决定。
- User Specified（用户定义）：变量范围由用户确定。

2. Labels（标记）

用于设置文本的格式，如图 7-43 所示。

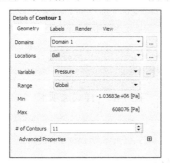 

图 7-42　几何选项卡　　　　　　图 7-43　标记选项卡

云图的绘制及显示设置与矢量的设置相同，此处不再赘述。云图效果如图 7-44 所示。

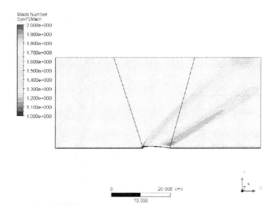

图 7-44　云图

7.4.3　创建 Streamline（流线）对象

1. Geometry（几何）

在几何选项卡中，可以设置流线的所在域、位置、流线类型等，如图 7-45 所示。
Type（流线类型）有以下几种方式。

- 3D Streamline（三维流线）。
- Surface Streamline（面流线）。

流线的颜色与矢量的设置相同，此处不再赘述。

2. Symbol（样式）

用于设置流线的显示样式，设置最小、最大时间，从而确定显示时间范围，通过设置时间间隔来指定两个样式间的时间跨度，如图 7-46 所示。

图 7-45　几何选项卡

图 7-46　样式选项卡

3. Limits（限制）

可以设置公差、线段数、最大时间和最大周期，如图 7-47 所示。

流线的绘制及显示与矢量的设置相同，此处不再赘述。流线图如图 7-48 所示。

图 7-47　限制选项卡

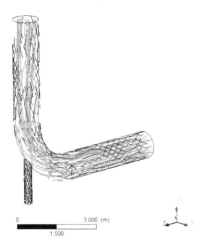

图 7-48　流线图

7.4.4　创建 Particle Track（粒子轨迹）对象

在 Geometry（几何）选项卡中，可以设置粒子轨迹的创建方法、所在域、粒子材料、缩减因子等，如图 7-49 所示。

Method（粒子创建方法）有两种，分别为 From Res（来自结果文件）和 From File（来自文件）。

Reduction Type（粒子线缩减因子）有两种方法：一种是设置缩减因子；另一种是设置粒子线的最大条数，可直接指定最大数值。

Limits Option（限制选项）限定了粒子跟踪线开始绘制的时间，主要有以下几种方法。

图 7-49　几何选项卡

- Up to Current Timestep（等于当前时间步长）。
- Since Last Timestep（开始于上一个时间步长）。

- User Specified（用户自定义）。

粒子轨迹的颜色、样式、绘制及显示与矢量的设置相同，此处不再赘述。

7.4.5　创建 Volume Rendering（体绘制）对象

在 Geometry（几何）选项卡中，可以设置体绘制的所在域、变量选择等，如图 7-50 所示。

图 7-50　几何选项卡

体绘制的颜色、样式、绘制及显示与矢量的设置相同，此处不再赘述。

7.4.6　创建 Text（文本）对象

1. Definition（定义）

用于设置文本的内容，如图 7-51 所示。Embed Auto Annotation（自动嵌入注释）可用于以下几种类型的注释。

- Expression（表达式）：在标题位置显示表达式。
- Timestep（时间步长）：显示时间步长值。
- Time Value（时间值）：显示时间值。
- Filename（文件名）：显示文件名。
- File Date（文件日期）：显示文件创建的日期。
- File Time（文件时间）：显示文件创建的时间。

2. Location（位置）

设置文本的位置，如图 7-52 所示。

图 7-51　定义选项卡　　　　　　　　　　　图 7-52　位置选项卡

3. Appearance（样式）

设置文本的高低、颜色等显示样式，如图 7-53 所示。

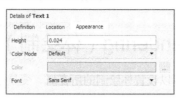

图 7-53　样式选项卡

7.4.7　其他创建对象

1. Coordinate Frame（坐标系）对象

Definition（定义）：设置坐标系的位置，如图 7-54 所示。

2. Legend（图例）对象

Definition（定义）：设置图例的标题模式、显示位置等，如图 7-55 所示。
Appearance（样式）：设置图例的尺寸参数和文本参数等显示样式，如图 7-56 所示。

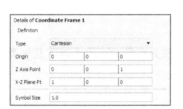

图 7-54　定义选项卡

图 7-55　定义选项卡

图 7-56　样式选项卡

3. Instance Transform（场景转换）对象

Definition（定义）：设置场景转换的旋转、移动、投影等场景变换方式，如图 7-57 所示。

4. Clip Plane（修剪面）

Definition（定义）：设置修剪面的位置，如图 7-58 所示。

图 7-57　定义选项卡

图 7-58　定义选项卡

5．Color Map（彩图）对象

Definition（定义）：设置彩图显示方式，如图 7-59 所示。

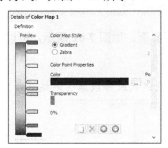

图 7-59　定义选项卡

<table><tr><td>

7.5　创建数据

</td></tr></table>

CFD-Post可创建的数据包括变量和表达式，如图 7-60 所示。

图 7-60　创建数据类型

7.5.1　Variables（变量）

CFD-Post提供了单独的变量处理界面，如图 7-61 所示，可以生成新的变量或编辑变量。

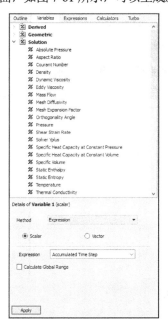

图 7-61　变量处理界面

109

7.5.2　Expressions（表达式）

CFD-Post提供了专门的表达式处理界面，如图7-62所示，可以得到计算域内任何位置的变量值。表达式处理界面包括以下三个部分。

- Definition（定义）：生成新的表达式或修改原有表达式，如图7-63所示。

图7-62　表达式处理界面

图7-63　定义选项卡

- Plot（绘制）：绘制表达式变化曲线，如图7-64所示。
- Evaluate（求值）：求出表达式在某个点的值，如图7-65所示。

图7-64　绘制选项卡

图7-65　求值选项卡

表达式创建的方法有以下几种。

- Functions（函数）：选用CFX提供的函数或自定义函数来编写表达式的主题结构。
- Expressions（表达式）：通过修改已有的表达式来创建新的表达式。
- Variable（变量）：设置要显示值的变量。
- Locations（位置）：设置变量所在位置。
- Constant（常数）：设置值为定值的表达式。

7.6 本章小结

本章介绍了CFD-Post的启动方法和工作界面，以及生成点、点样本、直线、平面、体、等值面等位置，显示云图、矢量图等功能。

通过对本章内容的学习，读者可以掌握CFX后理器CFD-Post的使用方法。

第8章
稳态和非稳态模拟实例

一般流体流动根据与时间的关系可分为稳态流动和瞬态流动（非稳态流动）。稳态流动是指流体流动不随时间改变，计算域内任意一点的物理量不随时间的变化而变化，从数学角度上讲，就是物理量对时间的偏导数为 0；瞬态流动是指流体流动随时间的变化而发生变化，物理量是时间的函数。本章将通过实例分析来分别介绍稳态流动和瞬态流动。

知识要点

- 掌握稳态、非稳态计算的设置
- 掌握稳态、非稳态初始值的设置
- 掌握非稳态时间步长的设置
- 掌握稳态、非稳态求解控制的设置
- 掌握稳态、非稳的输出控制

8.1 喷射混合管内的稳态流动

下面将通过一个喷射混合管内流动分析案例，让读者对ANSYS CFX 19.0分析处理稳态流动的基本操作步骤的每一项内容有一个初步的了解。

8.1.1 案例介绍

如图 8-1 所示喷射混合管，其中入口 1 流速为 5m/s，温度为 315K，入口 2 流速由Profile文件给出，温度为 285K，出口压力为 0Pa，请用ANSYS CFX求解出速度与湍功能的分布云图。

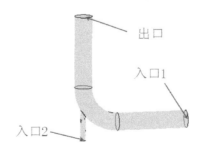

图 8-1　喷射混合管

8.1.2　启动 CFX 并建立分析项目

步骤 01　在Windows系统下执行"开始"→"所有程序"→ANSYS 19.0 →Fluid Dynamics→CFX 19.0 命令，启动CFX 19.0，进入ANSYS CFX-19.0 Launcher界面。

步骤 02　选择主界面中的CFX-Pre 19.0 选项，即可进入CFX-Pre 19.0（前处理）界面。

步骤 03　在任务栏中单击New Case按钮，进入New Case（新建项目）对话框，如图 8-2 所示。

步骤 04　选择General选项，单击OK按钮建立分析项目。

步骤 05　在任务栏中单击 ![保存] 按钮（保存）进入Save Case（保存项目）对话框，在 File name（文件名）中输入InjectMixer.cfx，再单击Save按钮保存项目文件。

图 8-2　新建项目

8.1.3　导入网格

步骤 01　选中Mesh选项并单击鼠标右键，在弹出的快捷菜单中执行Import Mesh→ICEM CFD命令，弹出如图 8-3 所示的Import Mesh（导入网格）对话框。

步骤 02　在Import Mesh（导入网格）对话框中选择File name（网格文件）为InjectMixerMesh.gtm，单击Open 按钮导入网格。

步骤 03　导入网格后，在图形显示区将显示圆管模型，如图 8-4 所示。

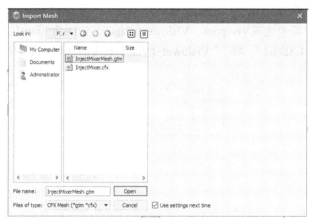

图 8-3　导入网格对话框

图 8-4　显示几何模型

8.1.4　设置随温度变化的物质参数

步骤 01　在主菜单中执行Insert→Expression命令，弹出如图 8-5 所示的Insert Expression（生成表达式）对话框，在Name中输入Tupper，单击OK按钮确认进入如图 8-6 所示的Expressions（表达式设置）面板。

步骤 02 在Definition（定义）窗口中输入325，单击Apply按钮生成表达式Tupper，如图8-7所示。

图8-5 生成表达式对话框

步骤 03 右键单击Expressions，在弹出的快捷菜单中选择Insert→Expression命令，如图8-8所示。将生成的新表达式命名为Tlower。

图8-6 表达式设置面板　　　图8-7 表达式设置面板　　　图8-8 生成表达式

步骤 04 在Definition（定义）窗口中输入275，单击Apply按钮生成表达式Tlower，如图8-9所示。

步骤 05 同步骤（3）和步骤（4）方法，分别生成表达式Visupper、Vislower和VisT，在Definition（定义）窗口中分别输入"5.45E-04""1.8E-03"和"Vislower+(Visupper-Vislower)*(T-Tlower)/(Tupper-Tlower)"，如图8-10所示。

图8-9 表达式设置面板　　　图8-10 表达式设置面板

步骤 06 右键单击VisT，在弹出的快捷菜单中选择Edit命令，如图8-11所示。

步骤 07 进入Plot选项卡，Number of Points选择10，勾选T复选框，在Start of Range中输入275，单位选择

K，在End of Range中输入 325，单位选择K，如图 8-12 所示。单击Plot Expression按钮生成如图 8-13 所示的表达式曲线图。

图 8-11　编辑表达式

图 8-12　Plot 选项卡

步骤 08　进入Evaluate选项卡，在T中输入 300，单位选择K，单击Evaluate Expression按钮，生成Value值为 0.0011725[kg m^-1 s^-1]，如图 8-14 所示。

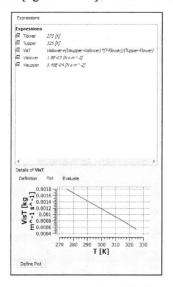

图 8-13　表达式曲线

图 8-14　粘度值估算

8.1.5　修改物质属性

在模型设置区中双击Materials下的Water，显示Water物质属性设置面板，单击Material Properties选项卡，在Transport Properties中的Dynamic Viscosity数据输入处单击 按钮，输入表达式名VisT，单击OK按钮，如图 8-15 所示。

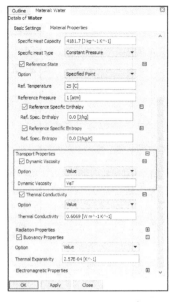

图 8-15　物质属性设置

8.1.6　边界条件

步骤01　单击任务栏中的 （域）按钮，弹出如图 8-16 所示的Insert Domain（生成域）对话框，名称保持默认，单击OK按钮进入如图 8-17 所示的Domain（域设置）面板。

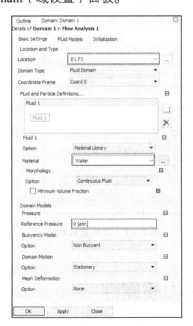

图 8-16　生成域对话框　　　　　　　　图 8-17　基本设置

步骤 02 在Domain（域设置）面板中的Basic Settings（基本设置）选项卡中，Location选择B1.P3，Material选择Water，在Reference Pressure中输入 0，单位选择atm，其他选项保持默认值。

步骤 03 在Domain（域设置）面板中的Fluid Models（流动模型）选项卡中，将Heat Transfer选项组中的Option设为Thermal Energy，如图 8-18 所示。其他选项保持默认值，单击OK按钮完成参数设置，在图形显示区将显示生成的域，如图 8-19 所示。

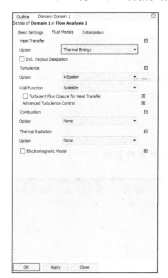

图 8-18　Fluid Models 选项卡

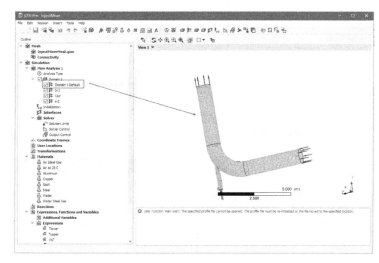

图 8-19　生成域显示

步骤 04 单击任务栏中的 （边界条件）按钮，弹出Insert Boundary（生成边界条件）对话框，如图 8-20 所示，设置Name（名称）为In1，单击OK按钮进入Boundary（边界条件设置）面板。

步骤 05 在Boundary（边界条件设置）面板中的Basic Settings（基本设置）选项卡中，Boundary Type选择Inlet，Location选择side inlet，如图 8-21 所示。

图 8-20　生成边界条件对话框

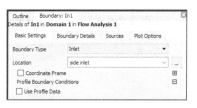

图 8-21　边界条件设置面板

步骤 06 在Boundary Details（边界参数）选项卡中，在Normal Speed中输入 5，单位选择m s^-1，在Static Temperature中输入 315，单位选择K，如图 8-22 所示，单击OK按钮完成入口边界条件的参数设置，在图形显示区将显示生成的入口边界条件，如图 8-23 所示。

步骤 07 在主菜单中执行Tools→Initialize Profile Data命令，弹出如图 8-24 所示的Initialize Profile Data（初始剖面数据）对话框，单击 按钮，打开如图 8-25 所示的选择文件对话框。选取文件InjectMixer_velocity_profile.csv，单击Open按钮，此时数据文件被读入系统，如图 8-26 所示，单击OK按钮进行确认。

图 8-22　边界参数选项卡

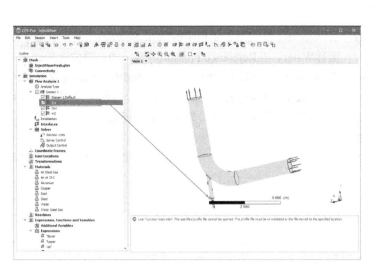

图 8-23　生成的入口边界条件显示

图 8-24　初始剖面数据对话框

图 8-25　读入剖面文件对话框

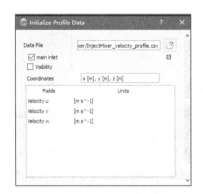

图 8-26　数据文件读入

步骤 08　同步骤（4）~步骤（6）方法，设置第二个入口边界条件，名称为"In2"。在Boundary（边界条件设置）面板中的Basic Settings（基本设置）选项卡中，Boundary Type选择Inlet，Location选择main inlet，勾选Use Profile Data复选框，单击Generate Values按钮，如图8-27所示。

步骤 09　在Boundary Details（边界详细信息）选项卡中，在Static Temperature中输入285，单位选择K，其

他设置条件均保持默认值，如图 8-28 所示。

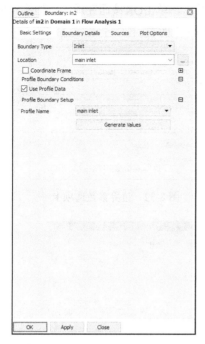

图 8-27　Basic Settings 选项卡

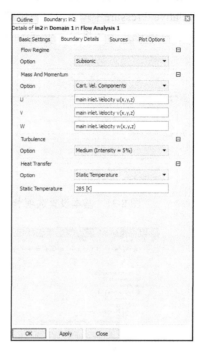

图 8-28　Boundary Details 选项卡

步骤 10　在Plot Options（图形选项）选项卡中，勾选Boundary Contour复选框，在Profile Variable中选择W，如图 8-29 所示，单击OK按钮进行确认。完成设置后将在图形显示区显示生成的入口边界条件，如图 8-30 所示。

图 8-29　Plot Options 选项卡

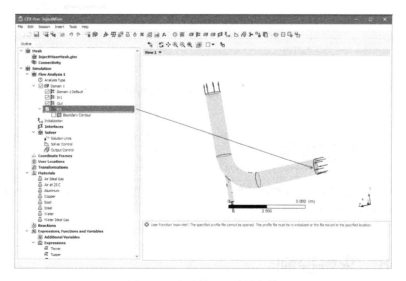

图 8-30　生成的入口边界条件显示

步骤 11　同步骤（4）方法，设置出口边界条件，名称为Out。

步骤 12　在Boundary（边界条件设置）面板中的Basic Settings（基本设置）选项卡中，Boundary Type选择Outlet，Location选择outlet，如图 8-31 所示。

步骤 13　在Boundary Details（边界参数）选项卡中，Mass And Momentum中Option选择Static Pressure，在Relative Pressure中输入 0，单位选择Pa，如图 8-32 所示，单击OK按钮完成出口边界条件参数设置，在图形显示区将显示生成的出口边界条件，如图 8-33 所示。

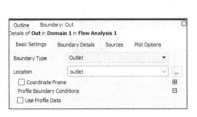

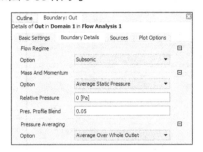

图 8-31　基本设置选项卡　　　　　　　　　　图 8-32　边界参数选项卡

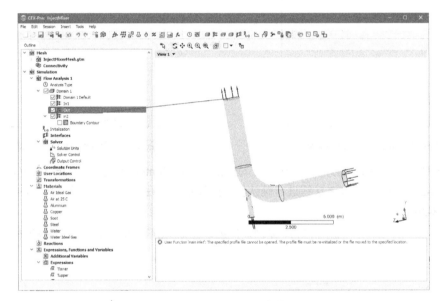

图 8-33　生成的出口边界条件显示

8.1.7　初始条件

单击任务栏中的 $\blacksquare_{t=0}$（初始条件）按钮，弹出如图 8-34 所示的Initialization（初始条件）设置面板，设置条件均保持默认值，单击OK按钮完成参数设置。

8.1.8　求解控制

步骤 01　单击任务栏中的 （求解控制）按钮，弹出如图 8-35 所示的Solver Control（求解控制）设置面板。

步骤 02　在Basic Settings（基本设置）选项卡中，Advection Scheme 选择 High Resolution，在Max. Iterations中输入 50。

步骤 03　在Fluid Timescale Control中，Timescale Control选择Physical Timescale，在Physical Timescale中输

入 2，单位选择 s，单击 **OK** 按钮完成参数设置。

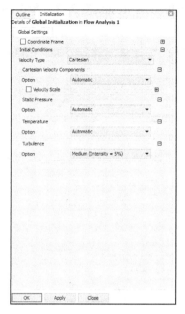

图 8-34 初始条件设置面板

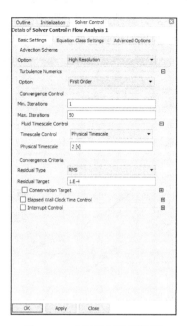

图 8-35 求解控制设置面板

8.1.9 计算求解

步骤01 单击任务栏中的 （求解管理器）按钮，弹出 **Write Solver Input File**（输出求解文件）对话框，如图 8-36 所示，在 **File name**（文件名）中输入 InjectMixer.def，单击 **Save** 按钮保存。

步骤02 求解文件保存退出后，**Define Run**（求解管理器）对话框会自动弹出，确认求解文件和工作目录后，单击 **Start Run** 按钮开始进行求解，如图 8-37 所示。

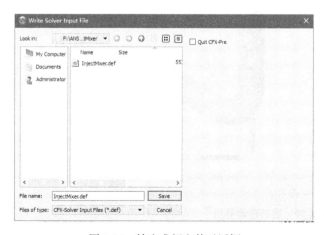

图 8-36 输出求解文件对话框

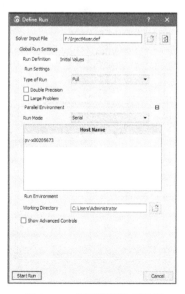

图 8-37 求解管理器对话框

步骤 03　求解开始后，收敛曲线窗口将显示残差收敛曲线的即时状态，直至所有残差值达到 1.0E-4，如图 8-38 所示。计算结束后自动弹出提示框，勾选 **Post-Process Results** 复选框，单击 OK 按钮进入如图 8-39 所示的后处理器界面。

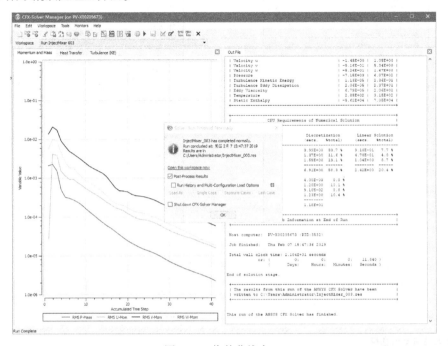

图 8-38　收敛曲线窗口

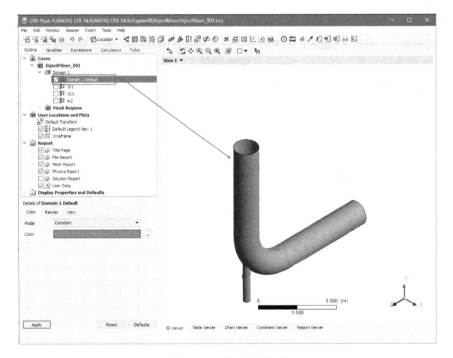

图 8-39　后处理器界面

8.1.10 结果后处理

步骤 01 双击操作控制树中的Wireframe选项，在Edge Angle中输入 15，单位选择degree，单击Apply按钮进行确认，如图 8-40 所示。

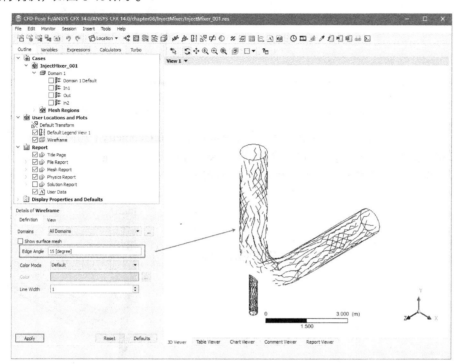

图 8-40 Wireframe 设置

步骤 02 单击任务栏中的 ☰（流线）按钮，弹出如图 8-41 所示的Insert Streamline（创建流线）对话框。输入流线名称为Streamline 1，单击OK按钮进入如图 8-42 所示的流线设置面板。

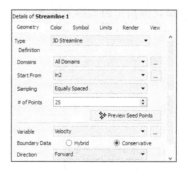

图 8-41 创建流线对话框　　　　　　　　　图 8-42 流线设置面板

步骤 03 在Geometry（几何）选项卡中，Start From选择in2，在Color（颜色）选项卡中，Mode选择Constant，Color选择绿色，如图 8-43 所示，单击Apply按钮创建如图 8-44 所示的流线图。

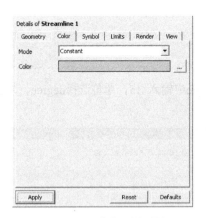

图 8-43 流线设置面板

图 8-44 流线示意图

步骤 04 同步骤（2）方法，设置第二条流线名称为Streamline 2，在Geometry（几何）选项卡中，Start From 选择In1，如图 8-45 所示。在Color（颜色）选项卡中Mode选择Constant，Color选择红色，如图 8-46 所示，单击Apply按钮创建如图 8-47 所示的流线图。

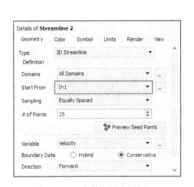

图 8-45 流线设置面板

图 8-46 流线设置面板

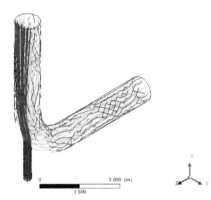

图 8-47 流线示意图

步骤 05 单击任务栏中的 Location→ Plane（平面）按钮，弹出如图 8-48 所示的Insert Plane（创建平面）对话框，保持平面名称为Plane 1，单击OK按钮进入如图 8-49 所示的Plane（平面设置）面板。

图 8-48 创建平面对话框

图 8-49 平面设置面板

步骤 06 在Geometry（几何）选项卡中，Method选择YZ Plane，X输入 0，单击Apply按钮创建平面，生成的平面如图 8-50 所示。

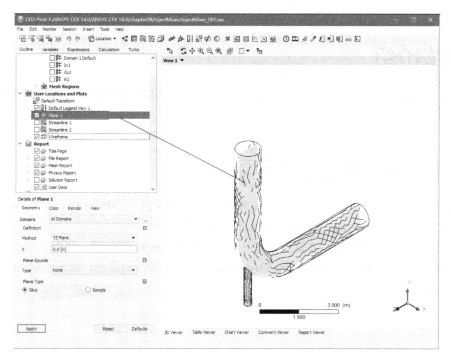

图 8-50　平面示意图

步骤 07　在Color选项卡中，Mode选择Variable，Variable选择Turbulence Kinetic Energy，如图 8-51 所示，单击Apply按钮创建如图 8-52 所示的平面。

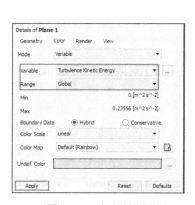

图 8-51　平面设置面板

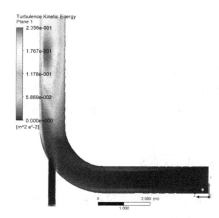

图 8-52　平面示意图

步骤 08　当操作完成后，执行File→Quit命令退出CFD-Post。

8.2　烟囱非稳态流动

　　下面将通过一个烟囱排烟分析案例，让读者对ANSYS CFX 19.0 分析处理非稳态流动的基本操作步骤的每一项内容有一个初步的了解。

8.2.1 案例介绍

如图 8-53 所示的烟囱，其中排烟口流速从 0.01m/s~0.2m/s，请用ANSYS CFX求解出不同时刻烟雾的扩散范围。

8.2.2 启动 CFX 并建立分析项目

步骤01 在Windows系统下执行"开始"→"所有程序"→ANSYS 19.0 →Fluid Dynamics→CFX 19.0 命令，启动CFX 19.0，进入ANSYS CFX-19.0 Launcher界面。

步骤02 选择主界面中的CFX-Pre 19.0 选项，即可进入CFX-Pre 19.0（前处理）界面。

步骤03 在任务栏中单击New Case按钮，进入New Case（新建项目）对话框，如图 8-54 所示。

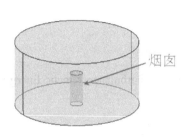

图 8-53　烟囱示意图　　　　　图 8-54　新建项目对话框

步骤04 选择General选项，单击OK按钮建立分析项目。

步骤05 在任务栏中单击■按钮（保存）进入Save Case（保存项目）对话框，在File name（文件名）中输入CircVent.cfx，再单击Save按钮保存项目文件。

8.2.3 导入网格

步骤01 选中Mesh选项并单击鼠标右键，在弹出的快捷菜单中执行Import Mesh→ICEM CFD命令，弹出如图 8-55 所示的Import Mesh（导入网格）对话框。

步骤02 在Import Mesh（导入网格）对话框中设置File name（网格文件）为CircVentMesh.gtm，单击Open按钮导入网格。

步骤03 导入网格后，在图形显示区将显示圆管模型，如图 8-56 所示。

图 8-55　导入网格对话框

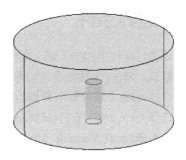

图 8-56　显示几何模型

8.2.4　设置随温度变化的物质参数

步骤 01　在主菜单中执行Insert→Additional Variable命令，弹出如图 8-57 所示的Insert Additional Variable（附加变量）对话框，在Name处输入smoke，单击OK按钮进入Additional Variable（附加变量）面板。

步骤 02　在Variable Type（变量类型）中选择Volumetric，在Units（单位）中输入[kg m^-3]，单击Apply按钮生成附加变量smoke，如图 8-58 所示。

图 8-57　附加变量对话框

图 8-58　附加变量设置面板

图 8-59　分析类型设置面板

8.2.5　设置分析类型

双击Analysis Type选项，弹出如图 8-59 所示的Analysis Type（分析类型）设置面板，在Analysis Type选项组中，Option选择Transient，在Time Duration选项组中，在Total Time中输入 30，单位选择s，在Time Steps选项组的Timesteps中输入 "4*0.25, 2*0.5, 2*1, 13*2"，单位选择s，在Initial Time选项组的Option中选择Value，在Time中输入 0，单位选择s。

8.2.6　边界条件

步骤 01　单击任务栏中的 （域）按钮，弹出如图 8-60 所示的Insert Domain（生成域）对话框，名称保持默认，单击OK按钮进入如图 8-61 所示的Domain（域设置）面板。

步骤 02　在Domain（域设置）面板的Basic Settings（基本设置）选项卡中，Location选择B1.P3，Material选择Air at 25C；在Fluid Models（流动模型）选项卡中，Heat Transfer选项组的Option中选择None，在Additional Variable Models选项组中，勾选smoke和Kinematic Diffusivity复选框，在Kinematic Diffusivity中输入 1.0E-5，单位选择m^2 s^-1，如图 8-62 所示。单击OK按钮完成参数设置，在图形显示区将显示生成的域，如图 8-63 所示。

图 8-60　生成域对话框　　　　图 8-61　域设置面板　　　　图 8-62　流动模型选项卡

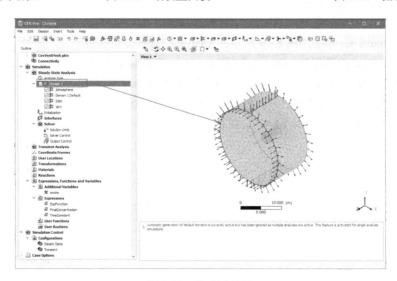

图 8-63　生成域显示

步骤 03 单击任务栏中的 ![按钮]（边界条件）按钮，弹出 Insert Boundary（生成边界条件）对话框，如图 8-64 所示，设置 Name（名称）为 Wind，单击 OK 按钮进入如图 8-65 所示的 Boundary（边界条件设置）面板。

图 8-64　生成边界条件对话框　　　　　　　　图 8-65　边界条件设置面板

步骤 04 在 Boundary（边界条件设置）面板的 Basic Settings（基本设置）选项卡中，Boundary Type 选择 Inlet，Location 选择 Wind。

步骤 05 在 Boundary Details（边界参数）选项卡的 Mass And Momentum 选项组中，Option 选择 Cart. Vel. Components，在 U 中输入 1，单位选择 m s^-1，在 V 中输入 0，单位选择 m s^-1，在 W 中输入 0，单位选择 m s^-1；在 Turbulence 选项组中，Option 选择 Intensity and Length Scale，在 Fractional Intensity 中输入 0.05，在 Eddy Length Scale 中输入 0.25，单位选择 m；在 smoke 选项组中，Option 选择 Value，在 Add. Var. Value 中输入 0，单位选择 kg m^-3，如图 8-66 所示，单击 OK 按钮完成入口边界条件的参数设置，在图形显示区将显示生成的入口边界条件，如图 8-67 所示。

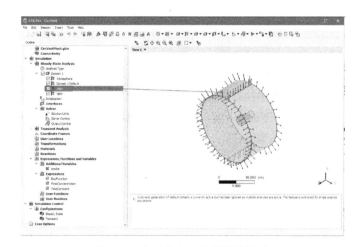

图 8-66　边界参数选项卡　　　　　　　　　　图 8-67　生成的入口边界条件显示

步骤 06 单击任务栏中的 ![按钮]（边界条件）按钮，弹出 Insert Boundary（生成边界条件）对话框，如图 8-68 所示，设置 Name（名称）为 Atmosphere，单击 OK 按钮进入如图 8-69 所示的 Boundary（边界条件设置）面板。

图 8-68　生成边界条件对话框　　　　　　　　图 8-69　边界条件设置面板

步骤 07 在 Boundary（边界条件设置）面板的 Basic Settings（基本设置）选项卡中，Boundary Type 选择

Opening，Location选择Atmosphere。

步骤 08 在Boundary Details（边界参数）选项卡的Mass And Momentum选项组中，Option选择Opening Pres. and Dirn，在Relative Pressure中输入 0，单位选择Pa，在Flow Direction选项组中，Option选择Normal to Boundary Condition；在Turbulence选项组中，Option选择Intensity and Length Scale，在Fractional Intensity中输入 0.05，在Eddy Length Scale中输入 0.25，单位选择m；在smoke选项组中，Option 选择Value，在Add. Var. Value中输入 0，单位选择kg m^-3，如图 8-70 所示，单击OK按钮完成出口边界条件的参数设置，在图形显示区将显示生成的出口边界条件，如图 8-71 所示。

图 8-70　边界参数选项卡

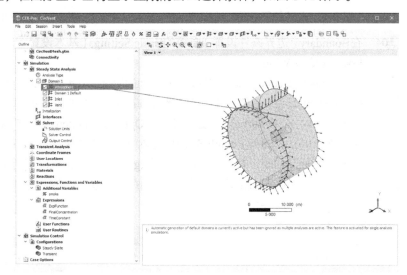

图 8-71　生成的出口边界条件显示

步骤 09 在主菜单中执行Insert→Expression命令，弹出如图 8-72 所示的Insert Expression（生成表达式）对话框，在Name中输入TimeConstant，单击OK按钮确认进入如图 8-73 所示的Expressions（表达式设置）面板。

图 8-72　生成表达式对话框

图 8-73　表达式设置面板

步骤 ⑩ 在Definition（定义）窗口中输入"3 [s]"，单击Apply按钮生成表达式TimeConstant，如图 8-74 所示。

步骤 ⑪ 右键单击Expressions，在弹出的快捷菜单中选择Insert→Expression，如图 8-75 所示。

图 8-74　表达式设置面板

图 8-75　生成表达式

步骤 ⑫ 在Definition（定义）窗口中输入"1 [kg m^-3]"，单击Apply按钮生成表达式FinalConcentration，如图 8-76 所示。

步骤 ⑬ 同步骤（11）和步骤（12）方法，生成表达式ExpFunction，在Definition（定义）窗口中分别输入"FinalConcentration*abs(1-exp(-t/TimeConstant))"，如图 8-77 所示。

图 8-76　表达式设置面板

图 8-77　表达式设置面板

步骤 ⑭ 右键单击ExpFunction，在弹出的快捷菜单中选择Edit命令，如图 8-78 所示。

步骤 ⑮ 进入Plot选项卡，在Number of Points中输入 100，勾选t复选框，在Start of Range中输入 0，在End of Range中输入 30，单位选择s，如图 8-79 所示。单击Plot Expression按钮生成如图 8-80 所示的表达式曲线图。

图 8-78　编辑表达式

图 8-79　Number of Points 设置

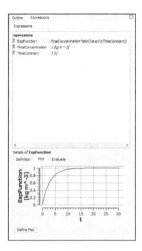

图 8-80　表达式曲线

步骤 16　单击任务栏中的 ⊞（边界条件）按钮，弹出 Insert Boundary（生成边界条件）对话框，如图 8-81 所示，设置 Name（名称）为 Vent，单击 OK 按钮进入如图 8-82 所示的 Boundary（边界条件设置）面板。

图 8-81　生成边界条件对话框

图 8-82　边界条件设置面板

步骤 17　在 Basic Settings（基本设置）选项卡中，Boundary Type 选择 Inlet，Location 选择 Vent。

步骤 18　在 Boundary Details（边界参数）选项卡中的 Mass And Momentum 选项组中，Option 选择 Normal Speed，在 Normal Speed 中输入 0.2，单位选择 m s^-1；在 Turbulence 选项组中，Option 选择 Intensity and Eddy Viscosity Ratio，在 Fractional Intensity 中输入 0.05，在 Eddy Viscosity Ratio 中输入 10；在 smoke 选项组中，Option 选择 Value，在 Add.Var.Value 中输入表达式名 ExpFunction，如图 8-83 所示，单击 OK 按钮完成排烟口边界条件的参数设置，在图形显示区将显示生成的排烟口边界条件，如图 8-84 所示。

图 8-83　边界参数选项卡

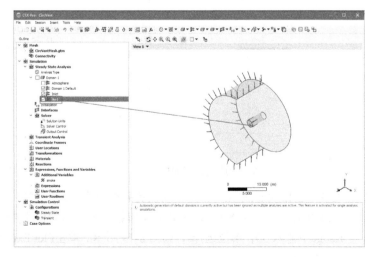

图 8-84　生成的排烟口边界条件显示

步骤 03 在Transient Results 1 选项组中，Option选择Selected Variables，Output Variables List选择"Pressure, Velocity, smoke"，在Output Frequency选项组中，Option选择Time List，Time List 中输入"1, 2, 3"，单位选择s，如图 8-89 所示，单击Apply按钮进行确认。

步骤 04 同步骤（2）和步骤（3）方法，设置第二个瞬态结果，名称为Transient Results 2。在Transient Results 2 选项组中，Option选择Selected Variables，Output Variables List选择"Pressure, Velocity, smoke"，在Output Frequency选项组中，Option选择Time Interval，Time Interval中输入 4，单位选择s，如图 8-90 所示，单击OK按钮进行确认。

图 8-89　输出控制设置面板

图 8-90　输出控制设置面板

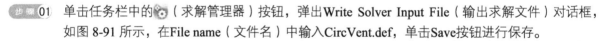

8.2.10　计算求解

步骤 01 单击任务栏中的（求解管理器）按钮，弹出Write Solver Input File（输出求解文件）对话框，如图 8-91 所示，在File name（文件名）中输入CircVent.def，单击Save按钮进行保存。

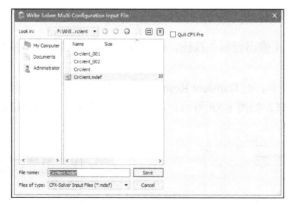

图 8-91　输出求解文件对话框

步骤 02 求解文件保存退出后，Define Run（求解管理器）对话框会自动弹出，确认求解文件和工作目录后，单击Start Run按钮开始进行求解，如图8-92所示。

步骤 03 求解开始后，收敛曲线窗口将显示残差收敛曲线的即时状态，直至所有残差值达到1.0E-4，如图8-93所示。计算结束后自动弹出提示框，勾选Post-Process Results复选框，单击OK按钮进入如图8-94所示的后处理器界面。

图 8-92　求解管理器对话框

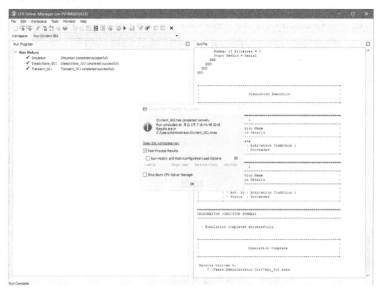

图 8-93　收敛曲线窗口

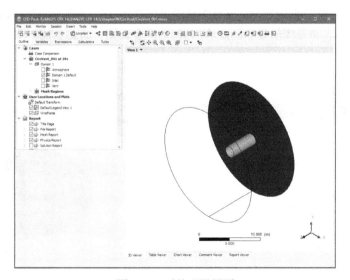

图 8-94　后处理器界面

8.2.11　结果后处理

步骤 01 单击任务栏中的🔲 Location→🔲 Isosurface（等值面）按钮，弹出如图8-95所示的Insert Isosurface（创建等值面）对话框，设置平面名称为Isosurface 1，单击OK按钮进入如图8-96所示的Isosurface

（等值面）设置面板。

图 8-95　创建等值面名称对话框

步骤02 在Geometry（几何）选项卡的Definition选项组中，Variable选择smoke，在Value中输入 0.005，单位选择kg m^-3。单击Apply按钮确认创建等值面，如图 8-97 所示。

图 8-96　等值面设置面板

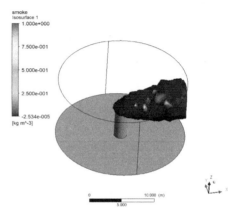

图 8-97　等值面图

步骤03 单击任务栏中的⊙（时间步选择）按钮，弹出如图 8-98 所示的Timestep Selector（时间步选择）对话框，双击列表中的 2s数据，将在图形显示区显示 2s时的温度云图，如图 8-99 所示。双击列表中的 12s数据，将在图形显示区显示 12s时的温度云图，如图 8-100 和图 8-101 所示。

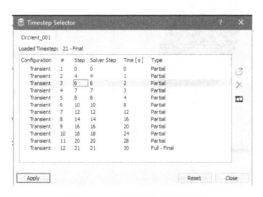

图 8-98　时间步选择对话框

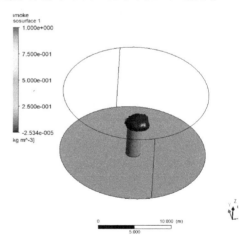

图 8-99　等值面图

Configuration	#	Step	Solver Step	Time [s]	Type
Transient	1	0	0	0	Partial
Transient	2	4	4	1	Partial
Transient	3	6	6	2	Partial
Transient	4	7	7	3	Partial
Transient	5	8	8	4	Partial
Transient	6	10	10	8	Partial
Transient	7	12	12	12	Partial
Transient	8	14	14	16	Partial
Transient	9	16	16	20	Partial
Transient	10	18	18	24	Partial
Transient	11	20	20	28	Partial
Transient	12	21	21	30	Full - Final

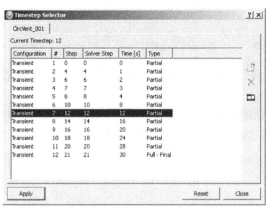

图 8-100　时间步选择对话框

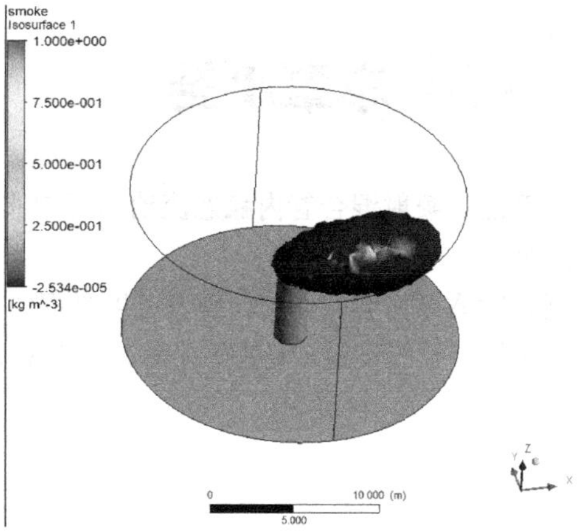

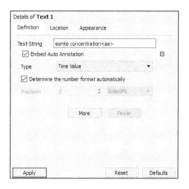

图 8-101　等值面图

步骤 04　单击任务栏中的ABC（文字）按钮，弹出如图 8-102 所示的Insert Text（创建文字）对话框，保持平面名称为Text 1，单击OK按钮进入如图 8-103 所示的Text（文字设置）面板。

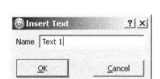

图 8-102　创建文字对话框

图 8-103　文字设置面板

步骤 05　在Text String中输入smoke concentration，选中Embed Auto Annotation复选框，在Type中选择Time Value，单击Apply按钮创建图片标题，如图 8-104 所示。

步骤 06　在主菜单中执行File→Save Picture命令，弹出如图 8-105 所示的Save Picture（保存图片）对话框，Format选择JPEG，单击Save按钮保存图片。

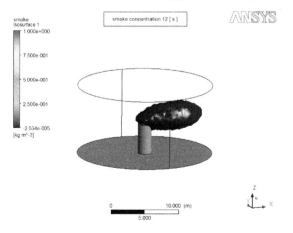

图 8-104　等值面图

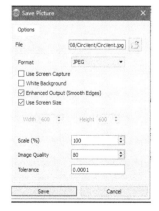

图 8-105　保存图片对话框

8.3 本章小结

　　本章通过喷射混合管内稳态流动和烟囱非稳态流动两个实例分别介绍了CFX处理稳态和非稳态流动的工作流程。

　　通过对本章内容的学习，读者可以掌握CFX中稳态、非稳态计算的设置，稳态、非稳态初始值的设置，非稳态时间步长的设置，稳态、非稳态求解控制的设置，以及稳态、非稳态的输出控制等。

第9章

内部流动分析实例

本章将通过物理模型内部流动的分析实例介绍CFX前处理、求解和后处理的基本操作，以便熟悉CFX的设置原理和求解方法。

知识要点 ////////

- 掌握网格模型的导入操作
- 掌握域的生成操作
- 掌握边界条件的设置
- 掌握湍流模型的设置
- 掌握流线的创建方法和不同时刻计算结果的调用

9.1 圆管内气体的流动

下面将通过分析一个圆管内气体流动案例，让读者对ANSYS CFX 19.0分析处理内部流动的基本操作步骤的每一项内容有一个初步的了解。

9.1.1 案例介绍

如图 9-1 所示的圆管，其中一端为入口，速度为 10m/s，另一端为出口，压力为 0Pa，请用ANSYS CFX求解出压力与速度的分布云图。

图 9-1 案例问题

9.1.2 启动 CFX 并建立分析项目

步骤 01 在Windows系统下执行"开始"→"所有程序"→ANSYS 19.0 →Fluid Dynamics→CFX 19.0 命令，启动CFX 19.0，进入ANSYS CFX-19.0 Launcher界面。

步骤 02 选择主界面中的CFX-Pre 19.0 选项，即可进入CFX-Pre 19.0（前处理）界面。

步骤 03 在任务栏中单击New Case按钮，进入New Case（新建项目）对话框，如图 9-2 所示。

图 9-2　新建项目

步骤 04 选择General选项，单击OK按钮建立分析项目。

步骤 05 在任务栏中单击![save]按钮（保存）进入Save Case（保存项目）对话框，在File name（文件名）中输入tube.cfx，再单击Save按钮保存项目文件。

9.1.3　导入网格

步骤 01 选中Mesh选项并单击鼠标右键，在弹出的快捷菜单中执行Import Mesh→ICEM CFD命令，弹出如图 9-3 所示的Import Mesh（导入网格）对话框。

步骤 02 在Import Mesh（导入网格）对话框中选择File name（网格文件）为tube.cfx5，单击Open按钮导入网格。

步骤 03 导入网格后，在图形显示区将显示圆管模型，如图 9-4 所示。

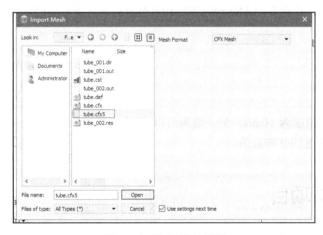

图 9-3　导入网格对话框

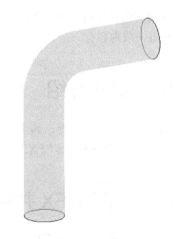

图 9-4　显示圆管模型

9.1.4　边界条件

步骤 01 单击任务栏中的![域]（域）按钮，弹出如图 9-5 所示的Insert Domain（生成域）对话框，名称保持默认，单击OK按钮确认进入如图 9-6 所示的Domain（域设置）面板。

图 9-5　生成域对话框

步骤 02　在Domain（域设置）面板的Basic Settings（基本设置）选项卡中，Location选择tube，Material选择Air Ideal Gas，其他选项保持默认值，单击OK按钮完成参数设置，在图形显示区中将显示生成的域，如图 9-7 所示。

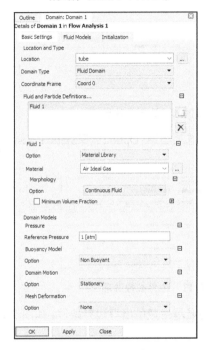

图 9-6　域设置面板

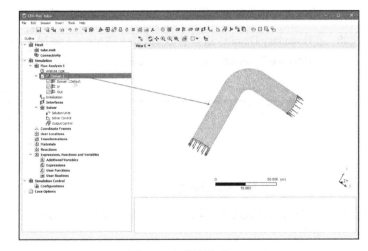

图 9-7　生成域显示

步骤 03　单击任务栏中的 （边界条件）按钮，弹出Insert Boundary（生成边界条件）对话框，如图 9-8 所示，设置Name（名称）为In，单击OK按钮进入如图 9-9 所示的Boundary（边界条件设置）面板。

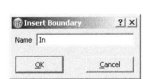

图 9-8　生成边界条件对话框

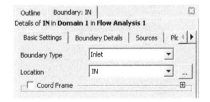

图 9-9　边界条件设置面板

步骤 04　在Boundary（边界条件设置）面板的Basic Settings（基本设置）选项卡中，Boundary Type选择Inlet，Location选择IN。

步骤 05　在Boundary Details（边界参数）选项卡中，在Normal Speed中输入 10，单位选择m s^-1，如图 9-10 所示，单击OK按钮完成入口边界条件的参数设置，在图形显示区将显示生成的入口边界条件，如图 9-11 所示。

步骤 06　同步骤（3）方法，设置出口边界条件，名称为Out。

步骤 07 在Boundary(边界条件设置)面板的Basic Settings(基本设置)选项卡中，Boundary Type选择Outlet，Location选择OUT，如图 9-12 所示。

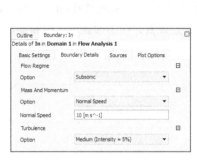

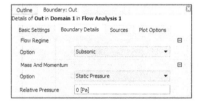

图 9-10　边界参数选项卡　　　　　　图 9-11　生成的入口边界条件显示

步骤 08 在Boundary Details(边界参数)选项卡的Mass And Momentum选项组中，Option选择Static Pressure，在Relative Pressure中输入 0，单位选择Pa，如图 9-13 所示。

图 9-12　基本设置选项卡　　　　　　图 9-13　边界参数选项卡

步骤 09 单击OK按钮完成出口边界条件的参数设置，在图形显示区将显示生成的出口边界条件，如图 9-14所示。

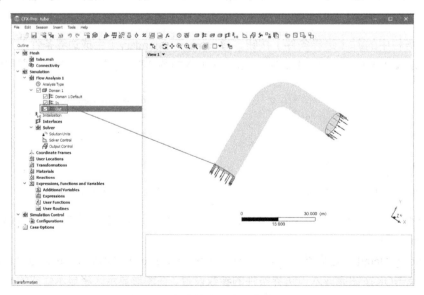

图 9-14　生成的出口边界条件显示

9.1.5　初始条件

单击任务栏中的 $\blacksquare_{t=0}$（初始条件）按钮，弹出如图 9-15 所示的Initialization（初始条件）设置面板，设置条件均保持默认值，单击OK按钮完成参数设置。

9.1.6　求解控制

单击任务栏中的 $\blacktriangle$（求解控制）按钮，弹出如图 9-16 所示的Solver Control（求解控制）设置面板，设置条件均保持默认值，单击OK按钮完成参数设置。

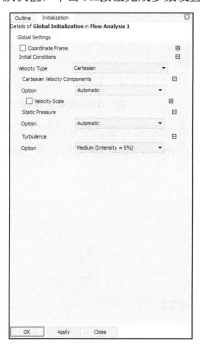

图 9-15　初始条件设置面板

图 9-16　求解控制设置面板

9.1.7　计算求解

步骤 01　单击任务栏中的 （求解管理器）按钮，弹出Write Solver Input File（输出求解文件）对话框，如图 9-17 所示，在File name（文件名）中输入tube.def，单击Save按钮进行保存。

步骤 02　求解文件保存退出后，Define Run（求解管理器）对话框会自动弹出，确认求解文件和工作目录后，单击Start Run按钮开始进行求解，如图 9-18 所示。

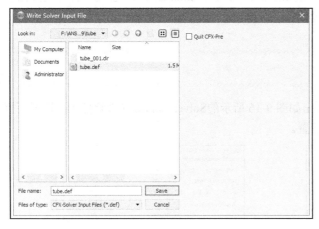

图 9-17　输出求解文件对话框　　　　　　　图 9-18　求解管理器对话框

步骤 03 求解开始后，收敛曲线窗口将显示残差收敛曲线的即时状态，直至所有残差值达到 1.0E-4，如图 9-19 所示。计算结束后自动弹出提示框，勾选**Post-Process Results**复选框，单击**OK**按钮进入如图 9-20 所示的后处理器界面。

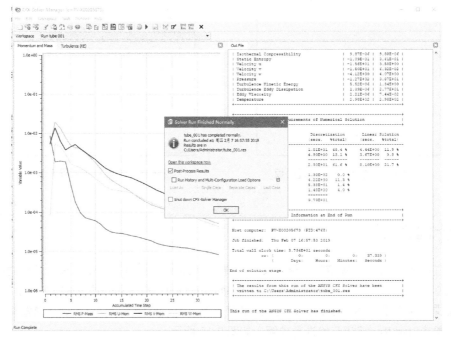

图 9-19　收敛曲线窗口

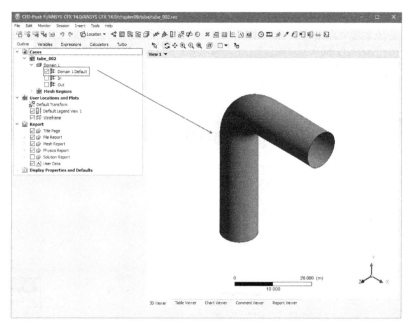

图 9-20　后处理器界面

9.1.8　结果后处理

步骤 01　单击任务栏中的 Location→ Plane（平面）按钮，弹出如图 9-21 所示的Insert Plane（创建平面）对话框，设置平面名称为Plane 1，单击OK按钮进入如图 9-22 所示的Plane 1（平面设置）面板。

图 9-21　创建平面对话框

图 9-22　平面设置面板

步骤 02　在Geometry（几何）选项卡中，Method选择XY Plane，Z坐标取值为 0，单位为m，单击Apply按钮创建平面，生成的平面如图 9-23 所示。

步骤 03　单击任务栏中的 （云图）按钮，弹出如图 9-24 所示的Insert Contour（创建云图）对话框。输入云图名称为press，单击OK按钮进入如图 9-25 所示的云图设置面板。

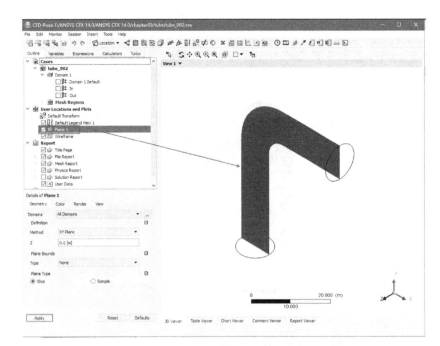

图 9-23　XY 方向平面　　　　　　　　　　图 9-24　创建云图对话框

步骤 04　在 Geometry（几何）选项卡中 Locations 选择 Plane 1，Variable 选择 Pressure，单击 Apply 按钮创建压力云图，如图 9-26 所示。

图 9-25　云图设置面板

图 9-26　压力云图

步骤 05　同步骤（1）方法，创建云图 Vec，如图 9-27 所示。

图 9-27　指定云图名称

步骤 06　在如图 9-28 所示的云图设置面板中的 Geometry（几何）选项卡中，Locations 选择 Plane 1，Variable 选择 Velocity，单击 Apply 按钮创建速度云图，如图 9-29 所示。

图 9-28　云图设置面板

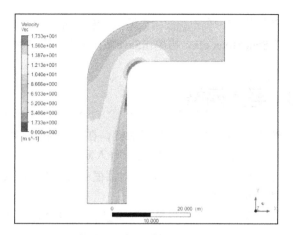

图 9-29　速度云图

9.2　静态混合器内水的流动

下面将通过分析一个静态混合器内水的流动案例，让读者对ANSYS CFX 19.0 分析处理内部流动的基本操作步骤的每一项内容有一个初步的了解。

9.2.1　案例介绍

如图 9-30 所示的静态混合器，半径为 2m，水从两个入口流入，混合后从一个出口流出，两个入口水的流速均为 2m/s，其中一个入口的流入水的温度为 315K，另一个入口的流入水的温度为 285K。

9.2.2　启动 CFX 并建立分析项目

步骤 01　在Windows系统下执行"开始"→"所有程序"→ANSYS 19.0 →Fluid Dynamics→CFX 19.0 命令，启动CFX 19.0，进入ANSYS CFX-19.0 Launcher界面。

步骤 02　选择主界面中的CFX-Pre 19.0 选项，即可进入CFX-Pre 19.0（前处理）界面。

步骤 03　在任务栏中单击New Case按钮，进入New Case（新建项目）对话框，如图 9-31 所示。

步骤 04　选择General选项，单击OK按钮建立分析项目。

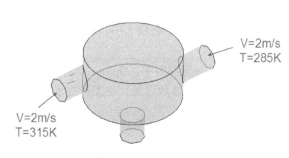

图 9-30　案例问题

图 9-31　新建项目对话框

步骤 05　在任务栏中单击 ■ 按钮（保存）进入Save Case（保存项目）对话框，在File name（文件名）中输入StatcMixer.cfx，再单击Save按钮保存项目文件。

9.2.3　导入网格

步骤 01　选中Mesh选项并单击鼠标右键，在弹出的快捷菜单中执行Import Mesh→CFX Mesh命令，弹出如图 9-32 所示的Import Mesh（导入网格）对话框。

步骤 02　在Import Mesh（导入网格）对话框中设置File name（网格文件）为StaticMixerMesh.gtm，单击Open按钮导入网格。

步骤 03　导入网格后，在图形显示区将显示混合器模型，如图 9-33 所示。

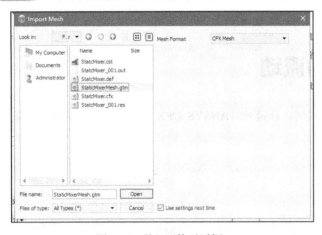

图 9-32　导入网格对话框

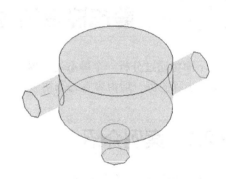

图 9-33　混合器模型

9.2.4　边界条件

步骤 01　单击任务栏中的 ⬚（域）按钮，弹出如图 9-34 所示的Insert Domain（生成域）对话框，名称保持默认，单击OK按钮确认进入如图 9-35 所示的Domain（域设置）面板。

图 9-34　生成域对话框

步骤 02　在Domain（域设置）面板的Basic Settings（基本设置）选项卡中，Location选择B1.P3，Material选择Water。

步骤 03　在Fluid Models（流动模型）选项卡的Heat Transfer选项组中，Option 选择Thermal Energy，如图 9-36 所示。其他选项保持默认值，单击OK按钮完成参数设置，在图形显示区将显示生成的域，如图 9-37 所示。

图 9-35　域设置面板

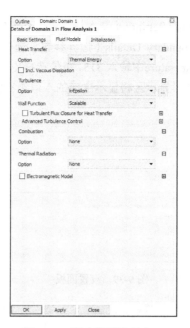

图 9-36　流动模型选项卡

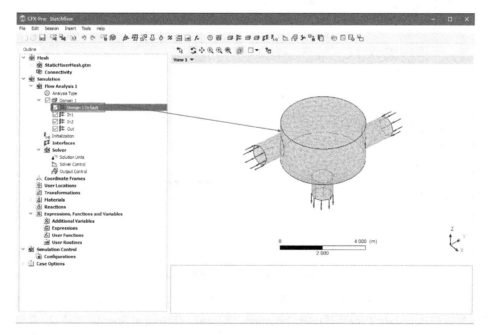

图 9-37　生成域显示

步骤 04　单击任务栏中的 （边界条件）按钮，弹出 Insert Boundary（生成边界条件）对话框，如图 9-38
所示，设置 Name（名称）为 In1，单击 OK 按钮进入如图 9-39 所示的面板。

图 9-38　生成边界条件对话框

步骤 05 在Basic Settings（基本设置）选项卡中Boundary Type选择Inlet，Location选择in1。

步骤 06 在Boundary Details（边界参数）选项卡中，在Normal Speed中输入 2，单位选择m s^-1，在Static Temperature中输入 315，单位选择K，如图 9-40 所示，单击OK按钮完成入口边界条件的参数设置，在图形显示区将显示生成的入口边界条件，如图 9-41 所示。

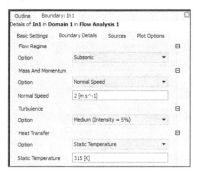

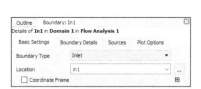

图 9-39　设置面板　　　　　　　　　　图 9-40　边界参数选项卡

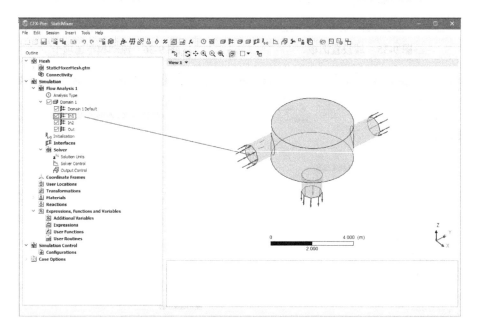

图 9-41　生成的入口边界条件显示

步骤 07 同步骤（1）~步骤（3）方法，设置第二个入口边界条件，名称为In2。在Boundary（边界条件设置）面板中Boundary Type选择Inlet，Location。选择in2，在Normal Speed中输入 2，单位选择m s^-1，在Static Temperature中输入 285，单位选择K，如图 9-42 所示。设置完成后将在图形显示区中显示生成的入口边界条件，如图 9-43 所示。

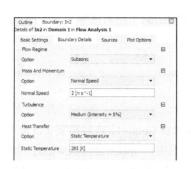

图 9-42　边界参数选项卡

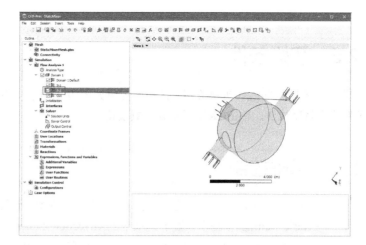

图 9-43　生成的第二个入口边界条件显示

步骤 08　同步骤（1）~（3），设置出口边界条件，名称为Out。

步骤 09　在Boundary(边界条件设置)面板的Basic Settings(基本设置)选项卡中，Boundary Type选择Outlet，Location选择out，如图 9-44 所示。

步骤 10　在Boundary Details(边界参数)选项卡的Mass And Momentum选项组中，Option选择Static Pressure，在Relative Pressure中输入 0，单位选择Pa，如图 9-45 所示。

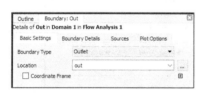

图 9-44　基本设置选项卡

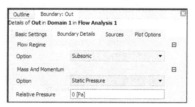

图 9-45　边界参数选项卡

步骤 11　单击OK按钮完成出口边界条件的参数设置，在图形显示区中将显示生成的出口边界条件，如图 9-46 所示。

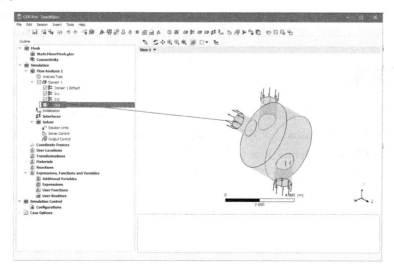

图 9-46　生成的出口边界条件显示

9.2.5　初始条件

单击任务栏中的（初始条件）按钮，弹出如图 9-47 所示的Initialization（初始条件）设置面板，设置条件均保持默认值，单击OK按钮完成参数设置。

9.2.6　求解控制

步骤 01　单击任务栏中的（求解控制）按钮，弹出如图 9-48 所示的Solver Control（求解控制）设置面板。

步骤 02　在Basic Settings（基本设置）选项卡的Advection Scheme选项组中，Option选择Upwind，在Fluid Timescale Control选项组中Timescale Control选择Physical Timescale，在Physical Timescale中输入2，单位选择s，单击OK按钮完成参数设置。

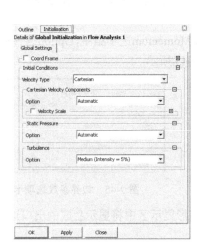

图 9-47　初始条件设置面板

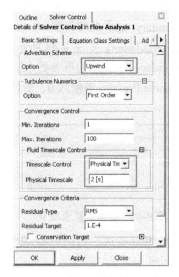

图 9-48　求解控制设置面板

9.2.7　计算求解

步骤 01　单击任务栏中的（求解管理器）按钮，弹出Write Solver Input File（输出求解文件）对话框，如图 9-49 所示，在File name（文件名）中输入StatcMixer.def，单击Save按钮进行保存。

步骤 02　求解文件保存退出后，Define Run（求解管理器）对话框会自动弹出，确认求解文件和工作目录后，单击Start Run按钮开始进行求解，如图 9-50 所示。

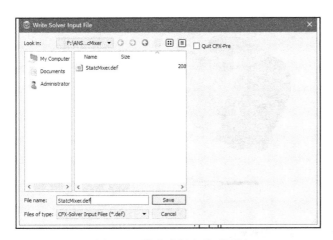

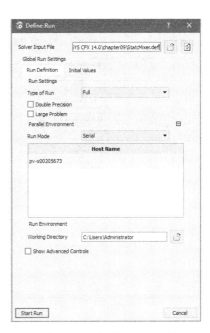

图 9-49　输出求解文件对话框　　　　　　　　　图 9-50　求解管理器对话框

步骤 03　求解开始后，收敛曲线窗口将显示残差收敛曲线的即时状态，直至所有残差值达到 1.0E-4，如图 9-51 所示。

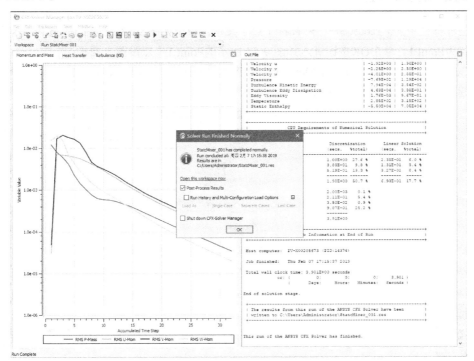

图 9-51　收敛曲线窗口

步骤 04　计算结束后自动弹出提示框，勾选 Post-Process Results 复选框，单击 OK 按钮进入如图 9-52 所示的后处理器界面。

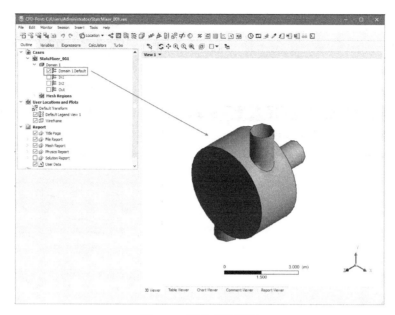

图 9-52　后处理器界面

9.2.8　结果后处理

步骤 01　单击任务栏中的 Location → Point（点）按钮，弹出如图 9-53 所示的Insert Point对话框，设置名称为Point 1，单击OK按钮进入如图 9-54 所示的Point 1（点设置）面板。

步骤 02　在Geometry（几何）选项卡中Method选择XYZ，Point坐标值输入（-1，-1，1），单击Apply按钮创建点，生成的点如图 9-55 所示。

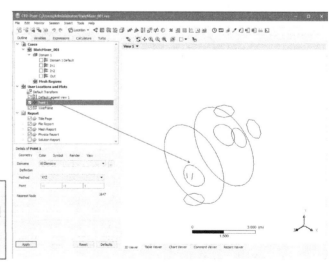

图 9-53　指定点名称　　　图 9-54　点设置面板　　　　　　　　　　图 9-55　设置点位置

步骤 03　单击任务栏中的（流线）按钮，弹出如图 9-56 所示的Insert Streamline（创建流线）对话框。输入流线名称为Streamline 1，单击OK按钮进入如图 9-57 所示的流线设置面板。

图 9-57　流线设置面板

图 9-56　创建流线对话框

步骤 04　在Geometry（几何）选项卡中Start From选择Point 1，在Color（颜色）选项卡中Mode选择Variable，Variable选择Temperature，Range选择Local，如图 9-58 所示，单击Apply按钮创建如图 9-59 所示的流线图。

图 9-58　流线设置面板

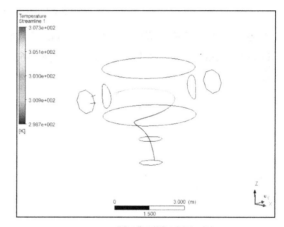

图 9-59　流线示意图

步骤 05　单击任务栏中的 Location→ Plane（平面）按钮，弹出如图 9-60 所示的Insert Plane（创建平面）对话框，设置平面名称为Plane 1，单击OK按钮进入如图 9-61 所示的Plane（平面设置）面板。

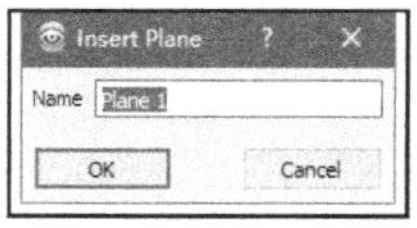

图 9-61　平面设置面板

图 9-60　创建平面对话框

步骤 06　在Geometry（几何）选项卡中Method选择Point and Normal，Point输入（0，0，1），Normal输入（0，0，1），单击Apply按钮创建平面，生成的平面如图9-62所示。

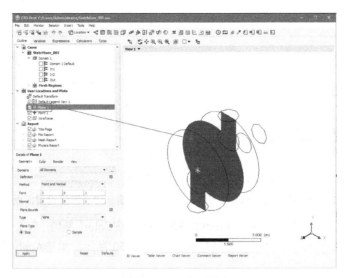

图 9-62　平面示意图

步骤 07 在Render选项卡中，取消选择Show Faces复选框，勾选Show Mesh Lines复选框，Color Mode选择 User Specified，Line Color选择黑色，如图9-63所示，单击Apply按钮创建如图9-64所示的网格平面。

图 9-63　Render 选项卡

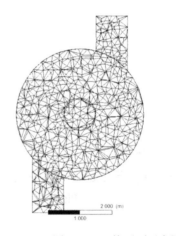

图 9-64　网格平面示意图

步骤 08 单击任务栏中的 （云图）按钮，弹出如图9-65所示的Insert Contour（创建云图）对话框。输入云图名称为Temp，单击OK按钮进入如图9-66所示的云图设置面板。

图 9-65　创建云图对话框

步骤 09 在Geometry（几何）选项卡中，Locations选择Plane 1，Variable选择Temperature，单击Apply按钮创建温度云图，如图9-67所示。

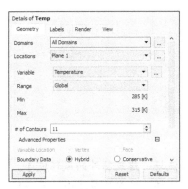

图 9-66　云图设置面板

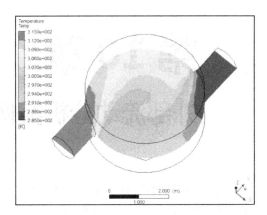

图 9-67　温度云图

步骤⑩　单击任务栏中的▭▭（动画）按钮，弹出如图 9-68 所示的Animation（创建动画）对话框。选中Keyframe Animation单选按钮，单击▢按钮新建动画第一帧文件KeyframeNo1。

步骤⑪　双击Outline中的Plane1 平面，在Geometry（几何）选项卡中设置Point 坐标值为（0，0，-1.99），单击Apply按钮，切面移动到混合器底部，如图 9-69 所示。

步骤⑫　在Animation（创建动画）对话框中单击▢按钮新建动画的第二帧文件KeyframeNo2。

步骤⑬　单击KeyframeNo1，在# of Frames文本框中输入 20，如图 9-70 所示。

图 9-68　动画设置对话框

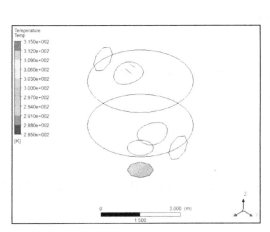

图 9-69　切面位置

图 9-70　创建动画对话框

步骤⑭　单击▶按钮即可播放视频。

9.3　本章小结

本章通过圆管内气体流动和静态混合器内水的流动两个实例介绍了CFX处理内部流动的工作流程。

通过对本章内容的学习，读者可以掌握CFX模拟的基本操作和实现最简单模拟的方法，通过步骤完成所列实例，可以基本了解CFX前处理和后处理的基本操作，从而对CFX模拟有初步的认识。

第10章

外部流动分析实例

进行物理模型外部流动模拟分析是十分常见的，如计算汽车外流场、建筑物外的风环境等。一般在计算前，在物理模型外部需要设置一个足够大的空间来作为计算域，这样做可以尽量减小边界条件对物理模型周边流场计算结果的影响。

本章将通过钝体绕流和机翼超音速流动的实例来介绍CFX处理外部流动模拟的工作步骤。

（知识要点）

- 掌握网格模型的导入操作
- 掌握CFX外部流动模拟分析步骤
- 掌握Interface的设置方法

10.1 钝体绕流

下面将通过分析一个钝体绕流案例，让读者对ANSYS CFX 19.0分析处理外部流动的基本操作步骤的每一项内容有一个初步的了解。

10.1.1 案例介绍

如图10-1所示的钝体，其中入口流速为15m/s，出口压力为0Pa，请用ANSYS CFX分析钝体外流场情况。

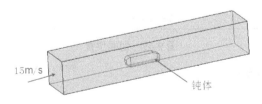

15m/s

钝体

图10-1 案例问题

10.1.2 启动CFX并建立分析项目

步骤01 在Windows系统下执行"开始"→"所有程序"→ANSYS 19.0 →Fluid Dynamics→CFX 19.0命令，启动CFX 19.0，进入ANSYS CFX-19.0 Launcher界面。

步骤 02　选择主界面中的CFX-Pre 19.0 选项，即可进入CFX-Pre 19.0（前处理）界面。

步骤 03　在任务栏中单击New Case按钮，进入New Case（新建项目）对话框，如图 10-2 所示。

步骤 04　选择General选项，单击OK按钮建立分析项目。

步骤 05　在任务栏中单击💾按钮（保存）进入Save Case（保存项目）对话框，在File name（文件名）中输入BluntBody.cfx，单击Save按钮保存项目文件。

图 10-2　新建项目对话框

10.1.3　导入网格

步骤 01　选中Mesh选项并单击鼠标右键，在弹出的快捷菜单中执行Import Mesh→ICEM CFD命令，弹出如图 10-3 所示的Import Mesh（导入网格）对话框。

步骤 02　在Import Mesh（导入网格）对话框中设置File name（网格文件）为BluntBodyMesh.gtm，单击Open按钮导入网格。

步骤 03　导入网格后，在图形显示区将显示几何模型，如图 10-4 所示。

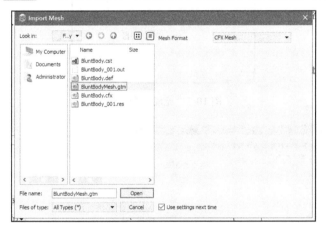

图 10-3　导入网格对话框

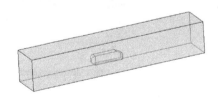

图 10-4　显示几何模型

10.1.4　边界条件

步骤 01　单击任务栏中的▱（域）按钮，弹出如图 10-5 所示的Insert Domain（生成域）对话框，名称保持默认，单击OK按钮确认进入如图 10-6 所示的Domain（域设置）面板。

图 10-5　生成域对话框

步骤 02 在Domain（域设置）面板中的Basic Settings（基本设置）选项卡中，Location选择B1.P3，Material选择Air at 25C，在Reference Pressure中输入1，单位选择atm，其他选项保持默认值。

步骤 03 在Fluid Models（流动模型）选项卡的Heat Transfer选项组中，Option 选择Isothermal，在Fluid Temperature中输入288，单位选择K，在Turbulence选项组中Option选择Shear Stress Transport，如图10-7所示。其他选项保持默认值，单击OK按钮完成参数设置，在图形显示区将显示生成的域，如图10-8所示。

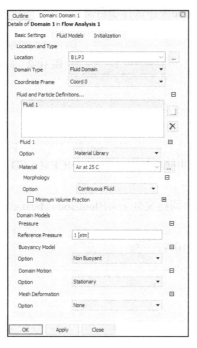

图10-6 基本设置选项卡

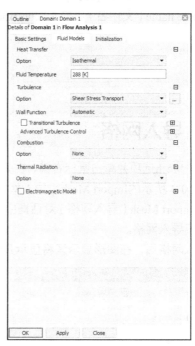

图10-7 流动模型选项卡

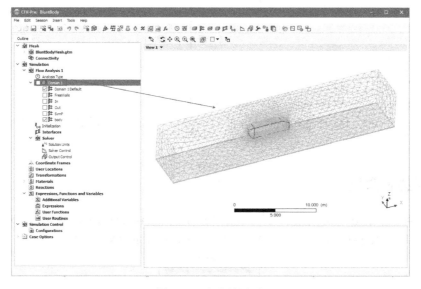

图10-8 生成域显示

步骤 04 在主菜单中执行Insert→Regions→Composite命令，弹出如图10-9所示的Insert Region（生成区域）

对话框，名称输入Region 1，单击OK按钮确认进入如图10-10所示的Region（区域设置）设置面板。在Dimension（Filter）中选择2D，Region List选择"Free1,Free2"，单击OK按钮进行确认。

图10-9　生成区域对话框

图10-10　区域设置面板

步骤 05　单击任务栏中的 （边界条件）按钮，弹出Insert Boundary（生成边界条件）对话框，如图10-11所示，设置Name（名称）为In，单击OK按钮进入如图10-12所示的Boundary（边界条件设置）面板。

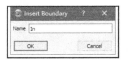

图10-11　生成边界条件对话框

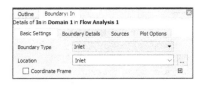

图10-12　边界条件设置面板

步骤 06　在Boundary（边界条件设置）面板的Basic Settings（基本设置）选项卡中，Boundary Type选择Inlet，Location选择Inlet。

步骤 07　在Boundary Details（边界参数）选项卡中，在Normal Speed中输入15，单位选择m s^-1，在Turbulence选项组中，Option选择Intensity and Length Scale，在Fractional Intensity中输入0.05，在Eddy Length Scale中输入0.1，单位为m，如图10-13所示。单击OK按钮完成入口边界条件的参数设置，在图形显示区将显示生成的入口边界条件，如图10-14所示。

图10-13　边界参数选项卡

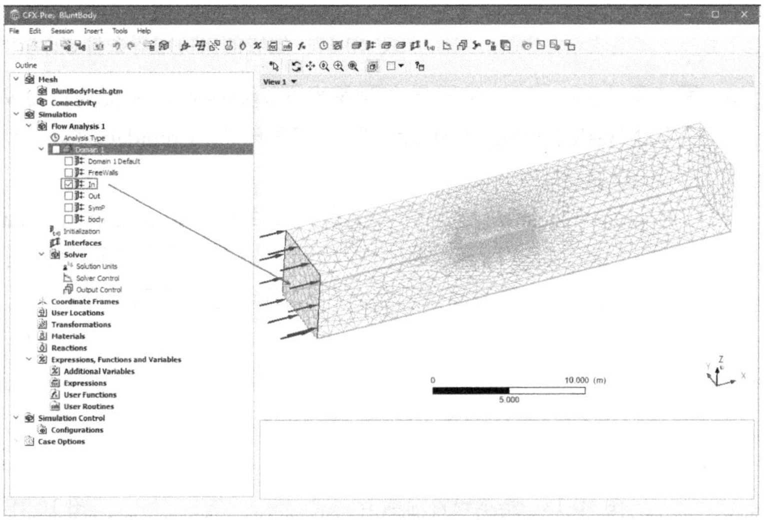

图10-14　生成的入口边界条件显示

步骤 08　同步骤（5）方法，设置出口边界条件，名称为Out。在Boundary（边界条件设置）面板的Basic Settings（基本设置）选项卡中，Boundary Type选择Outlet，Location选择Outlet，如图10-15所示。

步骤 09　在Boundary Details（边界详细信息）选项卡的Mass And Momentum选项组中，Option选择Static Pressure，在Relative Pressure中输入0，单位为Pa，如图10-16所示。单击OK按钮完成出口边界条

件的参数设置，在图形显示区将显示生成的出口边界条件，如图 10-17 所示。

图 10-15　基本设置选项卡

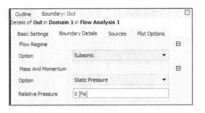

图 10-16　边界详细信息选项卡

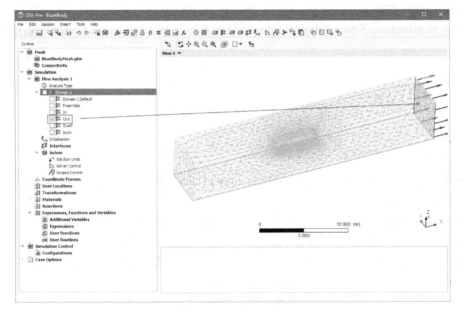

图 10-17　生成的出口边界条件显示

步骤⑩ 同步骤（5）方法，设置自由滑移表面边界条件，名称为FreeWalls。在Boundary（边界条件设置）面板的Basic Settings（基本设置）选项卡中，Boundary Type选择Wall，Location选择Region 1，如图 10-18 所示。

步骤⑪ 在Boundary Details（边界详细信息）选项卡的Mass And Momentum选项组中，Option选择Free Slip Wall，如图 10-19 所示。单击OK按钮完成自由滑移表面边界条件的参数设置，在图形显示区将显示生成的自由滑移表面边界条件，如图 10-20 所示。

图 10-18　基本设置选项卡

图 10-19　边界详细信息选项卡

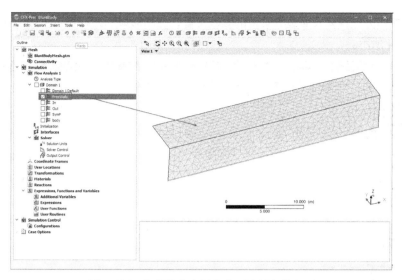

图 10-20　生成的自由滑移表面边界条件显示

步骤 12　同步骤（5）方法，设置对称面边界条件，名称为SymP。在Boundary（边界条件设置）面板的Basic Settings（基本设置）选项卡中，Boundary Type选择Symmetry，Location选择SymP，如图 10-21 所示。

步骤 13　单击OK按钮完成对称面边界条件的参数设置，在图形显示区将显示生成的对称面边界条件，如图 10-22 所示。

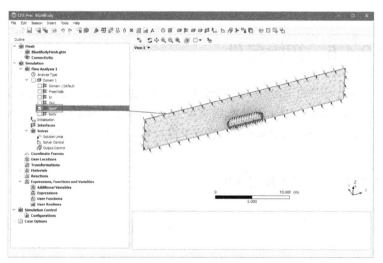

图 10-21　基本设置选项卡　　　　　　　　图 10-22　生成的对称面边界条件显示

步骤 14　同步骤（5）方法，设置钝体表面边界条件，名称为body。在Boundary（边界条件设置）面板的Basic Settings（基本设置）选项卡中，Boundary Type选择Wall，Location选择Body，如图 10-23 所示。

图 10-23　基本设置选项卡

步骤 15 单击OK按钮完成钝体表面边界条件的参数设置，在图形显示区将显示生成的钝体表面边界条件，如图 10-24 所示。

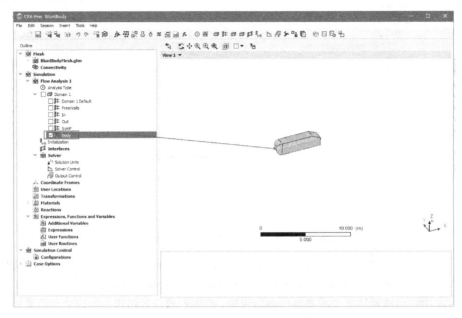

图 10-24 生成的钝体表面边界条件显示

10.1.5 初始条件

单击任务栏中的 $\mathbf{I}_{t=0}$（初始条件）按钮，弹出如图 10-25 所示的Initialization（初始条件）设置面板，在Cartesian Velocity Components选项组中，Option选择Automatic with Value，在U中输入 15，单位选择m s^-1，在V输入 0，单位选择m s^-1，在W中输入 0，单位选择m s^-1，单击OK按钮完成参数设置。

10.1.6 求解控制

单击任务栏中的 （求解控制）按钮，弹出如图 10-26 所示的Solver Control（求解控制）设置面板。

在Basic Settings（基本设置）选项卡的Advection Scheme选项组中，Option选择 High Resolution，在Max. Iterations中输入 60，在Fluid Timescale Control选项组中，Timescale Control选择Physical Timescale，在Physical Timescale中输入 2，单位选择s，在Convergence Criteria选项组中，在Residual Target中输入 0.00001，单击OK按钮完成参数设置。

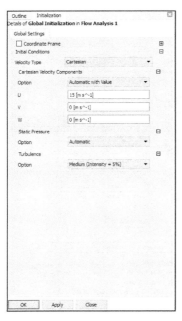

图 10-25　初始条件设置面板

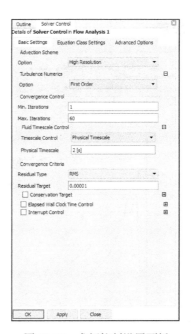

图 10-26　求解控制设置面板

10.1.7　计算求解

步骤 01　单击任务栏中的 （求解管理器）按钮，弹出Write Solver Input File（输出求解文件）对话框，如图 10-27 所示，在File name（文件名）中输入BluntBody.def，单击Save按钮进行保存。

步骤 02　求解文件保存退出后，Define Run（求解管理器）对话框会自动弹出，确认求解文件和工作目录后，单击Start Run按钮开始进行求解，如图 10-28 所示。

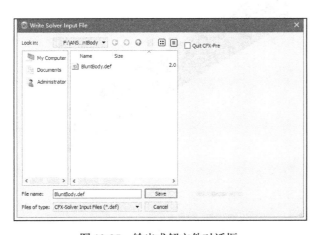

图 10-27　输出求解文件对话框

图 10-28　求解管理器对话框

步骤 03　求解开始后，收敛曲线窗口将显示残差收敛曲线的即时状态，直至所有残差值达到 1.0E-5，如图

10-29 所示。

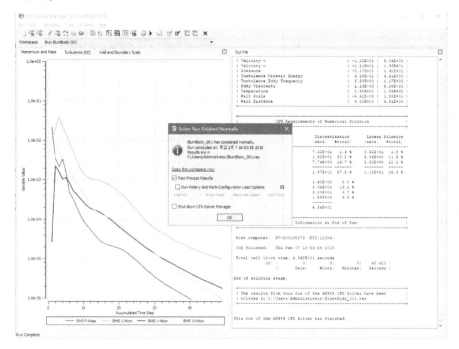

图 10-29　收敛曲线窗口

步骤 04　计算结束后自动弹出提示框，勾选Post-Process Results复选框，单击OK按钮进入如图 10-30 所示的后处理器界面。

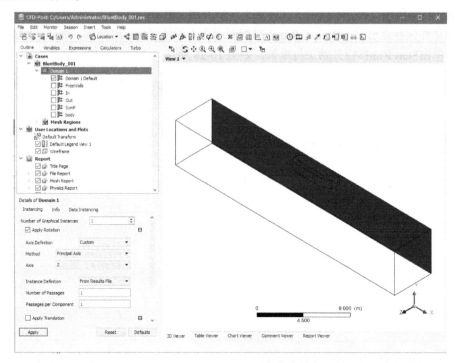

图 10-30　后处理器界面

10.1.8 结果后处理

步骤 01 单击任务栏中的 Location → Plane（平面）按钮，弹出如图10-31所示的Insert Plane（创建平面）对话框，设置平面名称为Plane 1，单击OK按钮进入如图10-32所示的Plane（平面设置）面板。

步骤 02 在Geometry（几何）选项卡中，Method选择ZX Plane，Y坐标取值为0，单位为m。

步骤 03 在Render选项卡中取消选择Show Faces复选框，如图10-33所示，单击Apply按钮进行确认。

图10-31 创建平面对话框　　　图10-32 平面设置面板　　　图10-33 Render选项卡

步骤 04 在主菜单中执行Insert→Instance Transform命令，弹出如图10-34所示的Insert Instance Transform（生成场景转换）对话框，名称输入Instance Transform 1，单击OK按钮确认进入Instance Transform（场景转换）面板。

步骤 05 在Instance Transform（场景转换）面板中，取消选择Instancing Info From Domain和Full Circle复选框，勾选Apply Reflection复选框，Plane选择Plane 1，如图10-35所示，单击Apply按钮进行确认。

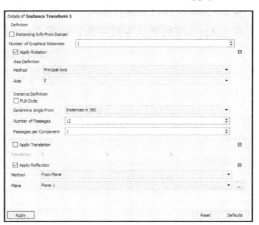

图10-34 生成场景转换对话框　　　　　　　　图10-35 场景转换设置面板

步骤 06 在后处理器界面的Outline选项卡中双击Wireframe选项，弹出如图10-36所示的Wireframe（线框）设置面板，在View选项卡中，勾选Apply Instancing Transform复选框，在Transform中选择Instance Transform 1，单击Apply按钮确认显示完整的钝体模型，如图10-37所示。

图 10-36　线框设置面板

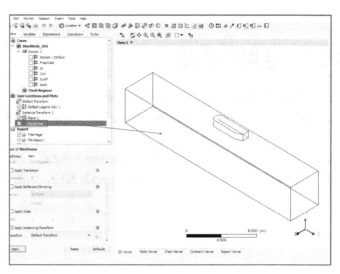

图 10-37　完整钝体显示

步骤07 同步骤（1）方法，设置新的平面，名称为Sample。在Geometry（几何）选项卡中，Method选择Point and Normal，在Point中输入（6，-0.01，1），在Normal中输入（0，1，0）；在Plane Bounds选项组中，Type选择Rectangular，在X Size中输入 2.5，单位选择m，在Y Size中输入 2.5，单位选择m，在Plane Type选项组中选中Sample单选按钮，在X Samples中输入 20，在Y Samples中输入 20，如图 10-38 所示。

步骤08 在Render选项卡中取消选择Show Faces复选框，勾选Show Mesh Lines复选框，如图 10-39 所示。单击Apply按钮确认生成平面，如图 10-40 所示。

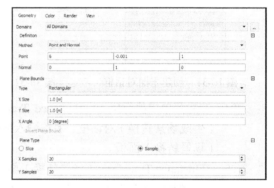

图 10-38　平面设置面板

图 10-39　Render 选项卡

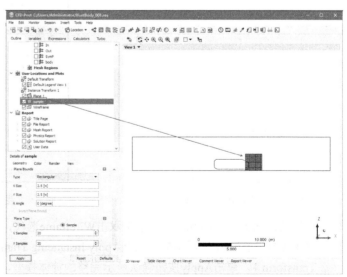

图 10-40　创建 Sample 平面

步骤 09 单击任务栏中的 ⚡（速度矢量）按钮，弹出如图 10-41 所示的Insert Vector（创建速度矢量）对话框。输入矢量名称为Vector 1，单击OK按钮进入如图 10-42 所示的矢量设置面板。

图 10-41　指定矢量名称

步骤 10 在Geometry（几何）选项卡中，Locations选择sample，Sampling选择Vertex。

步骤 11 在Symbol（符号）选项卡中，在Symbol Size中输入 0.25，如图 10-43 所示。单击Apply按钮创建速度矢量图，如图 10-44 所示。

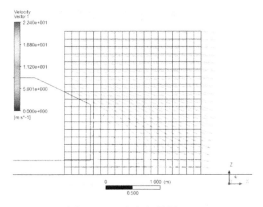

图 10-42　矢量设置面板　　　　图 10-43　符号选项卡　　　　图 10-44　速度矢量图

步骤 12 对速度矢量图进行修改，在Geometry（几何）选项卡中，Sampling选择Equally Spaced，在# of Points中输入 1000，如图 10-45 所示。单击Apply按钮修改速度矢量图，如图 10-46 所示。

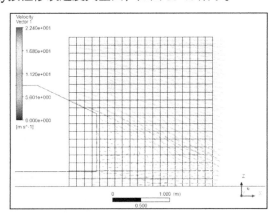

图 10-45　修改速度矢量设置　　　　　　　图 10-46　修改后的速度矢量图

步骤 13 在Geometry（几何）选项卡中，Locations选择SymP，如图 10-47 所示。单击Apply按钮修改速度矢量图，如图 10-48 所示。

步骤 14 双击body选项，打开如图 10-49 所示的面板，在Color（颜色）选项卡中，Mode选择Variable，Variable选择Pressure。在View（视图）选项卡的Apply Instancing Transform选项组中，Transform选择Instance Transform 1，如图 10-50 所示。单击Apply按钮进行确认，如图 10-51 所示。

图 10-47　修改速度矢量设置

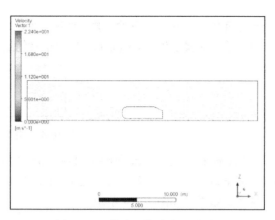

图 10-48　修改后的速度矢量图

图 10-49　颜色选项卡

图 10-50　视图选项卡

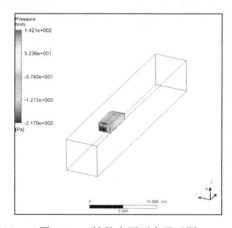

图 10-51　钝体表面压力显示图

步骤 15　双击SymP选项，弹出如图 10-52 所示的面板，在Render选项卡中取消选择Show Faces复选框，勾选Show Mesh Lines复选框。单击Apply按钮进行确认，如图 10-53 所示。

步骤 16　创建新平面，命名为Starter。在Geometry（几何）选项卡中，Method选择YZ Plane，X坐标取值为-0.1，单位为m，如图 10-54 所示，单击Apply按钮进行确认。

步骤 17　单击任务栏中的 ≋（流线）按钮，弹出如图 10-55 所示的Insert Streamline（创建流线）对话框。输入流线名称为Streamline 1，单击OK按钮进入如图 10-56 所示的流线设置面板。

图 10-52　Render 选项卡

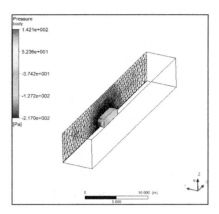

图 10-53　对称面网格显示

图 10-54　平面设置

图 10-55　创建流线对话框

步骤 18　在Geometry（几何）选项卡中，Type选择Surface Streamline，在Definition选项组中，Surfaces选择body，Start From选择Locations，Locations选择Starter，在Max Points中输入 100，Direction选择Forward，单击Apply按钮创建如图 10-57 所示的流线图。

图 10-56　流线设置面板

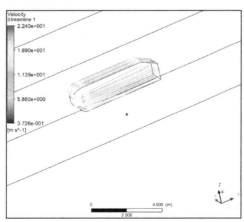

图 10-57　流线示意图

步骤 19　双击Domain 1 Default选项，弹出如图 10-58 所示的面板，在Color（颜色）选项卡中，Mode选择Variable，Variable选择Solver Yplus。在View（视图）选项卡中勾选Apply Instancing Transform复选框，Transform选择Instance Transform 1，如图 10-59 所示，单击Apply按钮进行确认，生成如图 10-60 所示的y^+分布图。

图 10-58　颜色选项卡

图 10-59　视图选项卡

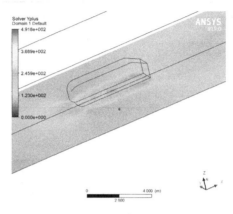

图 10-60　y^+分布图

步骤 20 双击body选项，弹出如图 10-61 所示的面板，在Color(颜色)选项卡中，Mode选择Variable，Variable选择Yplus。在View(视图)选项卡中选中Apply Instancing Transform复选框，Transform选择Instance Transform 1，如图 10-62 所示，单击Apply按钮进行确认，生成如图 10-63 所示的y^+分布图。

图 10-61　颜色选项卡

图 10-62　视图选项卡

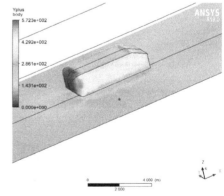

图 10-63　y^+分布图

10.2 机翼超音速流动

　　下面将通过分析一个机翼超音速流动案例，让读者对ANSYS CFX 19.0 分析处理外部流动的基本操作步骤的每一项内容有一个初步的了解。

10.2.1　案例介绍

如图 10-64 所示的机翼，其中入口流速为 600m/s，出口压力为 0Pa，请用ANSYS CFX分析机翼外流场情况。

10.2.2　启动 CFX 并建立分析项目

步骤 01 在Windows系统下执行"开始"→"所有程序"→ANSYS 19.0 →Fluid Dynamics→CFX 19.0 命令，启动CFX 19.0，进入ANSYS CFX-19.0 Launcher界面。

步骤 02 选择主界面中的CFX-Pre 19.0 选项，即可进入CFX-Pre 19.0（前处理）界面。

步骤 03 在任务栏中单击New Case按钮，进入New Case（新建项目）对话框，如图 10-65 所示。

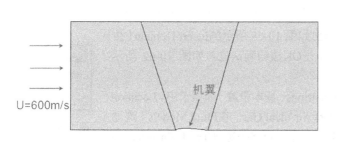

图 10-64　案例问题　　　　　　　　　　　图 10-65　新建项目对话框

步骤 04 选择General选项，单击OK按钮建立分析项目。

步骤 05 在任务栏中单击■按钮（保存）进入Save Case（保存项目）对话框，在File name（文件名）中输入WingSPS.cfx，单击Save按钮保存项目文件。

10.2.3　导入网格

步骤 01 选中Mesh选项并单击鼠标右键，在弹出的快捷菜单中执行Import Mesh→Other命令，弹出如图 10-66 所示的Import Mesh（导入网格）对话框。

步骤 02 在Import Mesh（导入网格）对话框中设置File name（网格文件）为WingSPSMesh.out，单击Open按钮导入网格。

步骤 03 导入网格后，在图形显示区将显示机翼模型，如图 10-67 所示。

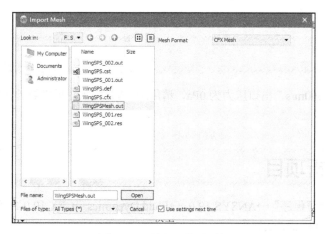

图 10-66　导入网格对话框

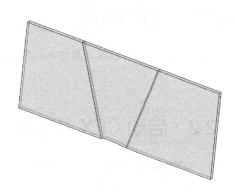

图 10-67　显示机翼模型

10.2.4　边界条件

步骤 01　单击任务栏中的□（域）按钮，弹出如图 10-68 所示的Insert Domain（生成域）对话框，名称保持默认，单击OK按钮确认进入如图 10-69 所示的Domain（域设置）面板。

步骤 02　在Domain（域设置）面板的Basic Settings（基本设置）选项卡中，Location选择WING_Elements，Material选择Air Ideal Gas。在Fluid Models（流动模型）选项卡的Heat Transfer选项组中，Option选择Total Energy，在Turbulence选项组中，Option选择Shear Stress Transport，如图 10-70 所示，单击OK按钮完成参数设置，在图形显示区将显示生成的域，如图 10-71 所示。

图 10-68　生成域对话框

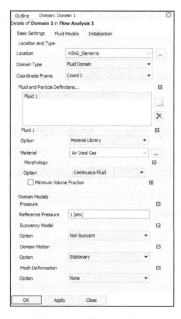

图 10-69　域设置面板

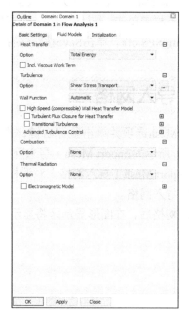

图 10-70　流动模型选项卡

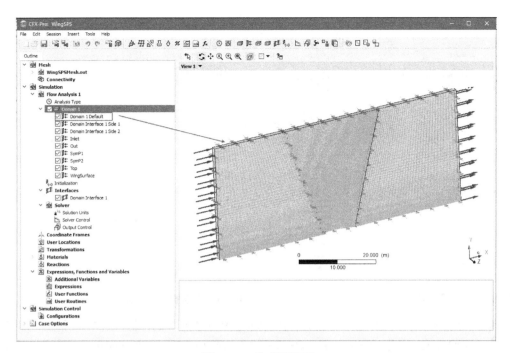

图 10-71　生成域显示

步骤 03　单击任务栏中的 ﹐（边界条件）按钮，弹出 Insert Boundary（生成边界条件）对话框，如图 10-72 所示，设置 Name（名称）为 Inlet，单击 OK 按钮进入如图 10-73 所示的 Boundary（边界条件设置）面板。

图 10-72　生成边界条件对话框

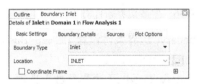

图 10-73　边界条件设置面板

步骤 04　在 Boundary（边界条件设置）面板的 Basic Settings（基本设置）选项卡中，Boundary Type 选择 Inlet，Location 选择 INLET。

步骤 05　在 Boundary Details（边界参数）选项卡的 Flow Regime 选项组中，Option 选择 Supersonic，在 Mass And Momentum 选项组中，Option 选择 Cart. Vel. & Pressure，在 U 中输入 600，单位选择 m s^-1，在 V 中输入 0，单位选择 m s^-1，在 W 中输入 0，单位选择 m s^-1，在 Rel. Static Pres. 中输入 0，单位选择 Pa。在 Turbulence 选项组中，Option 选择 Intensity and Length Scale，在 Fractional Intensity 中输入 0.01，在 Eddy Length Scale 中输入 0.02，单位选择 m。在 Heat Transfer 选项组中的 Static Temperature 中输入 300，单位选择 K，如图 10-74 所示。单击 OK 按钮完成入口边界条件的参数设置，在图形显示区将显示生成的入口边界条件，如图 10-75 所示。

图 10-74　边界参数选项卡

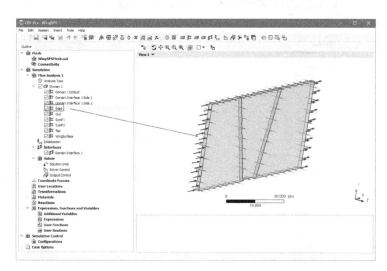

图 10-75　生成的入口边界条件显示

步骤 06 单击任务栏中的 （边界条件）按钮，弹出Insert Boundary（生成边界条件）对话框，如图 10-76 所示，设置Name（名称）为Out，单击OK按钮进入如图 10-77 所示的Boundary（边界条件设置）面板。

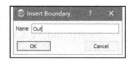

图 10-76　生成边界条件对话框

图 10-77　边界条件设置面板

步骤 07 在Boundary（边界条件设置）面板的Basic Settings（基本设置）选项卡中，Boundary Type选择Outlet，Location选择OUTLET。

步骤 08 在Boundary Details（边界参数）选项卡中，Option选择Supersonic，如图 10-78 所示。单击OK按钮完成出口边界条件的参数设置，在图形显示区将显示生成的出口边界条件，如图 10-79 所示。

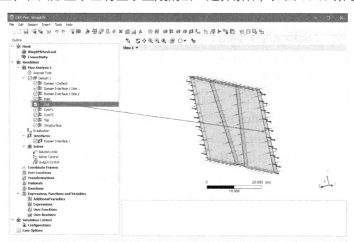

图 10-78　边界参数选项卡

图 10-79　生成的出口边界条件显示

步骤 09 同步骤（6）方法，设置对称面边界条件，名称为SymP1。在Boundary（边界条件设置）面板的

Basic Settings（基本设置）选项卡中，Boundary Type选择Symmetry，Location选择SIDE1，如图 10-80 所示。单击OK按钮完成对称面边界条件的参数设置，在图形显示区将显示生成的对称面边界条件，如图 10-81 所示。

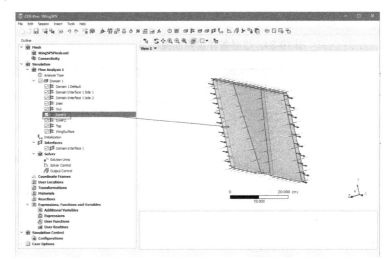

图 10-80　基本设置选项卡　　　　　　　　图 10-81　生成的对称面边界条件显示

步骤10　同步骤（9）方法，设置对称面边界条件，名称为SymP2。在Boundary（边界条件设置）面板的Basic Settings（基本设置）选项卡中，Boundary Type选择Symmetry，Location选择SIDE2，如图 10-82 所示。

步骤11　单击OK按钮完成对称面边界条件的参数设置，在图形显示区将显示生成的对称面边界条件，如图 10-83 所示。

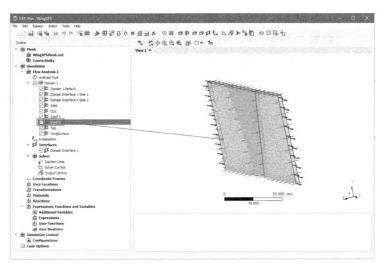

图 10-82　基本设置选项卡　　　　　　　　图 10-83　生成的对称面边界条件显示

步骤12　设置新边界条件，名称为Top。在Boundary（边界条件设置）面板的Basic Settings（基本设置）选项卡中，Boundary Type选择Wall，Location选择TOP，如图 10-84 所示。

步骤13　在Boundary Details（边界参数）选项卡的Mass And Momentum选项组中，Option选择Free Slip Wall，如图 10-85 所示。单击OK按钮完成对称面边界条件的参数设置，在图形显示区将显示生成的边界条件，如图 10-86 所示。

图 10-84　边界条件设置面板　　　　　　　　　　　图 10-85　边界参数选项卡

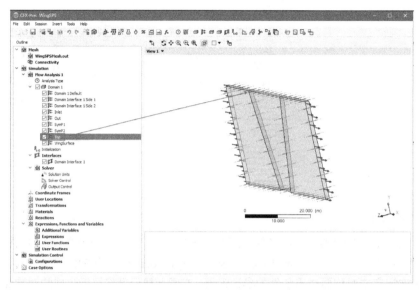

图 10-86　生成的边界条件显示

步骤14 设置新边界条件，名称为WingSurface。在Boundary（边界条件设置）面板的Basic Settings（基本设置）选项卡中，Boundary Type选择Wall，Location选择WING_Nodes，如图 10-87 所示。

步骤15 单击OK按钮完成对称面边界条件的参数设置，在图形显示区将显示生成的边界条件，如图 10-88 所示。

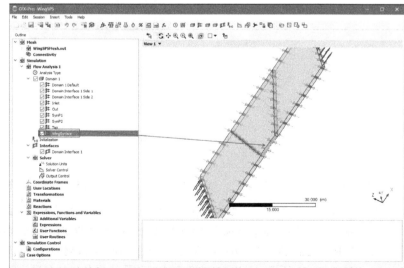

图 10-87　边界条件设置面板　　　　　　　　　　　图 10-88　生成的边界条件显示

步骤16　单击任务栏中的（分界面）按钮，弹出Insert Domain Interface（生成分界面）对话框，如图 10-89 所示，设置Name（名称）为Domain Interface 1，单击OK按钮进入如图 10-90 所示的面板。

步骤17　在Basic Settings（基本设置）选项卡的Interface Side 1 选项组中，Region List选择Primitive 2D A，在Interface Side 2 选项组中，Region List选择Primitive 2D和Primitive 2D B。

图 10-89　生成分界面对话框

步骤18　单击OK按钮完成边界条件的参数设置，在图形显示区将显示生成的边界条件，如图 10-91 所示。

图 10-90　边界条件设置面板

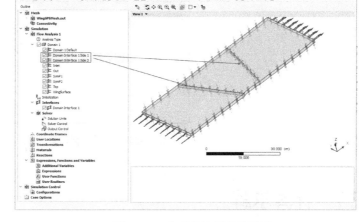

图 10-91　生成的边界条件显示

10.2.5　初始条件

单击任务栏中的（初始条件）按钮，弹出如图 10-92 所示的Initialization（初始条件）设置面板，在Cartesian Velocity Components选项组中，Option选择Automatic with Value，在U中输入 600，单位选择m s^-1，在V中输入 0，单位选择m s^-1，在W中输入 0，单位选择m s^-1，在Temperature选项组中，Option选择Automatic with Value，在Temperature输入 300，单位选择K。单击OK按钮完成参数设置。

10.2.6　求解控制

单击任务栏中的（求解控制）按钮，弹出如图 10-93 所示的Solver Control（求解控制）设置面板，在Fluid Timescale Control选项组中勾选Maximum Timescale复选框，在Maximum Timescale文本框中输入 0.1，单位选择s，在Convergence Criteria的Residual Target中输入 0.00001，单击OK按钮完成参数设置。

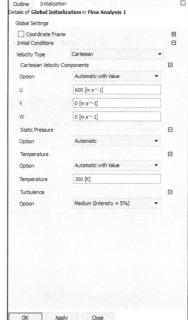

图 10-92　初始条件设置面板

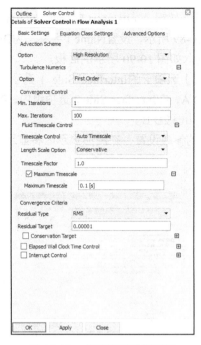

图 10-93 求解控制设置面板

10.2.7 计算求解

步骤 01 单击任务栏中的 （求解管理器）按钮，弹出Write Solver Input File（输出求解文件）对话框，如图 10-94 所示，在File name（文件名）中输入WingSPS.def，单击Save按钮进行保存。

步骤 02 求解文件保存退出后，Define Run（求解管理器）对话框会自动弹出，确认求解文件和工作目录后，单击Start Run按钮开始进行求解，如图 10-95 所示。

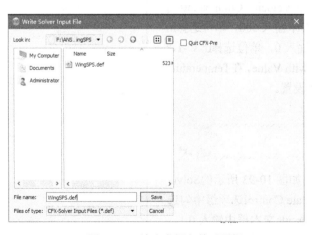

图 10-94 输出求解文件对话框

图 10-95 求解管理器对话框

步骤 03 求解开始后，收敛曲线窗口将显示残差收敛曲线的即时状态，直至所有残差值达到 1.0E-5，如图

10-96 所示。计算结束后自动弹出提示框，勾选Post-Process Results复选框，单击OK按钮进入如图10-97 所示的后处理器界面。

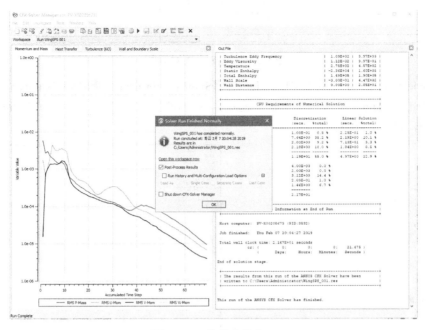

图 10-96　收敛曲线窗口

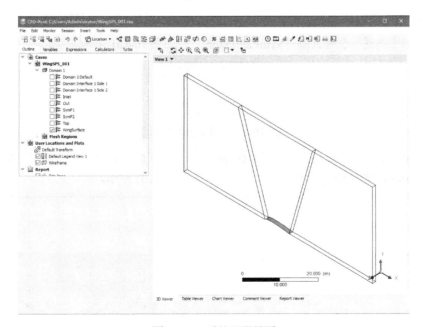

图 10-97　后处理器界面

10.2.8　结果后处理

步骤01　单击任务栏中的（云图）按钮，弹出如图 10-98 所示的Insert Contour（创建云图）对话框。输

入云图名称为SymP2Mach，单击OK按钮进入如图10-99所示的云图设置面板。

图10-98　创建云图对话框

步骤02 在Geometry（几何）选项卡中Locations选择SymP1，Variable选择Mach Number，Range选择User Specified，在Min中输入1，在Max中输入2，在# of Contours中输入11，单击Apply按钮创建马赫数云图，如图10-100所示。

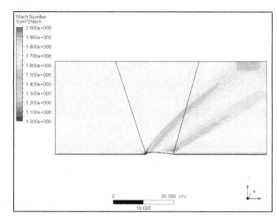

图10-99　云图设置面板

图10-100　马赫数云图

步骤03 同步骤（1）方法，创建云图"SymP2Pressure"，如图10-101所示。

图10-101　指定云图名称

步骤04 在如图10-102所示的云图设置面板的Geometry（几何）选项卡中，Locations选择SymP2，Variable选择Pressure，单击Apply按钮创建压力云图，如图10-103所示。

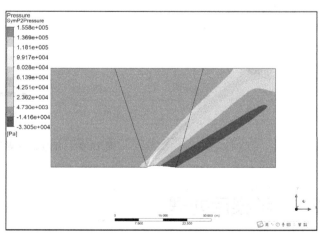

图10-102　云图设置面板

图10-103　压力云图

步骤 05 同步骤（1）方法，创建云图SymP2Temperature，如图 10-104 所示。

图 10-104　指定云图名称

步骤 06 在如图 10-105 所示的云图设置面板的Geometry（几何）选项卡中，Locations选择SymP2，Variable
选择Temperature，单击Apply按钮创建温度云图，如图 10-106 所示。

图 10-105　云图设置面板

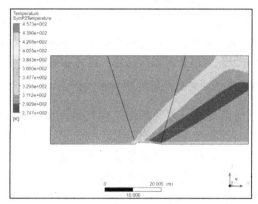

图 10-106　温度云图

10.3　本章小结

　　本章通过钝体绕流和机翼超音速流动两个实例介绍了CFX处理外部流动的工作流程。

　　通过对本章内容的学习，读者可以掌握CFX处理外部流动的基本思路：首先生成一个相对模型来形成
一个较大的封闭空间，然后在封闭空间内生成模型形状的空腔，在空间内添加流体，与模型前进的速度相
反，即可模拟出流体在模型外表面的绕流情况。

第11章

多相流分析实例

在自然界和工程问题中会遇到大量的多相流动。物质一般具有气态、液态和固态三相，但是多相流系统中相的概念具有更为广泛的意义。在多相流动中，所谓的"相"可以定义为具有相同类别的物质，该类物质在所处的流动中具有特定的惯性响应并与流场相互作用。例如，相同材料的固体物质颗粒具有不同的尺寸，就可以把它们看成不同的相，因为相同尺寸粒子的集合对流场具有相似的动力学响应。

我们可以根据下面的原则将多相流分成4类。

- 气—液或液—液两相流，如气泡流动、液滴流动、分层自由面流动等。
- 气—固两相流，如充满粒子的流动、流化床等。
- 液—固两相流，如泥浆流、水力运输、沉降运动等。
- 三相流，上面各种情况的组合。

本章将通过实例来介绍CFX处理多相流模拟的工作步骤。

知识要点

- 掌握网格模型的导入操作
- 掌握表达式的运行
- 掌握边界条件的设置
- 掌握多相流模型的设置
- 掌握自适应网格的基本操作

11.1 自由表面流动

下面将通过分析一个自由表面流动案例，让读者对ANSYS CFX 19.0 分析处理多相流问题的基本操作步骤的每一项内容有一个初步的了解。

11.1.1 案例介绍

如图 11-1 所示的案例问题，其中入口流速为 0.26m/s，请用 ANSYS CFX分析自由表面流动情况。

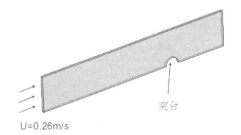

图 11-1 案例问题

11.1.2　启动 CFX 并建立分析项目

步骤 01　在Windows系统下执行"开始"→"所有程序"→ANSYS 19.0 →Fluid Dynamics→CFX 19.0 命令，启动CFX 19.0，进入ANSYS CFX-19.0 Launcher界面。

步骤 02　选择主界面中的CFX-Pre 19.0 选项，即可进入CFX-Pre 19.0（前处理）界面。

步骤 03　在任务栏中单击New Case按钮，进入New Case（新建项目）对话框，如图 11-2 所示。

步骤 04　选中General选项，单击OK按钮建立分析项目。

步骤 05　在任务栏中单击██按钮（保存）进入Save Case（保存项目）对话框，在File name（文件名）中输入Bump2D.cfx，单击Save按钮保存项目文件。

图 11-2　新建项目对话框

11.1.3　导入网格

步骤 01　选中Mesh选项并单击鼠标右键,在弹出的快捷菜单中执行Import Mesh→Other命令,弹出如图 11-3 所示的Import Mesh（导入网格）对话框。

步骤 02　在Import Mesh（导入网格）对话框中设置File name（网格文件）为Bump2Dpatran.out,单击Open按钮导入网格。

步骤 03　导入网格后,在图形显示区将显示几何模型,如图 11-4 所示。

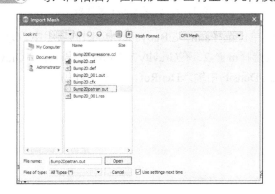

图 11-3　导入网格对话框

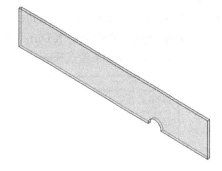

图 11-4　显示几何模型

11.1.4　导入表达式

在主菜单中执行File→Import→CCL命令，如图 11-5 所示，弹出Import CCL对话框，名称输入Bump2DExpressions.ccl,选中Append单选按钮，如图 11-6 所示，单击Open按钮导入表达式，如图 11-7 所示。

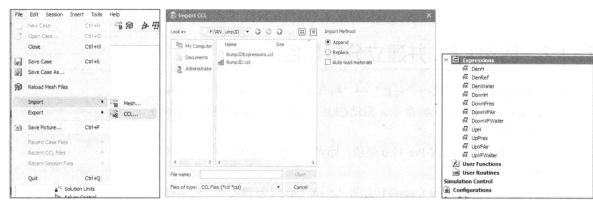

| 图 11-5 导入 CCL 命令 | 图 11-6 导入 CCL 对话框 | 图 11-7 导入的表达式 |

11.1.5 边界条件

步骤 01 单击任务栏中的■（域）按钮，弹出Insert Domain（生成域）对话框，名称保持默认，单击OK按钮进入Domain（域设置）面板。

步骤 02 在Domain（域设置）面板的Basic Settings（基本设置）选项卡中，Location选择Primitive 3D，在Fluid and Particle Definitions选项组中删除Fluid 1并单击■按钮创建Air，如图11-8所示。Material选择Air at 25 C，单击■按钮创建Water，如图11-9所示，Material选择Water，如图11-10所示。

图 11-8 创建 Air 对话框　　　　　　　　　　图 11-9 创建 Water 对话框

步骤 03 在Pressure选项组的Reference Pressure中输入1，单位选择atm；在BuoyancyModel选项组中，Option选择Buoyant，在Gravity X Dirn.中输入0，单位选择m s^-2，在Gravity Y Dirn中输入-g，在Gravity Z Dirn中输入0，单位选择m s^-2，在Buoy. Ref. Density中输入DenRef，如图11-11所示。

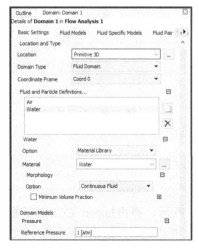

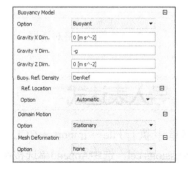

图 11-10 基本设置选项卡上半部分　　　　　　图 11-11 基本设置选项卡下半部分

步骤 04 在Domain（域设置）面板的Fluid Models（流动模型）选项卡中，在Multiphase中，勾选Homogeneous Model复选框，在Free Surface Model中，Option选择Standard；在Heat Transfer选项组中，Option 选择Isothermal，在Fluid Temperature中输入 25，单位选择C，在Turbulence选项组中，Option选择 k-Epsilon，如图 11-12 所示。其他选项保持默认值，单击OK按钮完成参数设置，在图形显示区将显示生成的域，如图 11-13 所示。

图 11-12 流动模型选项卡

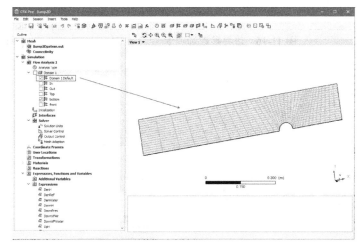

图 11-13 生成域显示

步骤 05 单击任务栏中的 ▐┃（边界条件）按钮，弹出Insert Boundary（生成边界条件）对话框，如图 11-14 所示，设置Name（名称）为In，单击OK按钮进入如图 11-15 所示的Boundary（边界条件设置）面板。

图 11-14 生成边界条件对话框

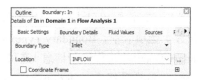

图 11-15 边界条件设置面板

步骤 06 在Boundary（边界条件设置）面板的Basic Settings（基本设置）选项卡中，Boundary Type选择Inlet，Location选择INFLOW。

步骤 07 在Boundary Details（边界参数）选项卡中，在Normal Speed中输入 0.26，单位选择m s^-1，在Turbulence选项组中，Option选择Intensity and Length Scale，在Fractional Intensity中输入 0.05，在Eddy Length Scale中输入UpH，如图 11-16 所示。

步骤 08 在Fluid Values（流体值）选项卡中，单击Boundary Conditions选项组中的Air选项，在Volume Fraction中输入UpVFAir，如图 11-17 所示。单击Boundary Conditions选项组中的Water选项，在Volume Fraction中输入UpVFWater，如图 11-18 所示。单击OK按钮完成入口边界条件的参数设置，在图形显示区将显示生成的入口边界条件，如图 11-19 所示。

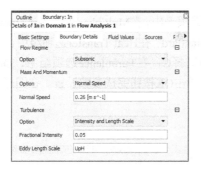

图 11-16　边界参数选项卡

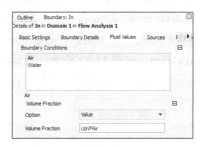

图 11-17　流体值选项卡（Air）

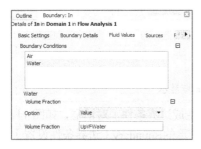

图 11-18　流体值选项卡（Water）

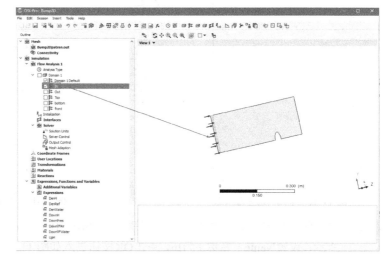

图 11-19　生成的入口边界条件显示

步骤 09 同步骤（5）方法，设置出口边界条件，名称为Out。在Boundary（边界条件设置）面板的Basic Settings（基本设置）选项卡中，Boundary Type选择Outlet，Location选择OUTFLOW，如图 11-20 所示。

步骤 10 在Boundary Details（边界详细信息）选项卡的Flow Regime选项组中，Option选择Subsonic，在Mass And Momentum选项组中，Option选择Static Pressure，在Relative Pressure中输入DownPres，如图 11-21 所示。单击OK按钮完成出口边界条件的参数设置，在图形显示区将显示生成的出口边界条件，如图 11-22 所示。

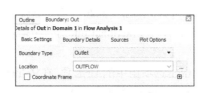

图 11-20　基本设置选项卡

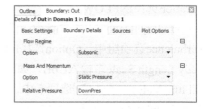

图 11-21　边界详细信息选项卡

步骤 11 同步骤（5）方法，设置对称面边界条件，名称为front。在Boundary（边界条件设置）面板的Basic Settings（基本设置）选项卡中，Boundary Type选择Symmetry，Location选择FRONT，如图 11-23 所示。单击OK按钮完成对称面边界条件的参数设置，在图形显示区将显示生成的对称面边界条件，如图 11-24 所示。

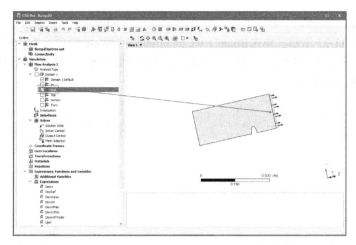

图 11-22　生成的出口边界条件显示

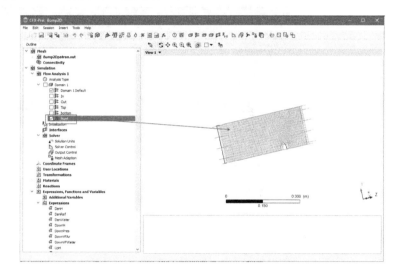

图 11-23　基本设置选项卡

图 11-24　生成的对称面边界条件显示

步骤 ⑫　同步骤(5)方法,设置开口边界条件,名称为Top。在Boundary(边界条件设置)面板的Basic Settings(基本设置)选项卡中,Boundary Type选择Opening,Location选择TOP,如图11-25所示。

步骤 ⑬　在Boundary Details(边界参数)选项卡的Mass And Momentum选项组中,Option选择Entrainment,在Relative Pressure中输入0,单位选择Pa,在Turbulence选项组中,Option选择Zero Gradient,如图11-26所示。

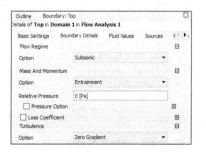

图 11-25　边界条件设置面板

图 11-26　边界参数选项卡

步骤 14 在Fluid Values（流体值）选项卡中，单击Boundary Conditions中的Air选项，在Volume Fraction中输入1，如图11-27所示。单击Boundary Conditions中的Water选项，在Volume Fraction中输入0，如图11-28所示。单击OK按钮完成开口边界条件的参数设置，在图形显示区将显示生成的开口边界条件，如图11-29所示。

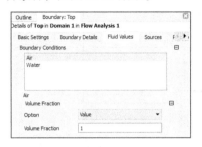

图 11-27　流体值选项卡（Air）

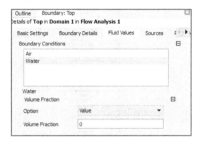

图 11-28　流体值选项卡（Water）

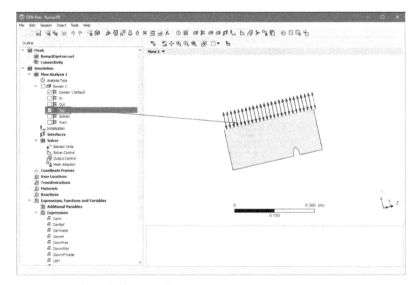

图 11-29　生成的开口边界条件显示

步骤 15 同步骤（5）方法，设置壁面边界条件，名称为bottom。在Boundary（边界条件设置）面板的Basic Settings（基本设置）选项卡中，Boundary Type选择Wall，Location选择"BOTTOM1, BOTTOM2, BOTTOM3"，如图11-30所示。

步骤 16 在Boundary Details（边界参数）选项卡的Mass And Momentum选项组中，Option选择No Slip Wall，在Wall Roughness选项组中，Option选择Smooth Wall，如图11-31所示。单击OK按钮完成壁面边界条件的参数设置，在图形显示区将显示生成的壁面边界条件，如图11-32所示。

图 11-30　边界条件设置面板

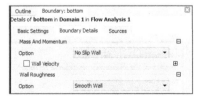

图 11-31　边界参数选项卡

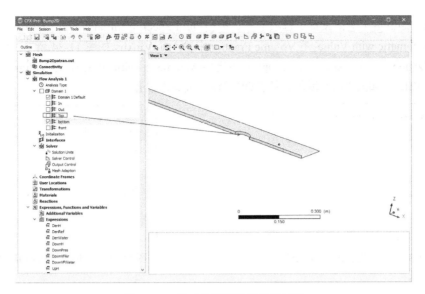

图 11-32　生成的壁面边界条件显示

11.1.6　初始条件

步骤 01　单击任务栏中的 $\blacktriangledown_{t=0}$（初始条件）按钮，弹出如图 11-33 所示的Initialization（初始条件）设置面板，在Cartesian Velocity Components选项组中，Option选择Automatic with Value，在U中输入 0.26，单位选择m s^-1，在V中输入 0，单位选择m s^-1，W中输入 0，单位选择m s^-1；在Static Pressure选项组中，Option选择Automatic with Value，在Relative Pressure中输入UpPres。

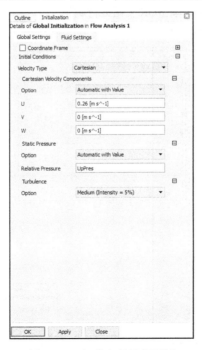

图 11-33　初始条件设置面板

步骤 02 在Fluid Settings（流体设置）选项卡中，单击Fluid Specific Initialization中的Air选项，在Option中选择Automatic with Value，在Volume Fraction中输入UpVFAir，如图 11-34 所示。单击Fluid Specific Initialization中的Water选项，在Option中选择Automatic with Value，在Volume Fraction中输入UpVFWater，如图 11-35 所示，单击OK按钮完成参数设置。

图 11-34　流体设置选项卡（Air）

图 11-35　流体设置选项卡（Water）

11.1.7　自适应网格设置

步骤 01 单击任务栏中的▫▫▫（自适应网格）按钮，弹出如图 11-36 所示的Mesh Adaption（自适应网格）设置面板，在Basic Settings（基本设置）选项卡中，勾选Activate Adaption复选框，取消选择Save Intermediate Files复选框；在Adaption Criteria选项组中，Variables List选择Air.Volume Fraction，在Max. Num. Steps中输入 2，Option选择Multiple of Initial Mesh，在Node Factor中输入 4，在Adaption Convergence Criteria选项组中，在Max. Iter. per Step中输入 100。

步骤 02 在Advanced Options(高级设置)选项卡中，在Node Alloc. Parameter中输入 1.6，在Number of Levels中输入 2，如图 11-37 所示，单击OK按钮进行确认。

图 11-36　基本设置选项卡　　　　　　　图 11-37　高级设置选项卡

11.1.8 求解控制

步骤 01 单击任务栏中的 （求解控制）按钮，弹出如图 11-38 所示的Solver Control（求解控制）设置面板，在Basic Settings（基本设置）选项卡的Advection Scheme选项组中，Option选择High Resolution，在Convergence Control的Max. Iterations中输入 200；Timescale Control选择Physical Timescale，在Physical Timescale中输入 0.25，单位选择s。

步骤 02 在Advanced Options（高级设置）选项卡中，勾选Multiphase Control和Volume Fraction Coupling复选框，Option选择Coupled，如图 11-39 所示，单击OK按钮完成参数设置。

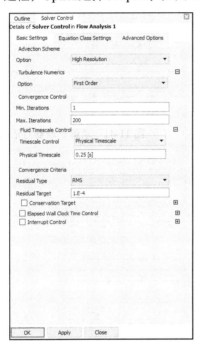

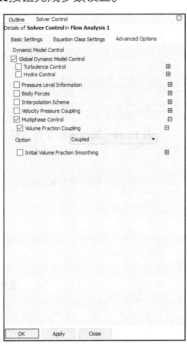

图 11-38　基本设置选项卡　　　　　　图 11-39　高级设置选项卡

11.1.9 计算求解

步骤 01 单击任务栏中的（求解管理器）按钮，弹出Write Solver Input File（输出求解文件）对话框，如图 11-40 所示，在File name（文件名）中输入Bump2D. def，单击Save按钮进行保存。

步骤 02 求解文件保存退出后，Define Run（求解管理器）对话框会自动弹出，确认求解文件和工作目录后，单击Start Run按钮开始进行求解，如图 11-41 所示。

步骤 03 求解开始后，收敛曲线窗口将显示残差收敛曲线的即时状态，直至所有残差值达到 1.0E-4，如图 11-42 所示。计算结束后自动弹出提示框，勾选Post-Process Results复选框，单击OK按钮进入如图 11-43 所示的后处理器界面。

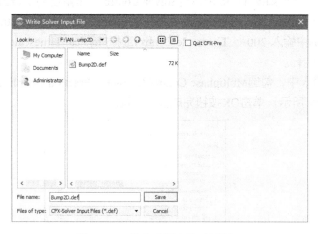

图 11-40　输出求解文件对话框

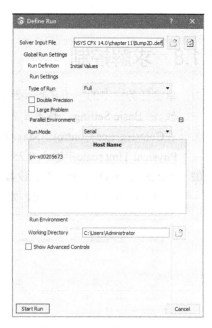

图 11-41　求解管理器对话框

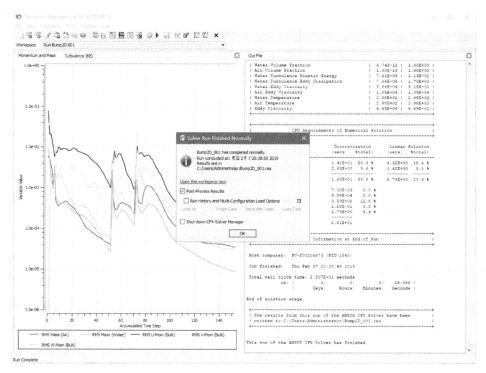

图 11-42　收敛曲线窗口

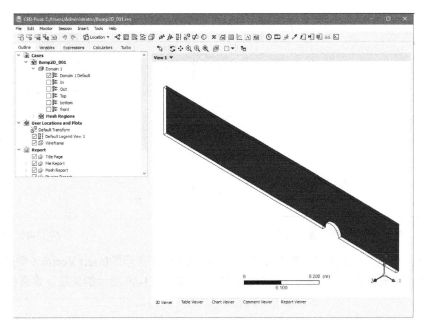

图 11-43　后处理器界面

11.1.10　结果后处理

步骤 01　双击后处理界面Outline选项卡中的front选项，弹出如图 11-44 所示的front设置面板，在Color（颜色）选项卡中，Mode选择Variable，Variable选择Water.Volume Fraction，单击Apply按钮确认显示。

步骤 02　单击任务栏中的 Location→ Plane（平面）按钮，弹出如图 11-45 所示的Insert Plane（创建平面）对话框，设置平面名称为Plane 1，单击OK按钮进入如图 11-46 所示的Plane（平面设置）面板。

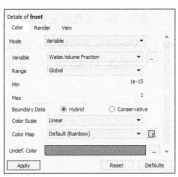

图 11-44　front 设置面板　　　　　　图 11-45　创建平面对话框

步骤 03　在Geometry（几何）选项卡中，Method选择XY Plane，Z坐标取值为 0，单位为m，在Plane Bounds选项组中，Type选择Rectangular，在X Size中输入 1.25，单位为m，在Y Size中输入 0.3，单位为m，在X Angle中输入 0，单位为degree；在Plane Type选项组中，选中Sample单选按钮，在X Samples中输入 60，在Y Samples中输入 40。

步骤 04　在Render选项卡中取消选择Show Faces复选框，勾选Show Mesh Lines复选框，如图 11-47 所示，单击Apply按钮进行确认。

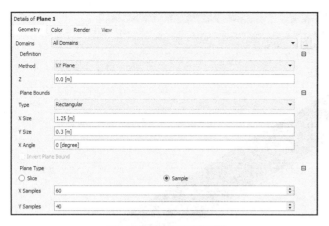

图 11-46　平面设置面板

图 11-47　Render 选项卡

步骤 05　单击任务栏中的 （速度矢量）按钮，弹出如图 11-48 所示的Insert Vector（创建速度矢量）对话框。输入矢量名称为Vector 1，单击OK按钮进入如图 11-49 所示的矢量设置面板。

图 11-49　矢量设置面板

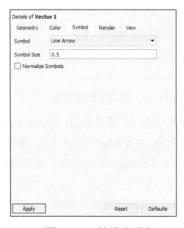

图 11-48　创建矢量对话框

步骤 06　在Geometry（几何）选项卡中，Locations选择Plane 1，Variable选择Water.Velocity。

步骤 07　在Symbol（符号）选项卡中，在Symbol Size中输入 0.5，如图 11-50 所示，单击Apply按钮创建速度矢量图，如图 11-51 所示。

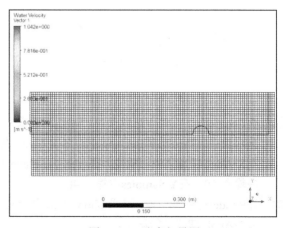

图 11-50　符号选项卡

图 11-51　速度矢量图

步骤 08 双击后处理器界面中的front选项，弹出如图 11-52 所示的front设置面板，在Color（颜色）选项卡中，Mode选择Constant。

步骤 09 在Render选项卡中，取消选择Show Faces复选框，勾选Show Mesh Lines复选框，如图 11-53 所示。单击Apply按钮进行确认，即可显示网格加密情况，如图 11-54 所示。

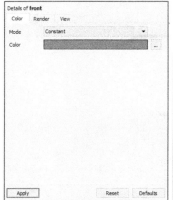

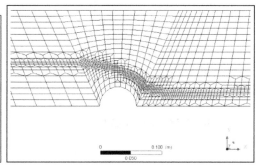

图 11-52　front 设置面板　　　图 11-53　Render 选项卡　　　图 11-54　加密网格显示

步骤 10 单击任务栏中的 Location→ Volume（体）按钮，弹出如图 11-55 所示的Insert Volume（创建体）对话框，设置平面名称为Volume 1，单击OK按钮进入如图 11-56 所示的Volume（体设置）面板。

步骤 11 在Geometry（几何）选项卡的Definition选项组中，Method选择Isovolume，Variable选择Refinement Level，Mode选择At Value，在Value中输入 2。

步骤 12 在Color（颜色）选项卡中，Color选择白色，如图 11-57 所示。

图 11-55　创建体对话框　　　图 11-56　体设置面板　　　图 11-57　颜色选项卡

步骤 13 在Render选项卡中，勾选Show Faces和Show Mesh Lines复选框，在Show Mesh Lines选项组中，在Line Width中输入 4，Color Mode选择User Specified，Line Color选择黑色，如图 11-58 所示。单击Apply按钮创建体，如图 11-59 所示。

步骤 14 单击任务栏中的 Location→ Isosurface（自由表面）按钮，弹出如图 11-60 所示的Insert Isosurface（创建自由表面）对话框，保持平面名称为Isosurface 1，单击OK按钮进入如图 11-61 所示的Isosurface（自由表面）面板。

步骤 15 在Geometry（几何）选项卡中，Variable选择Water.Volume Fraction，在Value中输入 0.5。单击Apply按钮确认创建自由表面，如图 11-62 所示。

图 11-58　Render 选项卡

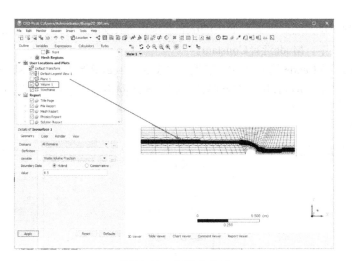

图 11-59　创建体显示

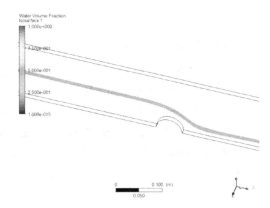

图 11-60　创建自由表面对话框　图 11-61　自由表面设置面板　　　　　图 11-62　创建自由表面

步骤 16　单击任务栏中的 Location→ Polyline（曲线）按钮，弹出如图 11-63 所示的Insert Polyline（创建曲线）对话框。设置平面名称为Polyline 1，单击OK按钮进入如图 11-64 所示的Polyline（曲线）面板。

图 11-63　创建曲线对话框

图 11-64　曲线设置面板

步骤 17　在Geometry（几何）选项卡中，Method选择Boundary Intersection，Boundary List选择front，Intersect With选择Isosurface 1。单击Apply按钮确认创建曲线，如图 11-65 所示。

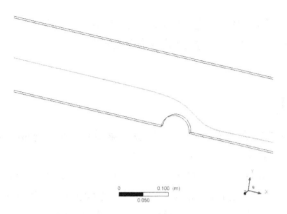

图 11-65　创建曲线

11.2　混合容器内多相流动

下面将通过分析一个混合器案例，让读者对ANSYS CFX 19.0 分析处理多相流的基本操作步骤的每一项内容有一个初步的了解。

11.2.1　案例介绍

如图 11-66 所示的混合器，其中空气从进气口流入的流速为 5m/s，叶轮转速要求为 84rpm，请用ANSYS CFX分析混合器内的流场情况。

11.2.2　启动 CFX 并建立分析项目

步骤 01　在Windows系统下执行 "开始" → "所有程序" →ANSYS 19.0 →Fluid Dynamics→CFX 19.0 命令，启动CFX 19.0，进入ANSYS CFX-19.0 Launcher界面。

步骤 02　选择主界面中的CFX-Pre 19.0 选项，即可进入CFX-Pre 19.0（前处理）界面。

步骤 03　在任务栏中单击New Case按钮，进入New Case（新建项目）对话框，如图 11-67 所示。

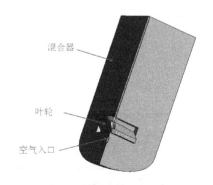

图 11-66　案例问题

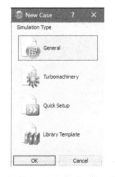

图 11-67　新建项目对话框

步骤 04　选择General选项，单击OK按钮建立分析项目。

步骤 05 在任务栏中单击![按钮（保存）进入Save Case（保存项目）对话框，在File name（文件名）中输入MultiphaseMixer.cfx，单击Save按钮保存项目文件。

11.2.3 导入网格

步骤 01 选中Mesh选项并单击鼠标右键，在弹出的快捷菜单中执行Import Mesh→Other命令，弹出如图11-68所示的Import Mesh（导入网格）对话框。

步骤 02 在Import Mesh（导入网格）对话框中设置File name（网格文件）为MixerTank.geo，取消选择Create 3D Regions on选项组中的Fluid Regions（USER3D, POROUS）复选框，单击Open按钮导入网格。

步骤 03 导入网格后，在图形显示区将显示混合器模型，如图11-69所示。

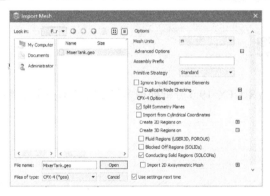

图 11-68 导入网格对话框　　　　　　　　　　图 11-69 显示混合器模型

步骤 04 选中Mesh选项并单击鼠标右键，在弹出的快捷菜单中执行Import Mesh→ICEM CFD命令，如图11-70所示，弹出如图11-71所示的Import Mesh（导入网格）对话框。

步骤 05 在Import Mesh（导入网格）对话框中设置File name（网格文件）为MixerImpellerMesh.gtm，单击Open按钮导入网格。

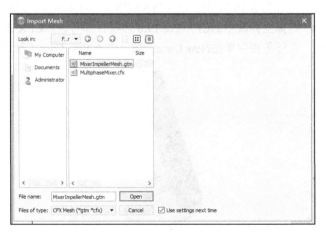

图 11-70 选择导入网格命令　　　　　　　　　　图 11-71 导入网格对话框

步骤 06 导入网格后，在图形显示区将显示几何模型，如图11-72所示。

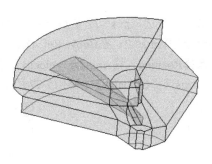

图 11-72　显示几何模型

步骤 07　选中MixerImpellerMesh.gtm选项并单击鼠标右键，在弹出的快捷菜单中执行Transform Mesh命令，如图 11-73 所示。弹出如图 11-74 所示的Mesh Transformation Editor（网格移动编辑）对话框，单击Apply按钮进行确认。

图 11-73　移动网格命令

图 11-74　网格移动编辑对话框

11.2.4　边界条件

步骤 01　单击任务栏中的▱（域）按钮，弹出Insert Domain（生成域）对话框，设置名称为impeller，单击OK按钮确认进入Domain（域设置）面板。

步骤 02　在Domain（域设置）面板的Basic Settings（基本设置）选项卡中，Location选择Main，在Fluid and Particle Definitions选项组中删除Fluid 1，并单击▱按钮创建Air，如图 11-75 所示。Material选择Air at 25 C，在Morphology的Option中选择Dispersed Fluid，在Mean Diameter中输入 3，单位选择mm；在Fluid and Particle Definitions中单击▱按钮创建Water，如图 11-76 所示。Material选择Water，在Pressure的Reference Pressure中输入 1，单位选择atm；在Buoyancy Model中，Option选择Buoyant，

在Gravity X Dirn中输入-9.81，单位选择m s^-2，在Gravity Y Dirn中输入 0，单位选择m s^-2，在Gravity Z Dirn中输入 0，单位选择m s^-2，在Buoy. Ref. Density输入 997，单位选择kg m^-3；在Domain Motion中，Option选择Rotating，在Angular Velocity中输入 84，单位选择rev min ^-1，在Axis Definition中，Rotation Axis选择Global X，如图 11-77 所示。

图 11-75　创建 Air 对话框

图 11-76　创建 Water 对话框

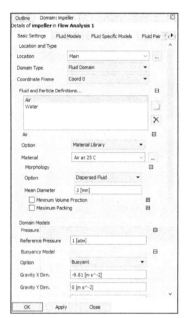

图 11-77　基本设置选项卡

步骤 03 在Domain（域设置）面板的Fluid Pair Models选项卡中，在Air | Water 中勾选Surface Tension Coefficient复选框，在Surf. Tension Coeff中输入 0.073，单位选择N m^-1；在Drag Force中，Option选择Grace，勾选Volume Fraction Correction Exponent复选框，在Value中内输入 4；在Turbulent Dispersion Force中，Option选择Favre Averaged Drag Force，在Dispersion Coeff中输入 1，在Turbulence Transfer中，Option选择Sato Enhanced Eddy Viscosity，如图 11-78 所示。其他选项保持默认值，单击OK按钮完成参数设置，在图形显示区将显示生成的域，如图 11-79 所示。

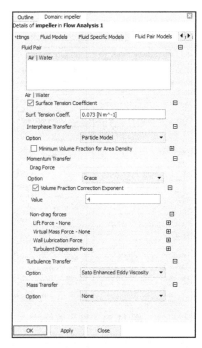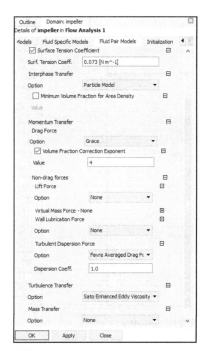

图 11-78 Fluid Pair Models 选项卡

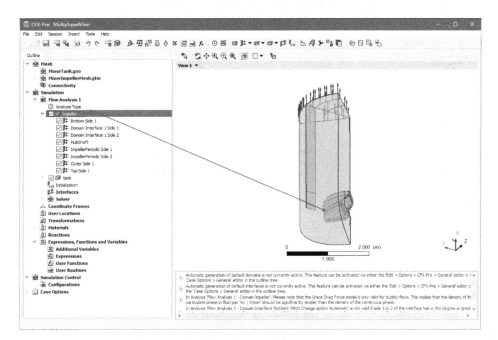

图 11-79 生成域显示

步骤 04 选中impeller选项并单击鼠标右键，在弹出的快捷菜单中执行Duplicate命令，如图 11-80 所示。复制域impeller，重命名复制域impeller为tank，双击tank，弹出如图 11-81 所示的Domain（域设置）面板。在Basic Settings（基本设置）选项卡中，将Location改为Primitive 3D，在Domain Motion中，将Option改为Stationary，单击Apply按钮确认生成tank域，如图 11-82 所示。

图 11-80　复制域 impeller

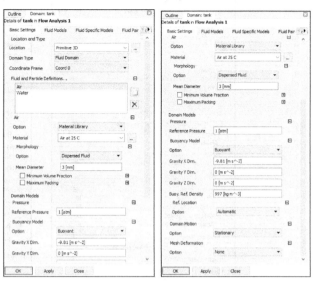

图 11-81　域设置修改

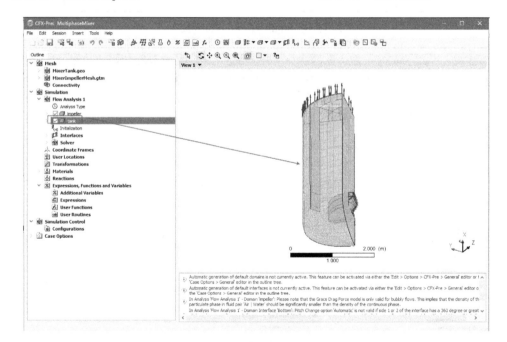

图 11-82　生成的 tank 域

步骤 05 单击任务栏中的 （边界条件）in tank按钮，弹出Insert Boundary（生成边界条件）对话框，如图 11-83 所示。设置Name（名称）为Inlet，单击OK按钮进入如图 11-84 所示的Boundary（边界条件设置）面板。

图 11-83　生成边界条件对话框

步骤 06 在Boundary（边界条件设置）面板的Basic Settings（基本设置）选项卡中，Boundary Type选择Inlet，Location选择INLET_DIPTUBE。

步骤 07 在Boundary Details（边界参数）选项卡的Mass And Momentum选项组中，Option选择Fluid Dependent，如图11-85所示。

图11-84　边界条件设置面板

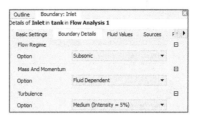

图11-85　边界参数选项卡

步骤 08 在Fluid Values（流体值）选项卡中，单击Boundary Conditions中的Air选项，在Normal Speed中输入5，单位选择m s^-1，在Volume Fraction中输入1，如图11-86所示。单击Boundary Conditions中的Water选项，在Normal Speed中输入5，单位选择m s^-1，在Volume Fraction中输入0，如图11-87所示。单击OK按钮完成入口边界条件的参数设置，在图形显示区将显示生成的入口边界条件，如图11-88所示。

图11-86　流体值选项卡（Air）

图11-87　流体值选项卡（Water）

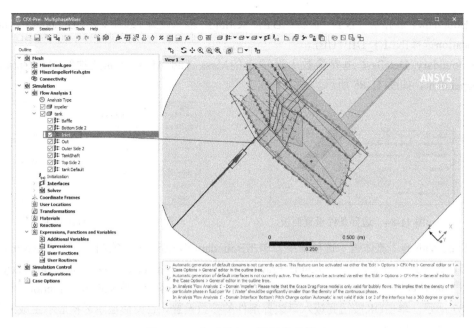

图 11-88　生成的入口边界条件显示

步骤 09 单击任务栏中的 （边界条件） in tank按钮，弹出Insert Boundary（生成边界条件）对话框，如图 11-89 所示。设置Name（名称）为Out，单击OK按钮进入如图 11-90 所示的Boundary（边界条件设置）面板。

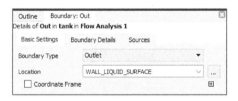

图 11-89　生成边界条件对话框　　　　　　　　图 11-90　边界条件设置面板

步骤 10 在Boundary(边界条件设置)面板的Basic Settings(基本设置)选项卡中，Boundary Type选择Outlet，Location选择WALL_LIQUID_SURFACE。

步骤 11 在Boundary Details（边界参数）选项卡的Mass And Momentum选项组中，Option选择Degassing Condition，如图 11-91 所示。单击OK按钮完成出口边界条件的参数设置，在图形显示区将显示生成的出口边界条件，如图 11-92 所示。

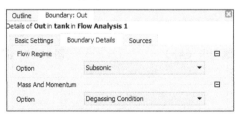

图 11-91　边界参数选项卡

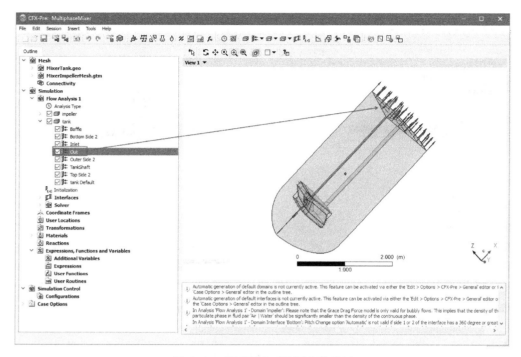

图 11-92　生成的出口边界条件显示

步骤 12　单击任务栏中的 ⫶ （边界条件）in tank按钮，弹出Insert Boundary（生成边界条件）对话框，如图 11-93 所示。设置Name（名称）为Baffle，单击OK按钮进入如图 11-94 所示的Boundary（边界条件设置）面板。

图 11-93　生成边界条件对话框

图 11-94　边界条件设置面板

步骤 13　在Boundary（边界条件设置）面板的Basic Settings（基本设置）选项卡中，Boundary Type选择Outlet，Location选择WALL_BAFFLES。

步骤 14　在Fluid Values（流体值）选项卡中，单击Boundary Conditions中的Air选项，在Mass And Momentum中，Option选择Free Slip Wall，如图 11-95 所示。单击OK按钮完成薄板边界条件的参数设置，在图形显示区将显示生成的薄板边界条件，如图 11-96 所示。

图 11-95　流体值选项卡

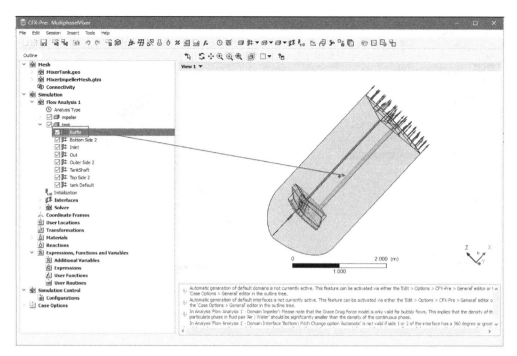

图 11-96　生成的薄板边界条件显示

步骤 15　单击任务栏中的 （边界条件）in tank按钮，弹出Insert Boundary（生成边界条件）对话框，如图
11-97所示。设置Name（名称）为TankShaft，单击OK按钮进入如图 11-98 所示的Boundary（边界
条件设置）面板。

图 11-97　生成边界条件对话框

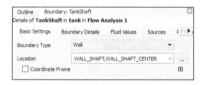

图 11-98　边界条件设置面板

步骤 16　在Boundary（边界条件设置）面板的Basic Settings（基本设置）选项卡中，Boundary Type选择Outlet，
Location选择"WALL_SHAFT,WALL_SHAFT_CENTER"。

步骤 17　在Fluid Values（流体值）选项卡中，单击Boundary Conditions中的Air选项，勾选Mass And
Momentum中的Wall Velocity复选框，在Wall Velocity中Option选择Rotating Wall，在Angular
Velocity中输入 84，单位选择rev min ^-1，在Axis Definition中，Option选择Coordinate Axis，Rotation
Axis选择Global X，如图 11-99 所示。单击Boundary Conditions中的Water选项，设置与Air相同。
单击OK按钮完成叶轮杆边界条件的参数设置，在图形显示区将显示生成的叶轮杆边界条件，如图
11-100 所示。

图 11-99　流体值选项卡

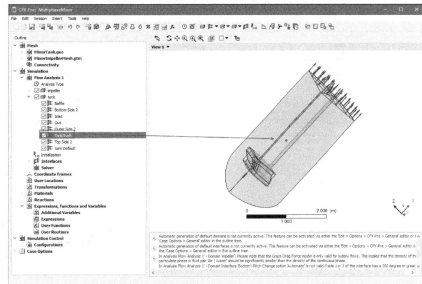

图 11-100　生成的叶轮杆边界条件显示

步骤 18　单击任务栏中的 🛅（边界条件）in tank按钮，弹出Insert Boundary（生成边界条件）对话框，如图 11-101 所示。设置Name（名称）为HubShaft，单击OK按钮进入如图 11-102 所示的Boundary（边界条件设置）面板。

图 11-101　生成边界条件对话框

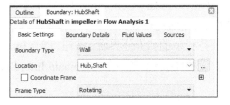

图 11-102　边界条件设置面板

步骤 19　在Boundary（边界条件设置）面板的Basic Settings（基本设置）选项卡中，Boundary Type选择Wall，Location选择"Hub,Shaft"。

步骤 20　在Fluid Values（流体值）选项卡中，单击Boundary Conditions中的Air选项，在Mass And Momentum中，Option选择Free Slip Wall，如图 11-103 所示。单击OK按钮完成轮毂边界条件的参数设置，在图形显示区将显示生成的轮毂边界条件，如图 11-104 所示。

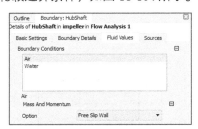

图 11-103　流体值选项卡

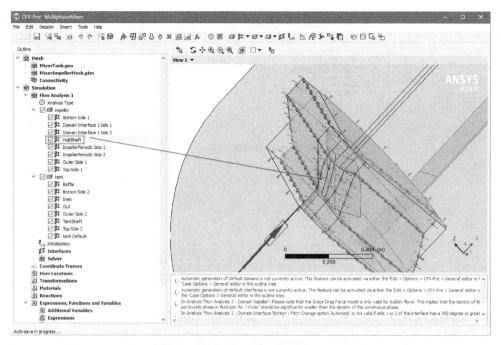

图 11-104　生成的轮毂边界条件显示

步骤 21　双击tank Default选项，弹出如图 11-105 所示的边界条件设置面板，在Fluid Values（流体值）选项卡中，单击Boundary Conditions中的Air选项，在Mass And Momentum中，Option选择Free Slip Wall，单击OK按钮进行确认。

步骤 22　单击任务栏中的 （分界面）按钮，弹出Insert Domain Interface（生成分界面）对话框，如图 11-106 所示。设置Name（名称）为Domain Interface 1，单击OK按钮进入如图 11-107 所示的面板。

图 11-105　边界条件设置面板　　　图 11-106　生成分界面对话框　　　图 11-107　基本设置选项卡

步骤 23　在Basic Settings（基本设置）选项卡的Interface Side 1 选项组中，Domain (filter)选择impeller，Region List选择Blade，在Interface Side 2 选项组中，Domain (filter)选择impeller，Region List选择"Solid 3.3

2，Solid 3.6 2"。

步骤 24 在Additional Interface Models（额外设置）选项卡的Mass And Momentum选项组中，Option选择Side Dependent，如图 11-108 所示。单击OK按钮完成边界条件的参数设置，在图形显示区将显示生成的边界条件，如图 11-109 所示。

图 11-108　Additional Interface Models 选项卡

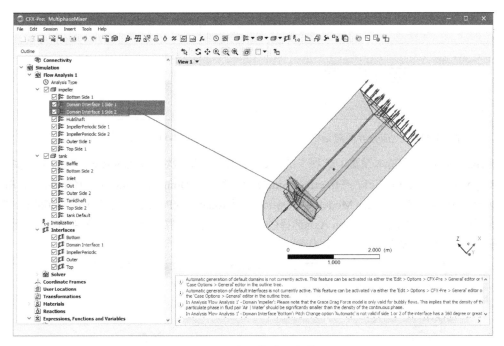

图 11-109　生成的边界条件显示

步骤 25 双击Domain Interface 1 Side 1 选项，弹出如图 11-110 所示的边界条件设置面板，在Fluid Values（流体值）选项卡中，单击Boundary Conditions中的Air选项，在Mass And Momentum中，Option选择Free Slip Wall，单击OK按钮进行确认。

步骤 26 双击Domain Interface 1 Side 2 选项，弹出如图 11-111 所示的边界条件设置面板，在Fluid Values（流体值）选项卡中，单击Boundary Conditions中的Air选项，在Mass And Momentum中，Option选择Free Slip Wall，单击OK按钮进行确认。

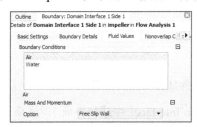

图 11-110　边界条件设置面板

图 11-111　边界条件设置面板

步骤 27 单击任务栏中的 ⊞（分界面）按钮，弹出Insert Domain Interface（生成分界面）对话框，如图11-112所示。设置Name（名称）为ImpellerPeriodic，单击OK按钮进入如图11-113所示的面板。

图 11-112　生成分界面对话框　　　　　图 11-113　边界条件设置面板

步骤 28 在Basic Settings（基本设置）选项卡的Interface Side 1选项组中，Domain（Filter）选择impeller，Region List选择Periodic1，在Interface Side 2选项组中，Domain（Filter）选择impeller，Region List选择Periodic2，在Interface Models中，Option选择Rotational Periodicity，在Axis Definition中，Option选择Coordinate Axis，Rotation Axis选择Global X。单击OK按钮完成边界条件的参数设置，在图形显示区将显示生成的边界条件，如图11-114所示。

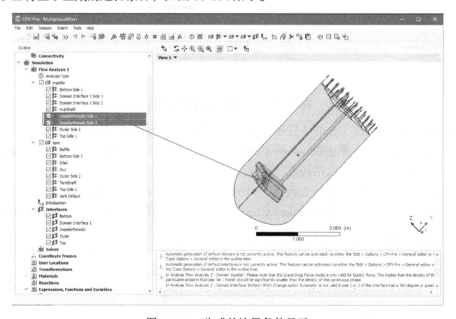

图 11-114　生成的边界条件显示

步骤 29 单击任务栏中的 ⊞（分界面）按钮，弹出Insert Domain Interface（生成分界面）对话框，如图11-115所示。设置Name（名称）为Top，单击OK按钮进入如图11-116所示的面板。

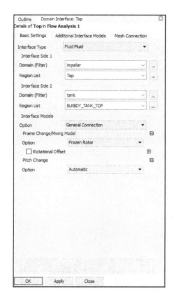

图 11-115　生成分界面对话框　　　　　　　　　　图 11-116　边界条件设置面板

步骤 30　在Basic Settings（基本设置）选项卡的Interface Side 1 选项组中，Domain（Filter）选择impeller，Region List选择Top，在Interface Side 2 选项组中，Domain（Filter）选择tank，Region List选择BLKBDY_TANK_TOP，在 Interface Models 中，Option 选择 General Connection，在 Frame Change/Mixing Model中，Option选择Frozen Rotor。单击OK按钮完成边界条件的参数设置，在图形显示区将显示生成的边界条件，如图 11-117 所示。

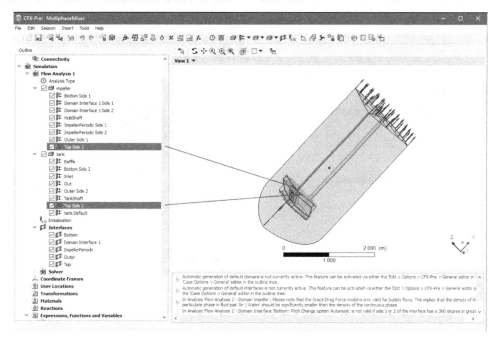

图 11-117　生成的边界条件显示

步骤 31　单击任务栏中的 （分界面）按钮，弹出Insert Domain Interface（生成分界面）对话框，如图 11-118 所示。设置Name（名称）为Bottom，单击OK按钮进入如图 11-119 所示的面板。

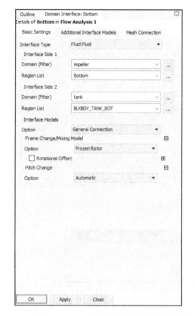

图 11-118　生成分界面对话框　　　　　图 11-119　边界条件设置面板

步骤 32　在Basic Settings（基本设置）选项卡的Interface Side 1 选项组中，Domain（Filter）选择impeller，Region List选择Bottom，在Interface Side 2 选项组中，Domain（Filter）选择tank，Region List选择BLKBDY_TANK_BOT，在Interface Models 中，Option选择General Connection，在Frame Change/Mixing Model中，Option选择Frozen Rotor。单击OK按钮完成边界条件的参数设置，在图形显示区将显示生成的边界条件，如图 11-120 所示。

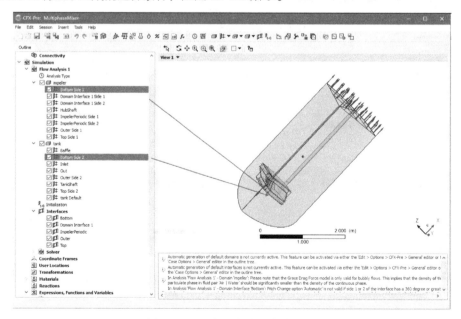

图 11-120　生成的边界条件显示

步骤 33　单击任务栏中的📐（分界面）按钮，弹出Insert Domain Interface（生成分界面）对话框，如图 11-121所示。设置Name（名称）为Outer，单击OK按钮进入如图 11-122 所示的面板。

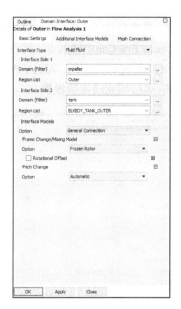

图 11-121　生成分界面对话框　　　　　　　　图 11-122　边界条件设置面板

步骤 34　在Basic Settings（基本设置）选项卡的Interface Side 1 选项组中，Domain（Filter）选择impeller，Region List选择Outer，在Interface Side 2 选项组中，Domain（Filter）选择tank，Region List选择BLKBDY_TANK_OUTER，在Interface Models中，Option选择General Connection，在Frame Change/Mixing Model中，Option选择Frozen Rotor。单击OK按钮完成边界条件的参数设置，在图形显示区将显示生成的边界条件，如图 11-123 所示。

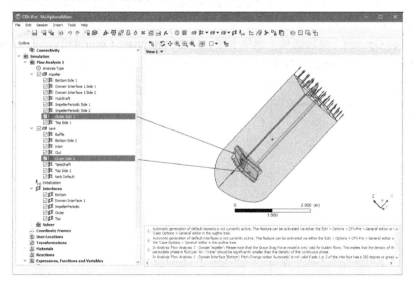

图 11-123　生成的边界条件显示

11.2.5　初始条件

单击任务栏中的（初始条件）按钮，弹出Initialization（初始条件）设置面板，在Fluid Settings（流体设置）选项卡中，单击Fluid Specific Initialzation中的Air选项，在Volume Fraction中，Option选择Automatic with Value，在Volume Fraction中输入0，如图11-124所示。单击Fluid Specific Initialzation中的Water选项，在Cartesian Velocity Components中，勾选Velocity Scale复选框，在Value中输入0，单位选择m s^-1，如图11-125所示，单击OK按钮完成参数设置。

图 11-124　流体设置选项卡（Air）

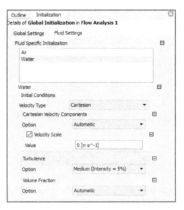

图 11-125　流体设置选项卡（Water）

11.2.6　求解控制

步骤 01　单击任务栏中的（求解控制）按钮，弹出如图11-126所示的Solver Control（求解控制）设置面板，在Fluid Timescale Control中，Timescale Control选择Physical Timescale，在Physical Timescale中输入2，单位选择s。

步骤 02　在Advanced Options（高级选项）选项卡中，勾选Multiphase Control和Volume Fraction Coupling复选框，Option选择Coupled，如图11-127所示，单击OK按钮完成参数设置。

图 11-126　求解控制设置面板

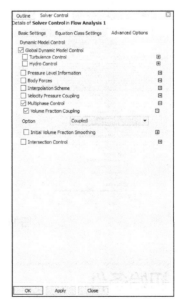

图 11-127　高级选项选项卡

11.2.7　计算求解

步骤 01 单击任务栏中的 ![](（求解管理器）按钮，弹出 Write Solver Input File（输出求解文件）对话框，如图 11-128 所示，在 File name（文件名）中输入 MultiphaseMixer.def，单击 Save 按钮进行保存。

步骤 02 求解文件保存退出后，Define Run（求解管理器）对话框会自动弹出，确认求解文件和工作目录后，单击 Start Run 按钮开始进行求解，如图 11-129 所示。

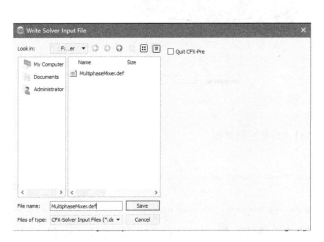

图 11-128　输出求解文件对话框

图 11-129　求解管理器对话框

步骤 03 求解开始后，收敛曲线窗口将显示残差收敛曲线的即时状态，直至所有残差值达到 1.0E-4，如图 11-130 所示。计算结束后自动弹出提示框，勾选 Post-Process Results 复选框，单击 OK 按钮进入如图 11-131 所示的后处理器界面。

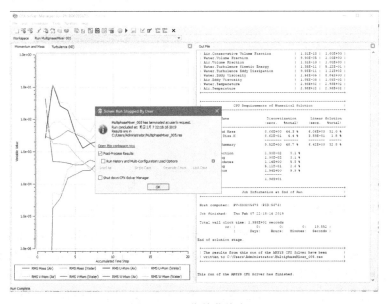

图 11-130　收敛曲线窗口

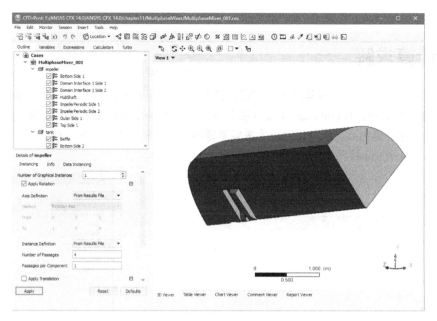

图 11-131　后处理器界面

11.2.8　结果后处理

步骤 01　单击任务栏中的 Location→ Plane（平面）按钮，弹出如图 11-132 所示的 Insert Plane（创建平面）对话框，设置平面名称为 Plane 1，单击 OK 按钮进入如图 11-133 所示的 Plane（平面设置）面板。

步骤 02　在 Geometry（几何）选项卡中，Method 选择 Three Points，在 Point 1 中输入（1，0，0），在 Point 2 中输入（0，1，-0.9），在 Point 3 中输入（0，0，0），单击 Apply 按钮进行确认。

图 11-132　指定平面名称

图 11-133　平面设置面板

步骤 03　单击任务栏中的 （速度矢量）按钮，弹出如图 11-134 所示的 Insert Vector（创建速度矢量）对话框，输入矢量名称为 Vector 1，单击 OK 按钮进入如图 11-135 所示的矢量设置面板。

步骤 04　在 Geometry（几何）选项卡中，Locations 选择 Plane 1，Variable 选择 Water.Velocity in Stn Frame。

步骤 05　在 Symbol（符号）选项卡的 Symbol Size 中输入 0.2，如图 11-136 所示。单击 Apply 按钮创建速度矢量图，如图 11-137 所示。

图 11-134　创建速度矢量对话框 　　　　　　　图 11-135　矢量设置面板

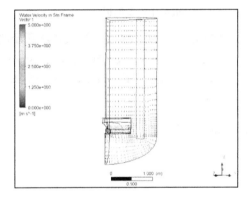

图 11-136　符号选项卡 　　　　　　　图 11-137　速度矢量图

步骤 06　双击Plane 1选项，弹出如图 11-138 所示的Plane 1设置面板，在Color（颜色）选项卡中，Mode选择Variable，Variable选择Pressure，Range选择Local。单击Apply按钮确认显示压力云图，如图 11-139 所示。

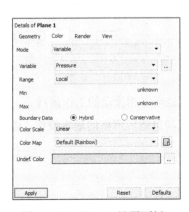

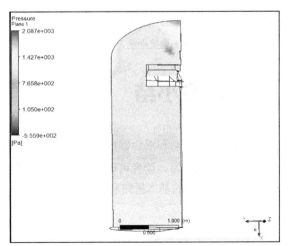

图 11-138　Plane 1 设置面板 　　　　　　　图 11-139　压力云图

步骤 07　双击Plane 1选项，弹出如图 11-140 所示的Plane 1设置面板，在Color（颜色）选项卡中，Mode

选择Variable，Variable选择Air.Volume Fraction，Range选择User Specified，在Min中输入 0，在Max中输入 0.04。单击Apply按钮确认显示空气体积分数云图，如图 11-141 所示。

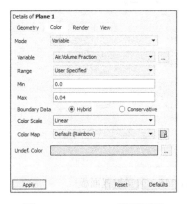

图 11-140　Plane 1 设置面板

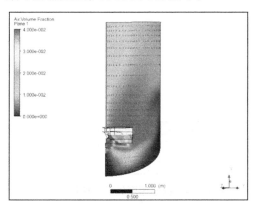

图 11-141　空气体积分数云图

步骤 08 双击Plane 1 选项，弹出如图 11-142 所示的Plane 1 设置面板，在Color（颜色）选项卡中，Mode选择Variable，Variable选择Air.Shear Strain Rate，Range选择User Specified，在Min中输入 0，单位选择s^-1，在Max中输入 0.04，单位选择s^-1。单击Apply按钮确认显示空气剪切应力云图，如图 11-143 所示。

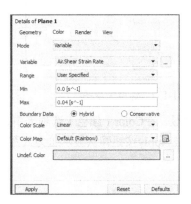

图 11-142　Plane 1 设置面板

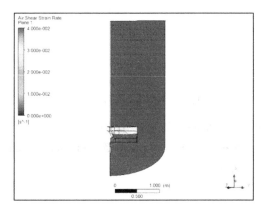

图 11-143　空气剪切应力云图

11.3　本章小结

本章通过自由表面流动和混合器内多相流动两个实例介绍了CFX处理多相流动的工作流程。

通过对本章内容的学习，读者可以掌握CFX中多相流模型的设置和自适应网格的基本操作，能够基本掌握CFX处理多相流问题的基本思路和操作。

第12章
空调通风和传热流动分析实例

通风和传热是自然界和工程问题中常见的物理现象。通风就是采用自然或机械方法使风没有阻碍，可以穿过房间或到达密封的环境内，以营造卫生、安全等适宜空气环境的技术。传热是指因温差而产生热量从高温区向低温区的转移。

本章将通过空调通风和加热盘传热的实例来分别介绍CFX处理通风和传热流动模拟的工作步骤。

知识要点

- 掌握 Fortune 子程序的调用
- 掌握表达式的运用
- 掌握边界条件的设置
- 掌握传热模型的设置
- 掌握物质属性的设置

12.1 空调通风

下面将通过分析一个空调通风案例，让读者对ANSYS CFX 19.0分析处理建筑物室内通风的基本操作步骤的每一项内容有一个初步的了解。

12.1.1 案例介绍

如图 12-1 所示的房间，门窗关闭，冷风从空调进风口流入房间，换热后从空调回流口流出房间，请用ANSYS CFX分析房间内的通风情况。

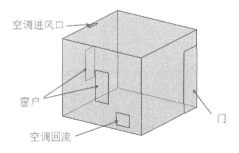

图 12-1 案例问题

12.1.2　启动 CFX 并建立分析项目

步骤 01　在Windows系统下执行"开始"→"所有程序"→ANSYS 19.0 →Fluid Dynamics→CFX 19.0 命令，启动CFX 19.0，进入ANSYS CFX-19.0 Launcher界面。

步骤 02　选择主界面中的CFX-Pre 19.0 选项，即可进入CFX-Pre 19.0（前处理）界面。

步骤 03　在任务栏中单击New Case按钮，进入New Case（新建项目）对话框，如图 12-2 所示。

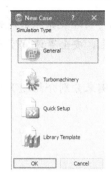

图 12-2　新建项目对话框

步骤 04　选择General选项，单击OK按钮建立分析项目。

步骤 05　在任务栏中单击 按钮（保存）进入Save Case（保存项目）对话框，在File name（文件名）中输入HVAC.cfx，单击Save按钮保存项目文件。

12.1.3　导入网格

步骤 01　选中Mesh选项并单击鼠标右键，在弹出的快捷菜单中执行Import Mesh→ICEM CFD命令，弹出如图 12-3 所示的Import Mesh（导入网格）对话框。

步骤 02　在Import Mesh（导入网格）对话框中选择File name（网格文件）为HVACMesh.gtm，单击Open按钮导入网格。

步骤 03　导入网格后，在图形显示区将显示几何模型，如图 12-4 所示。

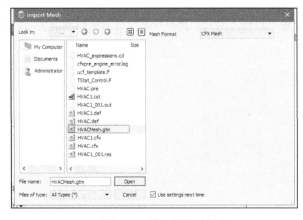

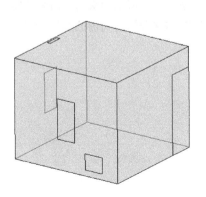

图 12-3　导入网格对话框　　　　　　　　　　图 12-4　显示几何模型

12.1.4 导入 CCL 文件

执行File→Import→CCL菜单命令，如图 12-5 所示，弹出如图 12-6 所示的Import CCL（导入CCL文件）对话框，选择HVAC_expressions.ccl，单击Open按钮。

图 12-5　导入 CCL 命令

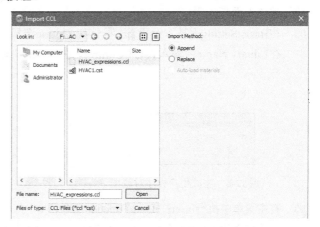

图 12-6　导入 CCL 文件对话框

12.1.5 编译 Fortune 子程序

步骤 01 执行Tools→Command Editor菜单命令，弹出如图 12-7 所示的Command Editor（命令编辑）对话框。

图 12-7　命令编辑对话框

步骤 02 在Command Editor（命令编辑）对话框中输入以下命令。

```
! system ("cfx5mkext TStat_Control.F") == 0 or die "cfx5mkext failed";
```

 命令最后的分号不能省略。

步骤 03 单击Process按钮编译子程序。

12.1.6 设置 CEL 程序

步骤 01 在主菜单中执行Insert→User Routine命令，弹出如图12-8所示的Insert User Routine（生成用户程序）对话框，名称输入Thermostat Routine，单击OK按钮确认进入如图12-9所示的Routine（用户程序）面板。

步骤 02 在Basic Settings（基本设置）选项卡中，Option选择User CEL Function，在Calling Name中输入ac_on，在Library Name中输入TStat_Control，在Library Path中输入当前工作目录，单击OK按钮进行确认。

图 12-8　生成用户程序对话框

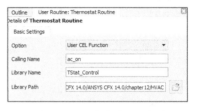

图 12-9　用户程序设置面板

步骤 03 在主菜单中执行Insert→User Function命令，弹出如图12-10所示的Insert Function（生成函数）对话框，名称输入Thermostat Function，单击OK按钮确认进入如图12-11所示的Function（函数）面板。

步骤 04 在Basic Settings（基本设置）选项卡中，Option选择User Function，在Argument Units中输入"[K]，[K]，[K]，[]"，在Result Units中输入"[]"，单击OK按钮进行确认。

图 12-10　生成函数对话框

图 12-11　函数设置面板

12.1.7 设置分析类型

步骤 01 双击Analysis Type选项，弹出如图12-12所示的Analysis Type（分析类型）设置面板。

步骤 02 在Analysis Type选项组中，Option选择Transient，在Time Duration中，Option选择Total Time，在Total Time中输入225[s]，在Time Steps中，Option选择Timesteps，在Timesteps中输入3[s]，在Initial Time中，Option选择Automatic with Value，在Time中输入0，单位选择s，单击OK按钮进行确认。

12.1.8 边界条件

步骤 01 单击任务栏中的 （域）按钮，弹出如图12-13所示的Insert Domain（生成域）对话框，名称保持默认，单击OK按钮进入如图12-14所

图 12-12　分析类型设置面板

示的Domain（域设置）面板。

步骤 02 在Domain（域设置）面板的Basic Settings（基本设置）选项卡中，Location选择B1.P3，在Fluid 1 中，Material选择Air Ideal Gas，在Pressure中，Reference Pressure选择 1，单位选择atm；在Buoyancy Model中，Option选择Buoyant，在Gravity X Dirn中输入 0，单位选择m s^-2，在Gravity Y Dirn中输入 0，单位选择m s^-2，在Gravity Z Dirn中输入-g，在Buoy. Ref. Density中输入 1.2，单位选择kg m^-3。

图 12-13　生成域对话框

步骤 03 在Domain（域设置）面板的Fluid Models（流动模型）选项卡中，在Heat Transfer中，Option选择Thermal Energy，在Thermal Radiation中，Option选择Monte Carlo，如图 12-15 所示。其他选项保持默认值，单击OK按钮完成参数设置，在图形显示区将显示生成的域，如图 12-16 所示。

图 12-14　域设置面板

图 12-15　流动模型选项卡

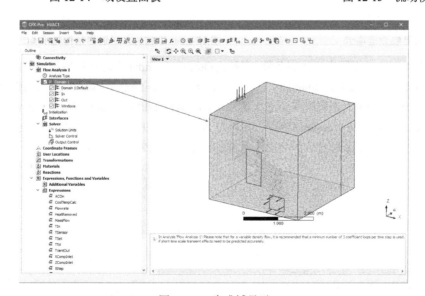

图 12-16　生成域显示

步骤 04 单击任务栏中的 （边界条件）按钮，弹出Insert Boundary（生成边界条件）对话框，如图 12-17 所示，设置Name（名称）为In，单击OK按钮进入如图12-18所示的Boundary（边界条件设置）面板。

图12-17　生成边界条件对话框

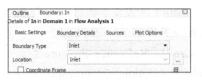

图12-18　边界条件设置面板

步骤 05　在Basic Settings（基本设置）选项卡中，Boundary Type选择Inlet，Location选择Inlet。

步骤 06　在Boundary Details（边界参数）选项卡的Mass And Momentum中，Option选择Mass Flow Rate，在Mass Flow Rate中输入MassFlow，在Flow Direction中，Norma to Boundary Condition，在Z Component中选择ZCompInlet；在Heat Transfer中，Option选择Static Temperature，在Static Temperature中输入 18，如图 12-19 所示。单击OK按钮完成入口边界条件的参数设置，在图形显示区将显示生成的入口边界条件，如图12-20所示。

图12-19　边界参数选项卡

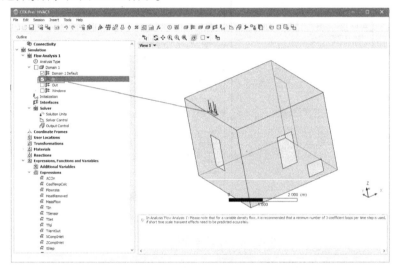

图12-20　生成的入口边界条件显示

步骤 07　同步骤（4）方法，设置出口边界条件，名称为Out。在Boundary（边界条件设置）面板的Basic Settings（基本设置）选项卡中，Boundary Type选择Outlet，Location选择VentOut，如图12-21所示。

步骤 08　在Boundary Details（边界详细信息）选项卡的Mass And Momentum中，Option选择Average Static Pressure，在Relative Pressure中输入 0，单位为Pa，如图12-22所示。单击OK按钮完成出口边界条件的参数设置，在图形显示区将显示生成的出口边界条件，如图12-23所示。

图12-21　基本设置选项卡

图12-22　边界详细信息选项卡

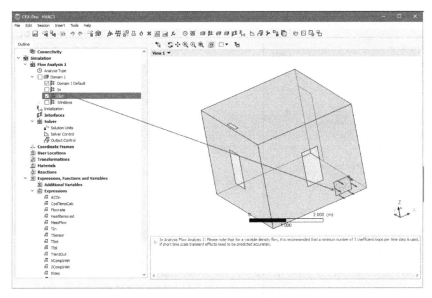

图 12-23 生成的出口边界条件显示

步骤 09 同步骤（4）方法，设置窗户边界条件，名称为Windows。在Boundary（边界条件设置）面板的Basic Settings（基本设置）选项卡中，Boundary Type选择Wall，Location选择"Window1,Window2"，如图 12-24 所示。

步骤 10 在Boundary Details（边界详细信息）选项卡的Heat Transfer中，Option选择Temperature，在Fixed Temperature中输入 26，单位选择C，如图 12-25 所示。

图 12-24 基本设置选项卡　　　　　　　　　　图 12-25 边界详细信息选项卡

步骤 11 在Sources（源）选项卡中，勾选Boundary Source和Sources复选框，如图 12-26 所示。在Radiation Source（辐射源）中单击█按钮创建新的辐射源，名称为默认值，Option选择Directional Radiation Flux，在Radiation Flux中输入 600，单位选择W m^-2，在Direction中，Option选择Cartesian Components，在X Component中输入 1，在Y Component中输入 1，在Z Component中输入-1。

步骤 12 在Plot Options（图形设置）选项卡中，勾选Boundary Vector复选框，在Profile Vec. Comps中选择Cartesian Components in Radiation Source 1，如图 12-27 所示。单击OK按钮完成窗户边界条件的参数设置，在图形显示区将显示生成的窗户边界条件，如图 12-28 所示。

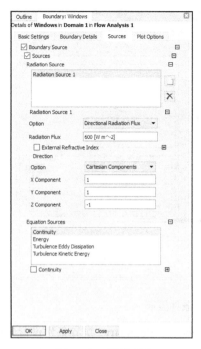

图 12-26　源选项卡

图 12-27　图形设置选项卡

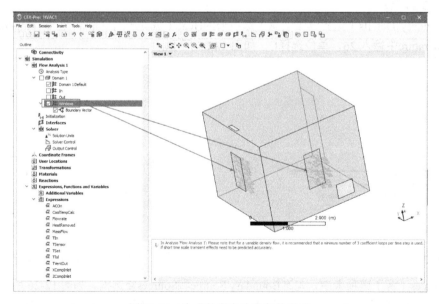

图 12-28　生成的窗户边界条件显示

步骤 13 双击Domain 1 Default选项，弹出如图 12-29 所示的Domain 1 Default设置面板，在Boundary Details（边界详细信息）选项卡的Heat Transfer中，Option选择Temperature，在Fixed Temperature中输入26，单位选择C，在Thermal Radiation中，Option选择Opaque，在Emissivity中输入 1，单击OK按钮进行确认。

图 12-29　边界详细信息选项卡

12.1.9　初始条件

步骤01　单击任务栏中的 $\blacksquare_{t=0}$（初始条件）按钮，弹出如图 12-30 所示的 Initialization（初始条件）设置面板。在 Initial Conditions 中，Velocity Type 选择 Cartesian，在 Cartesian Velocity Components 中，Option 选择 Automatic with Value，在 U 中输入 0，单位选择 m s^-1，在 V 中输入 0，单位选择 m s^-1，在 W 中输入 0，单位选择 m s^-1，在 Static Pressure 中，Option 选择 Automatic with Value，在 Relative Pressure 中输入 0，单位选择 Pa。

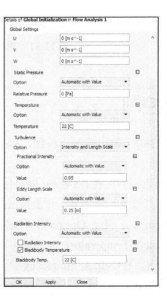

图 12-30　初始条件设置面板

步骤02　在 Temperature 中，Option 选择 Automatic with Value，在 Temperature 中输入 22，单位选择 C，在

Turbulence中，Option选择Intensity and Length Scale，在Fractional Intensity中，Option选择Automatic with Value，在Value中输入 0.05。

步骤 03 在Eddy Length Scale中，Option选择Automatic with Value，在Value中输入 0.25，单位选择m，在 Radiation Intensity中，Option选择Automatic with Value，勾选Blackbody Temperature复选框，在 Blackbody Temp中输入 22，单位选择C，单击OK按钮完成参数设置。

12.1.10 求解控制

单击任务栏中的 （求解控制）按钮，弹出如图 12-31 所示的Solver Control（求解控制）设置面板，在Basic Settings（基本设置）选项卡的Convergence Control中，在Max. Coeff. Loops输入 3，单击OK按钮完成参数设置。

图 12-31　求解控制设置面板

12.1.11 输出控制

步骤 01 单击任务栏中的 （输出控制）按钮，弹出Output Control（输出控制）设置面板，如图 12-32 所示。

步骤 02 打开Trn Results选项卡，在Transient Results中单击 按钮，弹出Insert Transient Results（生成瞬态结果）对话框，如图 12-33 所示，设置Name（名称）为Transient Results 1，单击OK按钮进行确认。

步骤 03 在Transient Results 1 中，Option选择Selected Variables，Output Variables List选择"Pressure, Radiation Intensity, Temperature, Velocity"，勾选Output Variable Operators复选框，Output Var. Operators选择All，在Output Frequency中，Option选择Every Timestep，如图 12-34 所示，单击 Apply按钮进行确认。

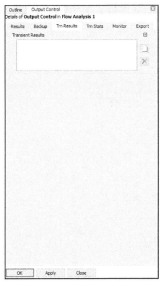

图 12-32　输出控制设置面板

图 12-33　生成瞬态结果对话框

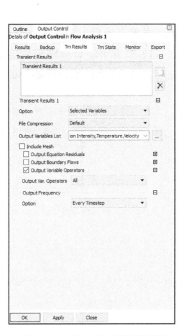

图 12-34　输出控制设置面板

12.1.12　计算求解

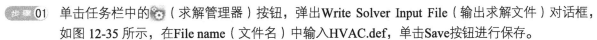

步骤 01　单击任务栏中的 （求解管理器）按钮，弹出Write Solver Input File（输出求解文件）对话框，如图 12-35 所示，在File name（文件名）中输入HVAC.def，单击Save按钮进行保存。

步骤 02　求解文件保存退出后，Define Run（求解管理器）对话框会自动弹出，确认求解文件和工作目录后，单击Start Run按钮开始进行求解，如图 12-36 所示。

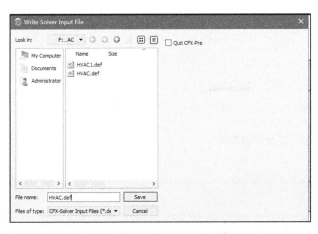

图 12-35　输出求解文件对话框

图 12-36　求解管理器对话框

步骤 03　求解开始后，收敛曲线窗口将显示残差收敛曲线的即时状态，直至所有残差值达到 1.0E-5，如图 12-37 所示。计算结束后自动弹出提示框，勾选**Post-Process Results**复选框，单击**OK**按钮进入如图 12-38 所示的后处理器界面。

图 12-37　收敛曲线窗口

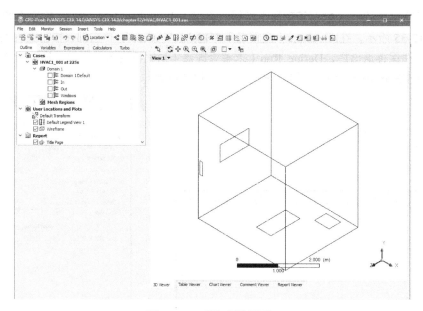

图 12-38　后处理器界面

12.1.13　结果后处理

步骤 01　单击任务栏中的 Location→ Plane（平面）按钮，弹出如图 12-39 所示的**Insert Plane**（创建平面）

对话框，设置平面名称为Plane 1，单击OK按钮进入如图12-40所示的Plane（平面设置）面板。

图12-39　创建平面对话框

步骤 02　在Geometry（几何）选项卡中，Method选择ZX Plane，Y坐标取值为1.5，单位选择m。

步骤 03　在Color(颜色)选项卡中，Method选择Variable，Variable选择Temperature，Range选择User Specify，在Min中输入19，单位选择C，在Max中输入23，单位选择C，如图12-41所示，单击Apply按钮确认生成平面，如图12-42所示。

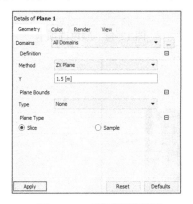

图12-40　平面设置面板

图12-41　Render选项卡

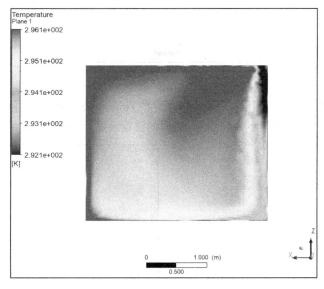

图12-42　平面温度云图

步骤 04　同步骤（1）方法，设置新的平面，名称为Plane 2。在Geometry（几何）选项卡中，Method选择XY Plane，Z坐标取值为0.35，单位选择m，如图12-43所示。

步骤 05　在Color(颜色)选项卡中，Method选择Variable，Variable选择Temperature，Range选择User Specify，

在Min中输入 19，单位选择C，在Max中输入 23，单位选择C，如图 12-44 所示。单击Apply按钮确认生成平面，如图 12-45 所示。

图 12-43　平面设置面板

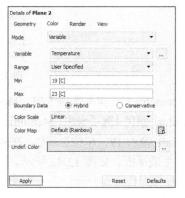

图 12-44　颜色选项卡

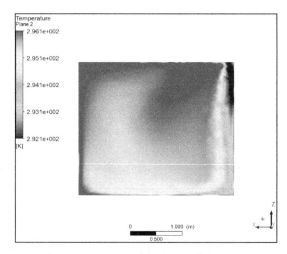

图 12-45　平面温度云图

步骤 06 单击任务栏中的 ⊙ 按钮，弹出如图 12-46 所示的Timestep Selector（时间步选择）对话框，双击列表中的 12s数据，在图形显示区将显示 12s时的温度云图，如图 12-47 所示。

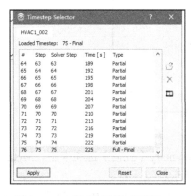

图 12-46　时间步选择对话框

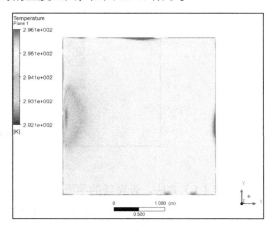

图 12-47　平面温度云图

12.2 传热流动分析

下面将通过分析一个加热盘传热流动案例，让读者对ANSYS CFX 19.0分析处理传热流动的基本操作步骤的每一项内容有一个初步的了解。

12.2.1 案例介绍

如图12-48所示的加热盘，空气从加热盘中流过，请用ANSYS CFX分析加热盘内的流场情况。

12.2.2 启动 CFX 并建立分析项目

步骤 01 在Windows系统下执行"开始"→"所有程序"→ANSYS 19.0 →Fluid Dynamics→CFX 19.0命令，启动CFX 19.0，进入ANSYS CFX-19.0 Launcher界面。

步骤 02 选择主界面中的CFX-Pre 19.0选项，即可进入CFX-Pre 19.0（前处理）界面。

步骤 03 在任务栏中单击New Case按钮，进入New Case（新建项目）对话框，如图12-49所示。

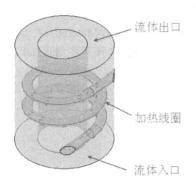

图 12-48　案例问题　　　　　　　　图 12-49　新建项目对话框

步骤 04 选择General选项，单击OK按钮建立分析项目。

步骤 05 在任务栏中单击📇按钮（保存）进入Save Case（保存项目）对话框，在File name（文件名）中输入HeatingCoil.cfx，单击Save按钮保存项目文件。

12.2.3 导入网格

步骤 01 选中Mesh选项并单击鼠标右键，在弹出的快捷菜单中执行Import Mesh→CFX Mesh命令，弹出如图 12-50 所示的Import Mesh（导入网格）对话框。

步骤 02 在Import Mesh（导入网格）对话框中设置File name（网格文件）为HeatingCoilMesh.gtm，单击Open按钮导入网格。

步骤 03 导入网格后，在图形显示区将显示几何模型，如图 12-51 所示。

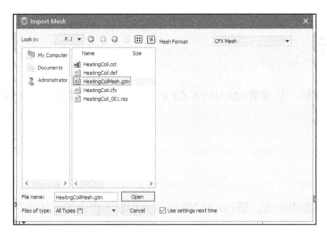

图 12-50 导入网格对话框

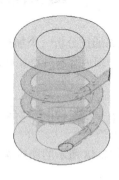

图 12-51 显示几何模型

12.2.4 编辑物质属性

步骤 01 双击Copper选项，弹出如图 12-52 所示的Copper设置面板，在Material Properties（物质属性）选项卡的Electromagnetic Properties中，勾选Electrical Conductivity复选框，在Electrical Conductivity中输入 59.6E+06，单位选择s m^-1，单击OK按钮进行确认。

步骤 02 单击任务栏中的 ⚙（材料）按钮，弹出如图 12-53 所示的Insert Material（生成物质）对话框，名称设置为Calcium Carbonate，单击OK按钮确认进入如图 12-54 所示的Material（物质设置）面板。

图 12-52 物质属性选项卡

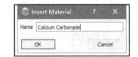

图 12-53 生成物质对话框

步骤 03 在Material（物质设置）面板的Basic Settings（基本设置）选项卡中，Material Group选择User，勾选Thermodynamic State复选框，Thermodynamic State选择Solid。

步骤 04 在Material Properties（物质属性）选项卡的Equation of State中，在Molar Mass中输入 100.087，单位选择kg kmol^-1，在Density中输入 2.71，单位选择g cm^-3；勾选Specific Heat Capacity复选框，

在Specific Heat Capacity中输入0.9，单位选择J g^-1 K^-1，勾选Thermal Conductivity复选框，在Thermal Conductivity中输入3.85，单位选择W m^-1 K^-1，单击OK按钮进行确认，如图12-55所示。

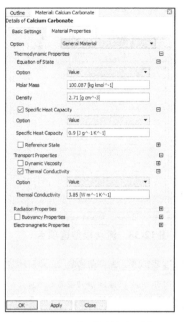

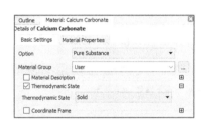

图12-54 物质设置面板

图12-55 物质属性选项卡

12.2.5 边界条件

步骤01 单击任务栏中的 ▱（域）按钮，弹出如图12-56所示的Insert Domain（生成域）对话框，名称设置为WaterZone，单击OK按钮确认进入如图12-57所示的Domain（域设置）面板。

图12-56 生成域对话框

步骤02 在Domain（域设置）面板的Basic Settings（基本设置）选项卡中，Location选择Annulus，Material选择Water。

步骤03 在Fluid Models（流动模型）选项卡的Heat Transfer中，Option选择Thermal Energy，如图12-58所示。

步骤04 在Initialization（初始化）选项卡中，勾选Domain Initialization复选框，如图12-59所示。单击OK按钮完成参数设置，在图形显示区将显示生成的域，如图12-60所示。

图12-57 域设置面板

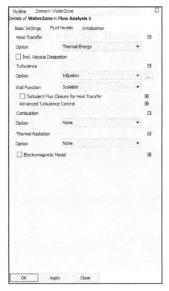

图 12-58　流动模型选项卡

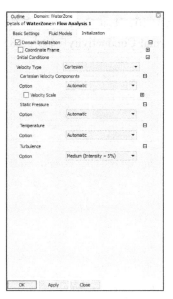

图 12-59　初始化选项卡

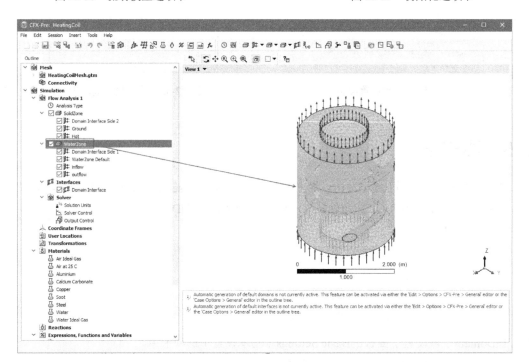

图 12-60　生成域显示

步骤05 同步骤(1)方法,生成新域,名称设置为SolidZone,单击OK按钮确认进入如图 12-61 所示的Domain(域设置)面板。

步骤06 在Domain(域设置)面板的Basic Settings(基本设置)选项卡中,Location选择Coil,Domain Type选择Solid Domain,Material选择Copper。

步骤07 在Solid Models(固体模型)选项卡的Heat Transfer中,Option选择Thermal Energy,勾选Electromagnetic Model复选框,Option选择Electric Potential,如图 12-62 所示。

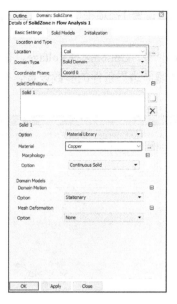

图 12-61　域设置面板

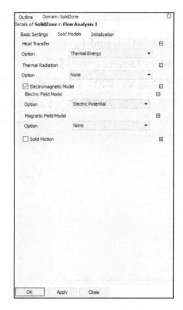

图 12-62　固体模型选项卡

步骤 08　在Initialization（初始化）选项卡中，勾选Domain Initialization复选框，在Temperature中，Option选择Automatic with Value，在Temperature中输入 550，单位选择K，如图 12-63 所示。单击OK按钮完成参数设置，在图形显示区将显示生成的域，如图 12-64 所示。

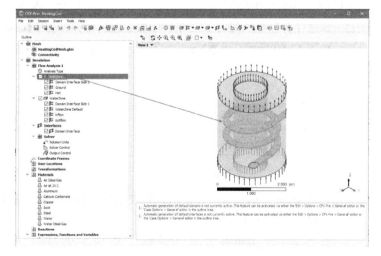

图 12-63　初始化选项卡

图 12-64　生成域显示

步骤 09　单击任务栏中的 ■■（边界条件）Boundary按钮，弹出Insert Boundary（生成边界条件）对话框，如图 12-65 所示，设置Name（名称）为Ground，单击OK按钮进入如图 12-66 所示的Boundary（边界条件设置）面板。

图 12-65　生成边界条件对话框

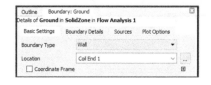

图 12-66　边界条件设置面板

步骤 10　在Boundary（边界条件设置）面板的Basic Settings（基本设置）选项卡中，Boundary Type选择Wall，Location选择Coil End 1。

步骤 11　在Boundary Details（边界参数）选项卡的Electric Field 中，Option选择Voltage，在Voltage中输入0，单位选择V，如图 12-67 所示。单击OK按钮完成壁面边界条件的参数设置，在图形显示区将显示生成的壁面边界条件，如图 12-68 所示。

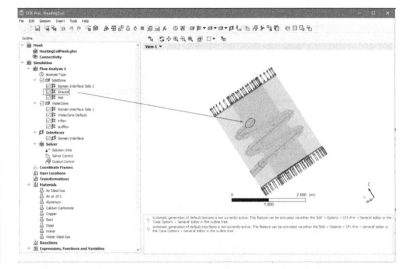

图 12-67　边界参数选项卡

图 12-68　生成的壁面边界条件显示

步骤 12　单击任务栏中的 （边界条件）Boundary按钮，弹出Insert Boundary（生成边界条件）对话框，如图 12-69 所示，设置Name（名称）为inflow，单击OK按钮进入如图 12-70 所示的Boundary（边界条件设置）面板。

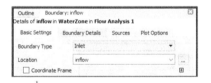

图 12-69　生成边界条件对话框

图 12-70　边界条件设置面板

步骤 13　在Boundary（边界条件设置）面板的Basic Settings（基本设置）选项卡中，Boundary Type选择Inlet，Location选择inflow。

步骤 14　在 Boundary Details（ 边界参数 ）选项卡的Mass And Momentum 中，Option选择Normal Speed，在Normal Speed 中输入 0.4，单位选择m s^-1，在Heat Transfer中，Option选择Static Temperature，在Static Temperature中输入 300，单位选择K，如图 12-71 所示。单击OK按钮完成入口边界条件的参数设置，在图形显示区将显示生成的入口边界条件，如图 12-72 所示。

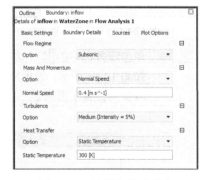

图 12-71　边界参数选项卡

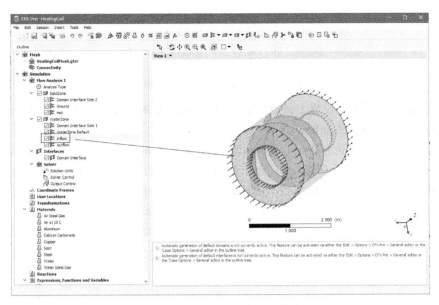

图 12-72　生成的入口边界条件显示

步骤15　在主菜单中执行Insert→Expression命令，弹出如图 12-73 所示的Insert Expression（生成表达式）对话框，名称输入OutletTemperature，单击OK按钮确认进入如图 12-74 所示的Expressions（表达式设置）面板。

步骤16　在 Definition（定义）选项卡中输入 "areaAve(T)@outflow"，单击 Apply 按钮生成表达式TimeConstant，并通过显示板进行确认。

图 12-73　生成表达式对话框　　　　图 12-74　表达式设置面板

步骤17　单击任务栏中的 （边界条件）按钮，弹出Insert Boundary（生成边界条件）对话框，如图 12-75 所示，设置Name（名称）为outflow，单击OK按钮进入如图 12-76 所示的Boundary（边界条件设置）面板。

图 12-75　生成边界条件对话框

步骤 18　在Boundary（边界条件设置）面板的Basic　Settings（基本设置）选项卡中，Boundary　Type选择Opening，Location选择outflow。

步骤 19　在Boundary Details（边界参数）选项卡的Mass And Momentum中，Option选择Opening Pres. and Dirn，在Relative Pressure中输入 0，单位选择Pa，在Heat Transfer中，Option选择Static Temperature，在Static　Temperature输入OutletTemperature，如图 12-77 所示。单击OK按钮完成出口边界条件的参数设置，在图形显示区将显示生成的出口边界条件，如图 12-78 所示。

图 12-76　边界条件设置面板　　　　　　　　图 12-77　边界参数选项卡

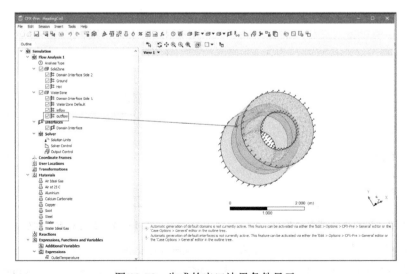

图 12-78　生成的出口边界条件显示

步骤 20　单击任务栏中的 按钮，弹出Insert Domain Interface（生成分界面）对话框，如图 12-79

所示，设置Name（名称）为Domain Interface，单击OK按钮进入如图12-80所示的面板。

图12-79　生成分界面对话框

图12-80　边界条件设置面板

步骤 **21** 在Basic Settings（基本设置）选项卡中，Interface Type选择Fluid Solid，在Interface Side 1 中，Domain（Filter）选择WaterZone，Region List选择coil surface，在Interface Side 2 中，Domain（Filter）选择SolidZone，Region List选择"F22.33, F30.33, F31.33, F32.33, F34.33, F35.33"。

步骤 **22** 在Additional Interface Models（额外设置）选项卡中，勾选Heat Transfer复选框，在Interface Model中，Option选择Thin Material，Material选择Calcium Carbonate，在Thickness中输入1，单位选择mm，如图12-81所示。单击OK按钮完成边界条件的参数设置，在图形显示区将显示生成的边界条件，如图12-82所示。

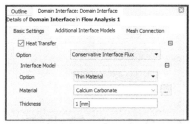

图12-81　额外设置选项卡

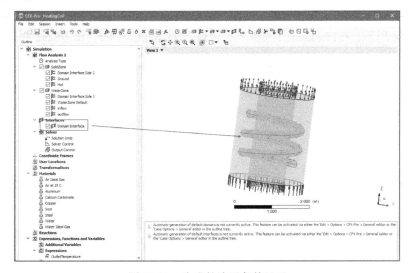

图12-82　生成的边界条件显示

12.2.6　求解控制

单击任务栏中的 （求解控制）按钮，弹出如图 12-83 所示的Solver Control（求解控制）设置面板，在Fluid Timescale Control选项组中，Timescale Control选择Physical Timescale，在Physical Timescale中输入 2，单位选择s，单击OK按钮完成参数设置。

图 12-83　求解控制设置面板

12.2.7　计算求解

步骤 01　单击任务栏中的 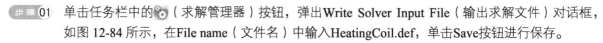（求解管理器）按钮，弹出Write Solver Input File（输出求解文件）对话框，如图 12-84 所示，在File name（文件名）中输入HeatingCoil.def，单击Save按钮进行保存。

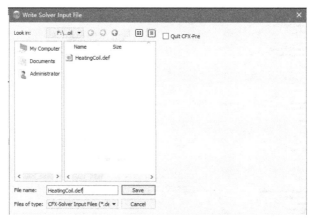

图 12-84　输出求解文件对话框

步骤 02　求解文件保存退出后，**Define Run**（求解管理器）对话框会自动弹出，确认求解文件和工作目录后，单击**Start Run**按钮开始进行求解，如图 12-85 所示。

步骤 03　求解开始后，收敛曲线窗口将显示残差收敛曲线的即时状态，直至所有残差值达到 1.0E-4，如图 12-86 所示。计算结束后自动弹出提示框，勾选**Post-Process Results**复选框，单击**OK**按钮进入如图 12-87 所示的后处理器界面。

图 12-85　求解管理器对话框

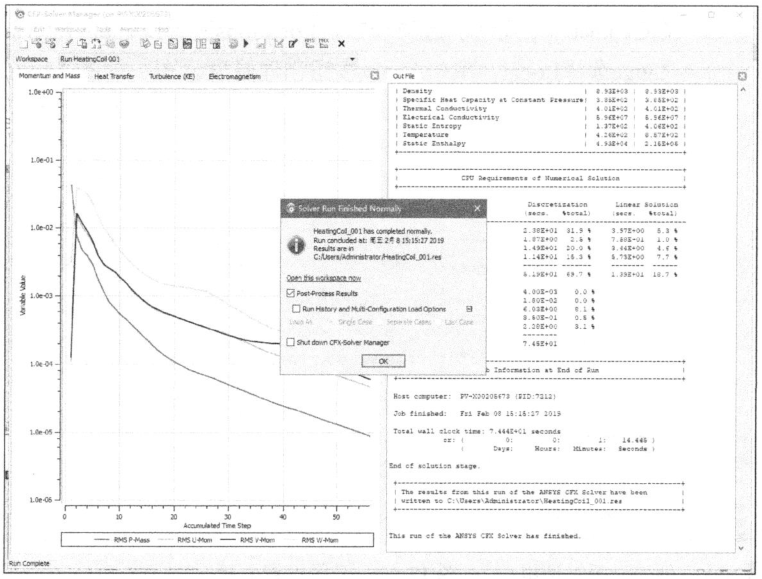

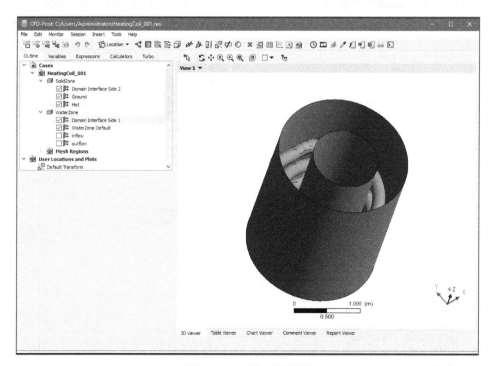

图 12-86　收敛曲线窗口

图 12-87　后处理器界面

12.2.8 结果后处理

步骤01 单击任务栏中的 （云图）按钮，弹出如图 12-88 所示的Insert Contour（创建云图）对话框。输入云图名称为Contour 1，单击OK按钮进入如图 12-89 所示的云图设置面板。

步骤02 在Geometry（几何）选项卡中，Locations选择Domain Interface Side 1，Variable选择Temperature，Range选择Local，单击Apply按钮创建温度云图，如图 12-90 所示。

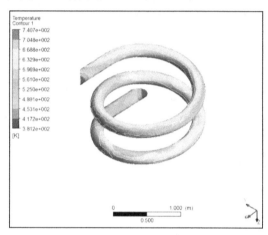

图 12-88 创建云图对话框　　图 12-89 云图设置面板　　　　　　　图 12-90 温度云图

步骤03 在主菜单中执行Insert→Expression命令，弹出如图 12-91 所示的Insert Expression（生成表达式）对话框，名称输入Expression，单击OK按钮确认进入如图 12-92 所示的Expressions（表达式设置）面板。

图 12-91 生成表达式对话框　　　　　　图 12-92 表达式设置面板

步骤 04 在Definition（定义）选项卡中输入"(x^2＋y^2)^0.5"，单击Apply按钮生成表达式Expression。

步骤 05 在主菜单中执行Insert→Variable命令，弹出如图 12-93 所示的Insert Variable（生成变量）对话框，名称输入radius，单击OK按钮确认进入如图 12-94 所示的radius变量设置面板。

步骤 06 在Expressions（表达式设置）选项卡中Expression选择EXPRESSION，单击Apply按钮进行确认。

图 12-93　生成变量对话框　　　　　　　图 12-94　radius 变量设置面板

步骤 07 单击任务栏中的 Location→ Isosurface（等值面）按钮，弹出如图 12-95 所示的Insert Isosurface（创建等值面）对话框，保持平面名称为Isosurface 1，单击OK按钮进入如图 12-96 所示的Isosurface（等值面）设置面板。

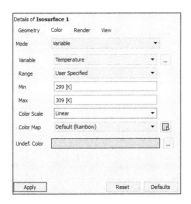

图 12-95　创建等值面对话框　　　　　　　图 12-96　等值面设置面板

步骤 08 在Geometry（几何）选项卡中，Variable选择radius，在Value中输入 0.8，单位选择m。

步骤 09 在Color(颜色)选项卡中，Mode选择Variable，Variable选择Temperature，Range选择User Specified，在Min中输入 299，单位选择K，在Max中输入 309，单位选择K，如图 12-97 所示，单击Apply按钮确认创建等值面，如图 12-98 所示。

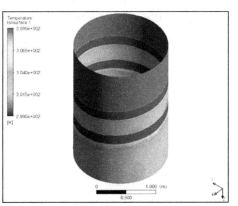

图 12-97　颜色选项卡　　　　　　　图 12-98　等值面创建

步骤 10 单击任务栏中的 Location→ Line（直线）按钮，弹出如图 12-99 所示的 Insert Line（创建直线）对话框，保持平面名称为 Line 1，单击 OK 按钮进入如图 12-100 所示的 Line（直线）面板。

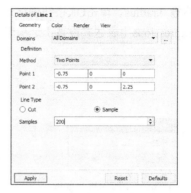

图 12-99　创建直线对话框　　　　　　　图 12-100　直线设置面板

步骤 11 在 Geometry（几何）选项卡中，在 Point 1 中输入（-0.75，0，0），在 Point 2 中输入（-0.75，0，2.25），在 Line Type 中勾选 Sample 复选框，在 Samples 中输入 200，单击 Apply 按钮进行确认。

步骤 12 单击任务栏中的（图表）按钮，弹出如图 12-101 所示的 Insert Chart（创建图表）对话框，保持平面名称为 Chart 1，单击 OK 按钮进入如图 12-102 所示的 Chart（图表）面板。

图 12-101　创建图表对话框　　　　　　图 12-102　图表设置面板

步骤 13 在 Data Series（数据序列）选项卡中，Location 选择 Line 1。

步骤 14 在 Y Axis（Y 轴）选项卡中，Variable 选择 Temperature，如图 12-103 所示。单击 Apply 按钮生成温度图表，如图 12-104 所示。

图 12-103　Y 轴选项卡

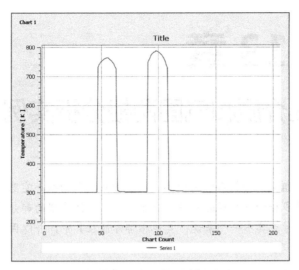

图 12-104　生成图表

12.3　本章小结

　　本章通过空调通风和加热盘换热两个实例分别介绍了CFX处理通风和传热流动的工作流程。在实例中说明了CFX生成热传输模型的过程，同时介绍了CFX物质库导入新物质的方法。

　　通过对本章内容的学习，读者可以掌握CFX中Fortune子程序的调用、表达式的运用、传热模型的设置和物质属性的设置。

第13章

多孔介质和气固两相分析实例

多孔介质是由固体物质组成的骨架和骨架分隔成大量密集成群的微小空隙构成的。多孔介质是多相物质所占据的共同空间，也是多相物质共存的一种组合体，没有固体骨架的部分空间叫作孔隙，由液体、气体或气液两相共同占有，相对于其中一相来说，其他相都弥散在其中，并以固相为固体骨架，构成空隙空间的某些空洞互相连通。

气-固两相流是多相流中的一种流动模式，如在充满粒子的连续气体流动中有离散的固体粒子，在气动输运中流动模式依赖诸如固体载荷、雷诺数和粒子属性等因素，最典型的模式有沙子的流动、泥浆流、填充床及各向同性流。另外还有流化床，即由一个盛有粒子的竖直圆筒构成，气体从一个分散器导入筒内，从床底不断充入的气体使得颗粒得以悬浮，改变气体的流量，就会有气泡不断出现并穿过整个容器，从而使得颗粒在床内得到充分混合。

本章将通过催化转换器和气升式反应器两个实例来分别介绍CFX处理多孔介质和气固两相模拟的工作步骤。

知识要点

- 掌握离散化设置
- 掌握表达式的运行
- 掌握边界条件的设置
- 掌握多相流模型的设置
- 掌握多孔介质的设置

13.1 催化转换器内多孔介质流动

下面将通过一个催化转换器内多孔介质流动的分析案例，让读者对ANSYS CFX 19.0分析处理多孔介质流动问题的基本操作步骤的每一项内容有一个初步的了解。

13.1.1 案例介绍

案例问题如图13-1所示，其中入口废气流速为25m/s，温度为500K，出口压力为0，请用ANSYS CFX分析催化转换器内的流动情况。

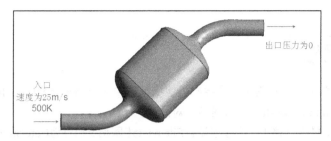

图 13-1　案例问题

13.1.2　启动 CFX 并建立分析项目

步骤01 在Windows系统下执行"开始"→"所有程序"→ANSYS 19.0 →Fluid Dynamics→CFX 19.0 命令，启动CFX 19.0，进入ANSYS CFX-19.0 Launcher界面。

步骤02 选择主界面中的CFX-Pre 19.0选项，即可进入CFX-Pre 19.0（前处理）界面。

步骤03 在任务栏中单击New Case按钮，进入New Case（新建项目）对话框，如图 13-2 所示。

步骤04 选择General选项，单击OK按钮建立分析项目。

步骤05 在任务栏中单击 按钮（保存）进入Save Case（保存项目）对话框，在File name（文件名）中输入CatConv，单击Save按钮保存项目文件。

图 13-2　新建项目对话框

13.1.3　导入 CCL 文件

执行File→Import→CCL菜单命令，如图 13-3 所示，弹出如图 13-4 所示的Import CCL（导入CCL文件）对话框，选择CatConv.ccl，单击Open按钮。

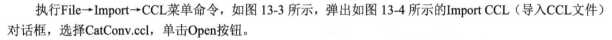

图 13-3　导入 CCL 命令

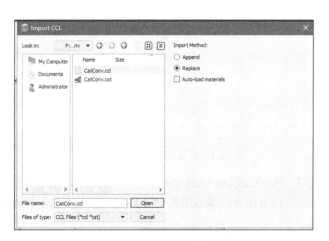

图 13-4　导入 CCL 文件对话框

13.1.4 导入网格

步骤 01 选中Mesh选项并单击鼠标右键，在弹出的快捷菜单中执行Import Mesh→ICEM CFD命令，弹出如图 13-5 所示的Import Mesh（导入网格）对话框。

步骤 02 在Import Mesh（导入网格）对话框中设置File name（网格文件）为CatConvHousing.hex，Mesh Units选择cm，单击Open按钮导入网格。

步骤 03 导入网格后，在图形显示区将显示腔体模型，如图 13-6 所示。

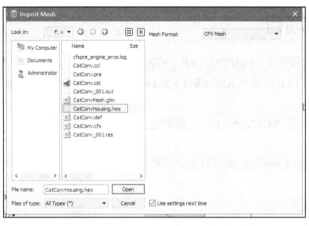

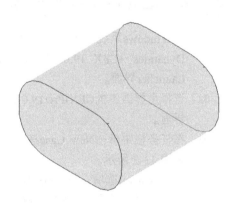

图 13-5　导入网格对话框　　　　　　　　　　　　图 13-6　显示腔体模型

步骤 04 选中Mesh选项并单击鼠标右键，在弹出的快捷菜单中执行Import Mesh→CFX Mesh命令，弹出如图 13-7 所示的Import Mesh（导入网格）对话框。

步骤 05 在Import Mesh（导入网格）对话框中设置File name（网格文件）为CatConvMesh.gtm，单击Open按钮导入网格。

步骤 06 导入网格后，在图形显示区将显示管道模型，如图 13-8 所示。

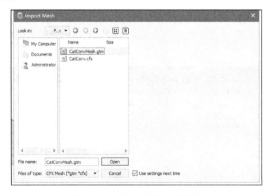

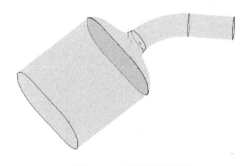

图 13-7　导入网格对话框　　　　　　　　　　　　图 13-8　显示管道模型

步骤 07 选中CatConvMesh.gtm选项并单击鼠标右键，在弹出的快捷菜单中执行Transform Mesh命令，如图 13-9 所示，弹出如图 13-10 所示的Mesh Transformation Editor（网格转换编辑）对话框。

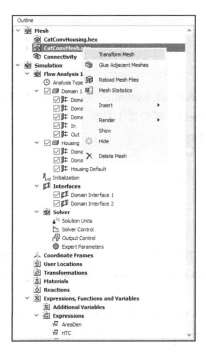

图 13-9　选择网格转换命令

图 13-10　网格转换编辑对话框

步骤 08 在Mesh Transformation Editor（网格转换编辑）对话框中，Transformation选择Rotation，Rotation Option选择Rotation Axis，在From中输入（0，0，0.16），在To中输入（0，1，0.16），Rotation Angle Option选择Specified，在Rotation Angle中输入 180 ，单位选择degree；勾选Multiple Copies复选框，在# of Copies中输入 1，单击Apply按钮进行确认，效果如图 13-11 所示。

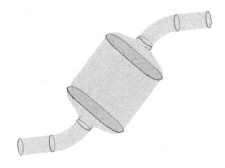

图 13-11　显示催化转化器模型

步骤 09 执行Insert→Regions→Composite Region菜单命令，弹出如图 13-12 所示的Insert Region（插入区域）对话框，名称为CatConverter，单击OK按钮，弹出CatConverter设置面板，如图 13-13 所示。

图 13-12　插入区域对话框

图 13-13　CatConverter 设置面板

步骤 10 在CatConverter设置面板中，Dimension（Filter）选择 3D，Region List选择"B1.P3 2, B1.P3"，单击OK按钮进行确认。

13.1.5 边界条件

步骤 01 单击任务栏中的▱（域）按钮，弹出如图 13-14 所示的Insert Domain（生成域）对话框，名称保持默认，单击OK按钮确认进入如图 13-15 所示的Domain（域设置）面板。

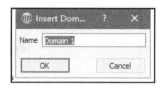

图 13-14 创建域

步骤 02 在Domain（域设置）面板的Basic Settings（基本设置）选项卡中，Location选择CatConverter，在Fluid and Particle Definitions中，Material选择Air Ideal Gas，在Pressure的Reference Pressure中输入1，单位选择atm。

步骤 03 在Fluid Models（流动模型）选项卡的Heat Transfer中，Option 选择Thermal Energy，单击OK按钮完成参数设置，如图 13-16 所示。在图形显示区将显示生成的域，如图 13-17 所示。

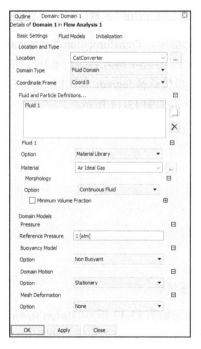

图 13-15 基本设置选项卡

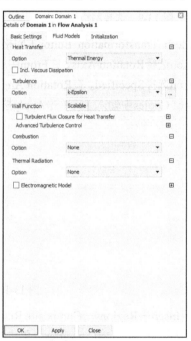

图 13-16 流动模型选项卡

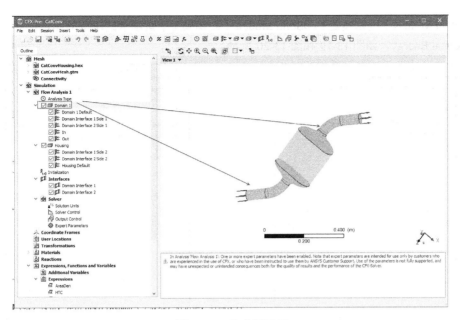

图 13-17　生成域显示

步骤 04 单击任务栏中的▱（域）按钮，弹出Insert Domain（生成域）对话框，名称设为Housing，单击OK
按钮确认进入如图 13-18 所示的Domain（域设置）面板。

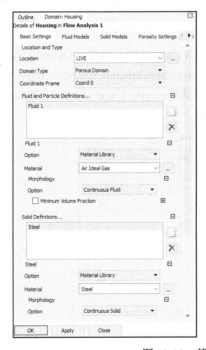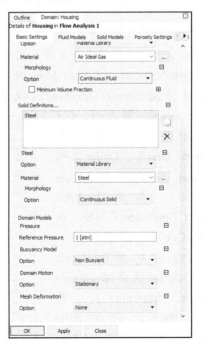

图 13-18　基本设置选项卡

步骤 05 在Domain（域设置）面板的Basic Settings（基本设置）选项卡中，Location选择LIVE，Domain Type
选择Porous Domain，在Fluid and Particle Definitions中，Material选择Air Ideal Gas；在Solid
Definitions中新建固体物质，名称设为Steel，在Steel中，Material选择Steel，在Pressure的Reference
Pressure中输入 1，单位选择atm。

步骤 06 在Fluid Models（流体模型）和Solid Models（固体模型）选项卡的Heat Transfer中，Option都选择Thermal Energy，如图 13-19 和图 13-20 所示。

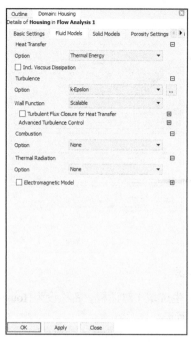

图 13-19　流体模型选项卡

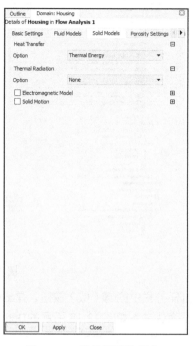

图 13-20　固体模型选项卡

步骤 07 在Porosity Settings（多孔介质设置）选项卡的Volume Porosity中，Option选择Value，在Volume Porosity中输入Porosity，在Loss Model中，Option选择Directional Loss，Loss Velocity Type选择Superficial；在Streamwise Direction中，Option选择Cartesian Components，在X Component中输入 0，在 Y Component中输入 0，在 Z Component 中 输 入 -1 ； 在 Streamwise Loss中，Option选择 Linear and Quadratic Resistance Coefficients，勾选 Quadratic Resistance Coefficient复选框，在 Quadratic Coefficient中输入 650，单位选择kg m^-4；在Transverse Loss 中，Option选择 Streamwise Coefficient Multiplier，在 Multiplier中输入 10；在Fluid Solid Area Density中，在Interfacial Area Den中输入AreaDen，在Fluid Solid Heat Transfer中，在Heat Trans. Coeff.中输入HTC，如图 13-21 所示。单击OK按钮完成参数设置，在图形显示区将显示生成的域，

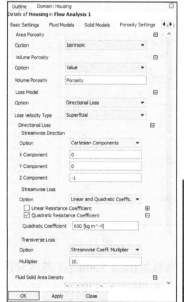

图 13-21　多孔介质设置选项卡

如图 13-22 所示。

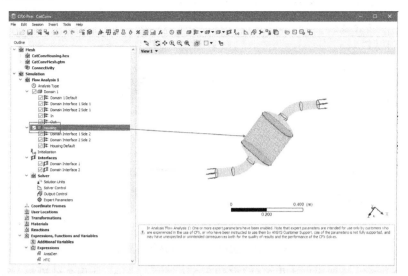

图 13-22　生成域显示

步骤 08　单击任务栏中的 按钮，弹出 Insert Boundary（生成边界条件）对话框，如图 13-23 所示，设置 Name（名称）为 In，单击 OK 按钮进入如图 13-24 所示的 Boundary（边界条件设置）面板。

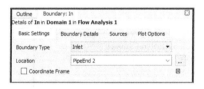

图 13-23　生成边界条件对话框　　　　　图 13-24　边界条件设置面板

步骤 09　在 Boundary（边界条件设置）面板的 Basic Settings（基本设置）选项卡中，Boundary Type 选择 Inlet，Location 选择 PipeEnd 2。

步骤 10　在 Boundary Details（边界参数）选项卡中，在 Normal Speed 中输入 25，单位选择 m s^-1，在 Heat Transfer 的 Static Temperature 中输入 Tinlet，如图 13-25 所示。单击 OK 按钮完成入口边界条件的参数设置，在图形显示区将显示生成的入口边界条件，如图 13-26 所示。

图 13-25　边界参数选项卡

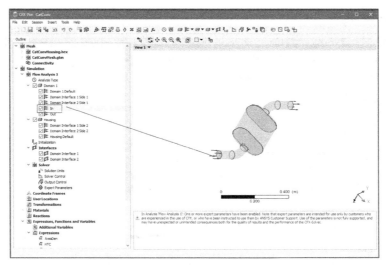

图 13-26　生成的入口边界条件显示

步骤 11　同步骤（8）方法，设置出口边界条件，名称为Out。在Boundary（边界条件设置）面板的Basic Settings（基本设置）选项卡中，Boundary Type选择Outlet，Location选择PipeEnd，如图 13-27 所示。

步骤 12　在Boundary Details（边界详细信息）选项卡的Mass And Momentum 中，Option选择Static Pressure，在Relative Pressure中输入 0，单位选择为Pa，如图 13-28 所示。单击OK按钮完成出口边界条件的参数设置，在图形显示区将显示生成的出口边界条件，如图 13-29 所示。

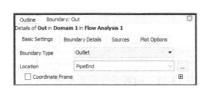

图 13-27　基本设置选项卡

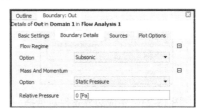

图 13-28　边界详细信息选项卡

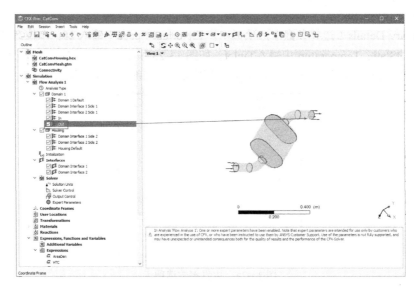

图 13-29　生成的出口边界条件显示

步骤 13　选中Housing Default选项并单击鼠标右键，弹出Housing Default设置面板，在Boundary Details（边界参数）选项卡的Heat Transfer中，Option选择Heat Transfer Coefficient，在Heat Trans. Coeff.中输入HTCoutside，在Outside Temperature中输入Toutside，如图 13-30 所示。

步骤 14　在Solid Values（固体值）选项卡的Steel中，Option选择Heat Transfer Coefficient，在Heat Trans. Coeff.中输入HTCoutside，在Outsidc Temperature中输入Toutside，如图 13-31 所示，单击OK按钮完成参数设置。

步骤 15　单击任务栏中的 （分界面）按钮，弹出Insert Domain Interface（生成分界面）对话框，如图 13-32 所示，设置Name（名称）为Domain Interface 1，单击OK按钮进入如图 13-33 所示的面板。

图 13-30　边界条件设置面板　　　　图 13-31　固体值选项卡　　　　图 13-32　生成分界面对话框

步骤 16　在Basic Settings（基本设置）选项卡中，Interface Type选择Fluid Porous，在Interface Side 1 中，Domain（Filter）选择Domain1，Region List选择FlangeEnd 2，在Interface Side 2 中，Domain（Filter）选择Housing，Region List选择INLET。

步骤 17　在Mesh Connection（网格连接）选项卡中，Option选择GGI，如图 13-34 所示。单击OK按钮完成边界条件的参数设置，在图形显示区将显示生成的边界条件，如图 13-35 所示。

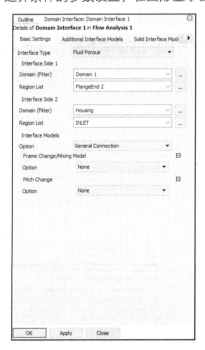
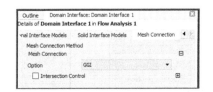

图 13-33　边界条件设置面板　　　　　　图 13-34　网格连接选项卡

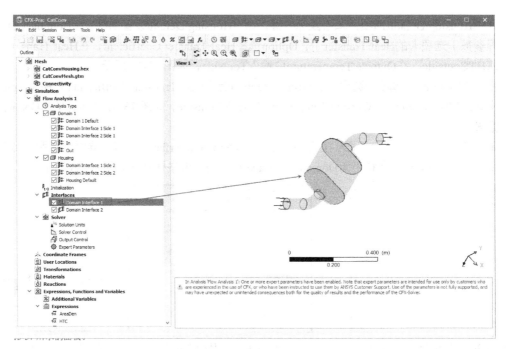

图 13-35　生成的边界条件显示

步骤 18 单击任务栏中的 按钮，弹出 Insert Domain Interface（生成分界面）对话框，如图 13-36 所示，设置 Name（名称）为 Domain Interface 2，单击 OK 按钮进入如图 13-37 所示的面板。

步骤 19 在 Basic Settings（基本设置）选项卡中，Interface Type 选择 Fluid Porous，在 Interface Side 1 中，Domain（Filter）选择 Domain 1，Region List 选择 FlangeEnd，在 Interface Side 2 中，Domain（Filter）选择 Housing，Region List 选择 OUTLET。

步骤 20 在 Mesh Connection（网格连接）选项卡的 Mesh Connection 中，Option 选择 GGI，如图 13-38 所示。单击 OK 按钮完成边界条件的参数设置，在图形显示区将显示生成的边界条件，如图 13-39 所示。

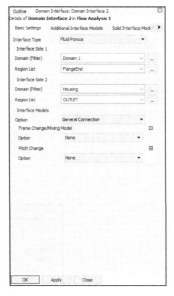

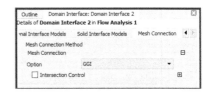

图 13-36　生成分界面对话框　　　　图 13-37　边界条件设置面板　　　　图 13-38　网格连接选项卡

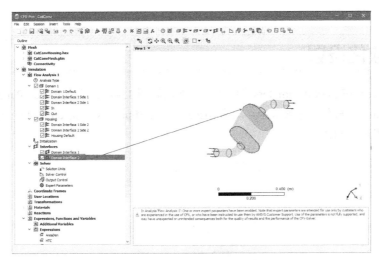

图 13-39　生成的边界条件显示

13.1.6　初始条件

单击任务栏中的 $\blacksquare_{t=0}$（初始条件）按钮，弹出如图 13-40 所示的Initialization（初始条件）设置面板，在 Cartesian Velocity Components中，Option选择Automatic with Value，在U中输入 0，单位选择m s^-1，在V中输入 0，单位选择m s^-1，在W中输入-2.8，单位选择m s^-1，单击OK按钮完成参数设置。

13.1.7　求解控制

单击任务栏中的（求解控制）按钮，弹出如图 13-41 所示的Solver Control（求解控制）设置面板，在Basic Settings（基本设置）选项卡的Convergence Control中，Timescale Control选择Physical Timescale，在 Physical Timescale中输入 0.04，单位选择s，单击OK按钮完成参数设置。

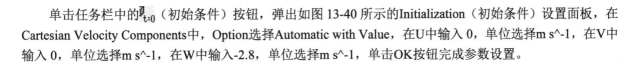

图 13-40　初始条件设置面板

图 13-41　基本设置选项卡

13.1.8 离散化设置

执行Insert→Solver→Expert Parameters菜单命令，弹出如图13-42所示的Expert Parameters（经验参数）面板，在Discretisation（离散化）选项卡中，勾选Miscellaneous和porous cs discretisation option复选框，Value选择1，单击OK按钮进行确认。

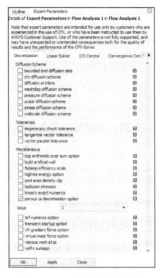

图 13-42　经验参数面板

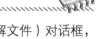

13.1.9 计算求解

步骤 01　单击任务栏中的 ☼（求解管理器）按钮，弹出Write Solver Input File（输出求解文件）对话框，如图13-43所示，在File name（文件名）中输入CatConv.def，单击Save按钮进行保存。

步骤 02　求解文件保存退出后，Define Run（求解管理器）对话框会自动弹出，确认求解文件和工作目录后，单击Start Run按钮开始进行求解，如图13-44所示。

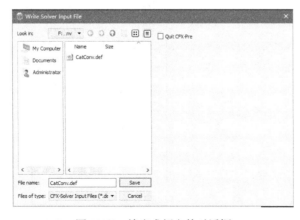

图 13-43　输出求解文件对话框

图 13-44　求解管理器对话框

步骤03 求解开始后，收敛曲线窗口将显示残差收敛曲线的即时状态，直至所有残差值达到 1.0E-4，如图 13-45 所示。计算结束后自动弹出提示框，勾选Post-Process Results复选框，单击OK按钮进入如图 13-46 所示的后处理器界面。

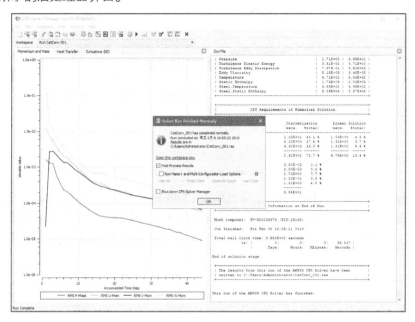

图 13-45　收敛曲线窗口

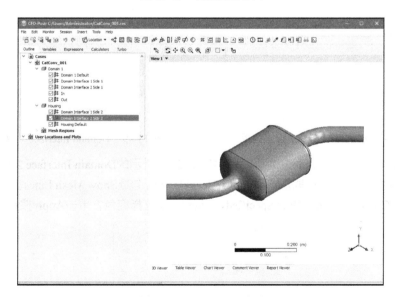

图 13-46　后处理器界面

13.1.10　结果后处理

步骤01 双击Domain Interface 1 Side 1 选项，弹出如图 13-47 所示的Domain Interface 1 Side 1 设置面板，在 Render(绘图)选项卡中，取消选择Show Faces复选框，勾选Show Mesh Lines复选框，在Show Mesh

Lines中，Color Mode选择User Specified，Line Color选择红色，单击Apply按钮确认显示。

图 13-47　Domain Interface 1 Side 1 设置面板

步骤 02 双击Domain Interface 1 Side 2 选项，弹出如图 13-48 所示的Domain Interface 1 Side 2 设置面板，在 Render(绘图)选项卡中，取消选择Show Faces复选框，勾选Show Mesh Lines复选框，在Show Mesh Lines中，Color Mode选择User Specified，Line Color选择绿色，单击Apply按钮确认显示，如图 13-49 所示。

图 13-48　Domain Interface 1 Side 2 设置面板

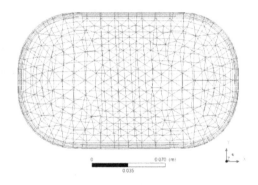

图 13-49　Domain Interface 1 网格显示

步骤 03 双击Domain Interface 2 Side 1 选项，弹出如图 13-50 所示的Domain Interface 2 Side 1 设置面板，在 Render(绘图)选项卡中，取消选择Show Faces复选框，勾选Show Mesh Lines复选框，在Show Mesh Lines中，Color Mode选择User Specified，Line Color选择红色，单击Apply按钮确认显示。

图 13-50　Domain Interface 2 Side 1 设置面板

步骤 04　双击Domain Interface 2 Side 2选项，弹出如图13-51所示的Domain Interface 2 Side 2设置面板，在Render（绘图）选项卡中，取消选择Show Faces复选框，勾选Show Mesh Lines复选框，在Show Mesh Lines中，Color Mode选择User Specified，Line Color选择绿色，单击Apply按钮确认显示，如图13-52所示。

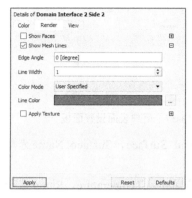

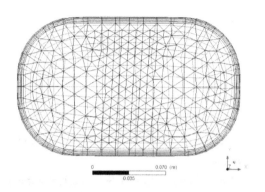

图13-51　Domain Interface 2 Side 2设置面板　　　　图13-52　Domain Interface 2网格显示

步骤 05　单击任务栏中的 Location→ Plane（平面）按钮，弹出如图13-53所示的Insert Plane（创建平面）对话框，保持平面名称为Plane 1，单击OK按钮进入如图13-54所示的Plane（平面设置）面板。

图13-53　创建平面对话框

步骤 06　在Geometry（几何）选项卡中，Method选择ZX Plane，Y坐标取值为0，单位为m。

步骤 07　在Color（颜色）选项卡中，Mode选择Variable，Variable选择Steel.Temperature，Range选择Global，如图13-55所示，单击Apply按钮确认。

图13-54　平面设置面板　　　　　　　　图13-55　颜色选项卡

步骤 08　单击任务栏中的 Location→ User Surface（用户表面）按钮，弹出如图13-56所示的Insert User Surface（创建用户表面）对话框，保持平面名称为User Surface 1，单击OK按钮进入如图13-57所示的User Surface（用户表面）设置面板。

图 13-57　用户表面设置面板

图 13-56　创建用户表面对话框

步骤 09　在Geometry（几何）选项卡中，Method选择Transformed Surface，Surface Name选择Housing Default。

步骤 10　在Color（颜色）选项卡中Mode选择Variable，Variable选择Steel.Temperature，Range选择Global，如图 13-58 所示，单击Apply按钮确认，如图 13-59 所示。

图 13-58　颜色选项卡

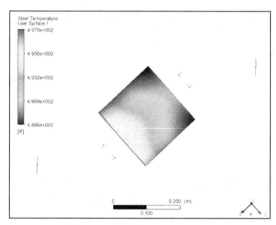

图 13-59　腔体表面温度云图

步骤 11　单击任务栏中的 Location→ Polyline（曲线）按钮，弹出如图 13-60 所示的Insert Polyline（创建曲线）对话框，保持平面名称为Polyline 1，单击OK按钮进入如图 13-61 所示的Polyline（曲线）面板。

图 13-61　用户表面设置面板

图 13-60　创建曲线对话框

步骤 12 在Geometry（几何）选项卡中，Method选择Boundary Intersection，Boundary List选择"Domain 1 Default,Housing Default"，Intersect With选择Plane 1。

步骤 13 在Color（颜色）选项卡中，Mode选择Constant，Color选择黄色，如图 13-62 所示。

步骤 14 在Render（绘图）选项卡中，Line Width选择 3，如图 13-63 所示，单击Apply按钮进行确认显示，如图 13-64 所示。

图 13-62　颜色选项卡

图 13-63　绘图选项卡

步骤 15 单击任务栏中的 ⚡（速度矢量）按钮，弹出如图 13-65 所示的Insert Vector（创建速度矢量）对话框，输入矢量名称为Vector 1，单击OK按钮进入如图 13-66 所示的矢量设置面板。

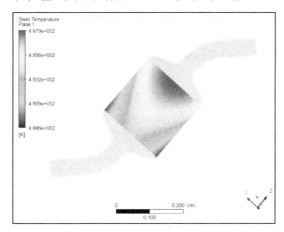

图 13-64　云图显示

图 13-65　创建速度矢量对话框

步骤 16 在Geometry（几何）选项卡中，Locations选择Plane 1。

步骤 17 在Symbol（符号）选项卡中，在Symbol Size中输入1.0，勾选Normalize Symbols复选框，如图 13-67 所示，单击Apply按钮创建速度矢量图，如图 13-68 所示。

图 13-66　矢量设置面板

图 13-67　符号选项卡

步骤 18 单击任务栏中的 🔲（云图）按钮，弹出如图 13-69 所示的Insert Contour（创建云图）对话框，输入云图名称为Contour 1，单击OK按钮进入如图 13-70 所示的云图设置面板。

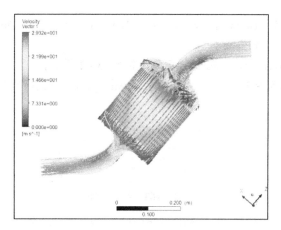

图 13-68 速度矢量图

图 13-69 创建云图对话框

步骤 19 在Geometry（几何）选项卡中，Locations选择Plane 1，Variable选择Pressure，Range选择Global，在# of Contours中输入 30。

步骤 20 在Render（绘图）选项卡中取消选择Show Contour Bands复选框，如图 13-71 所示，单击Apply按钮创建压力云图，如图 13-72 所示。

图 13-70 云图设置面板

图 13-71 绘图选项卡

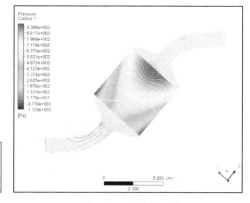

图 13-72 压力云图

13.2 气升式反应器内气固两相流动

下面将通过一个气升式反应器的分析案例，让读者对ANSYS CFX 19.0 分析处理气固两相流的基本操作步骤的每一项内容有一个初步的了解。

13.2.1 案例介绍

如图 13-73 所示的气升式反应器，其中空气从进气口流入的流速为 0.3m/s，体积比为 0.25，请用ANSYS CFX分析反应器内的流场情况。

13.2.2 启动 CFX 并建立分析项目

步骤 01 在Windows系统下执行"开始"→"所有程序"→ANSYS 19.0 →Fluid Dynamics→CFX 19.0 命令，启动CFX 19.0，进入ANSYS CFX-19.0 Launcher界面。

步骤 02 选择主界面中的CFX-Pre 19.0 选项，即可进入CFX-Pre 19.0（前处理）界面。

步骤 03 在任务栏中单击New Case按钮，进入New Case（新建项目）对话框，如图 13-74 所示。

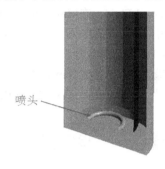

图 13-73 案例问题

图 13-74 新建项目对话框

步骤 04 选择General选项，单击OK按钮建立分析项目。

步骤 05 在任务栏中单击 ￼按钮（保存），进入Save Case（保存项目）对话框，在File name（文件名）中输入BubbleColumn.cfx，单击Save按钮保存项目文件。

13.2.3 导入网格

步骤 01 选中Mesh选项并单击鼠标右键，在弹出的快捷菜单中执行Import Mesh→CFX Mesh命令，弹出如图 13-75 所示的Import Mesh（导入网格）对话框。

步骤 02 在Import Mesh（导入网格）对话框中设置File name（网格文件）为BubbleColumnMesh.gtm，单击Open按钮导入网格。

步骤 03 导入网格后，在图形显示区将显示反应器模型，如图 13-76 所示。

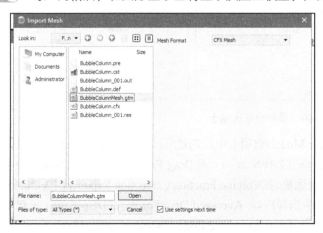

图 13-75 导入网格对话框

图 13-76 显示几何模型

13.2.4 边界条件

步骤 01 单击任务栏中的 （域）按钮，弹出如图 13-77 所示的 Insert Domain（生成域）对话框，名称为 Domain 1，单击 OK 按钮确认进入 Domain（域设置）面板。

步骤 02 在 Domain（域设置）面板的 Basic Settings（基本设置）选项卡中，Location 选择 "B1.P3, B2.P3"。在 Fluid and Particle Definitions 中删除 Fluid 1，并单击 按钮创建 Air，如图 13-78 所示。在 Material 选择 Air at 25 C，在 Morphology 的 Option 中选择 Dispersed Fluid，在 Mean Diameter 中输入 6，单位选择 mm。在 Fluid and Particle Definitions 中单击 按钮创建 Water，如图 13-79 所示。在 Basic Settings 选项卡中，Material 选择 Water，在 Pressure 的 Reference Pressure 中输入 1，单位选择 atm，在 Buoyancy Model 的 Option 中选择 Buoyant，在 Gravity X Dirn. 中输入 0，单位选择 m s^-2，在 Gravity Y Dirn. 中输入 -9.81，单位选择 m s^-2，在 Gravity Z Dirn. 中输入 0，单位选择 m s^-2，在 Buoy. Ref. Density 中输入 997，单位选择 kg m^-3，如图 13-80 所示。

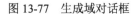

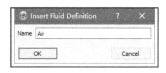

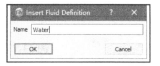

图 13-77　生成域对话框　　　图 13-78　创建 Air 对话框　　　图 13-79　创建 Water 对话框

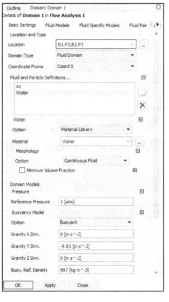

图 13-80　基本设置选项卡

步骤 03 在 Domain（域设置）面板的 Fluid Pair Models 选项卡中，勾选 Surface Tension Coefficient 复选框，在 Surf. Tension Coeff. 中输入 0.073，单位选择 N m^-1；在 Drag Force 的 Option 中选择 Grace，勾选 Volume Fraction Correction Exponent 复选框，在 Volume Fraction Correction Exponent 中 Value 输入 4；在 Turbulent Dispersion Force 的 Option 中选择 Favre Averaged Drag Force，在 Dispersion Coeff. 中输入 1.0；在 Turbulence Transfer 的 Option 中选择 Sato Enhanced Eddy Viscosity，如图 13-81 所示。其他选项保持默认值，单击 OK 按钮完成参数设置，在图形显示区将显示生成的域，如图 13-82 所示。

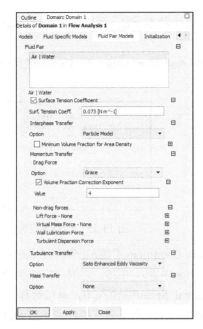
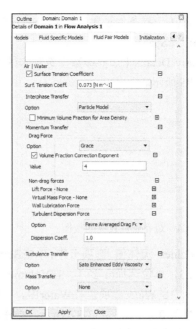

图 13-81　Fluid Pair Models 选项卡

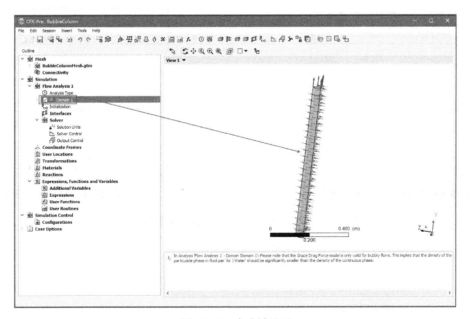

图 13-82　生成域显示

步骤 04　单击任务栏中的 （边界条件）按钮，弹出Insert Boundary（生成边界条件）对话框，如图 13-83 所示，设置Name（名称）为Inlet，单击OK按钮进入如图 13-84 所示的Boundary（边界条件设置）面板。

图 13-83　生成边界条件对话框

步骤 05 在Boundary（边界条件设置）面板的Basic Settings（基本设置）选项卡中，Boundary Type选择Inlet，
Location选择Sparger。

步骤 06 在Boundary Details（边界参数）选项卡的Mass And Momentum中，Option选择Fluid Dependent，
如图13-85所示。

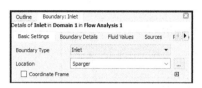

图13-84　边界条件设置面板图

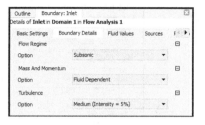

图13-85　边界参数选项卡

步骤 07 在Fluid Values(流体值)选项卡中，单击Boundary Conditions中的Air选项，在Air中，在Normal Speed
中输入0.3，单位选择m s^-1，在Volume Fraction中输入0.25，如图13-86所示；单击Boundary
Conditions中的Water选项，在Water中，在Normal Speed中输入0，单位选择m s^-1，在Volume
Fraction输入0.75，如图13-87所示。单击OK按钮完成入口边界条件的参数设置，在图形显示区
将显示生成的入口边界条件，如图13-88所示。

图13-86　流体值选项卡（Air）

图13-87　流体值选项卡（Water）

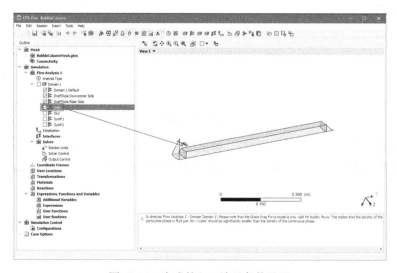

图13-88　生成的入口边界条件显示

步骤08 单击任务栏中的 ⬚ （边界条件）按钮，弹出Insert Boundary（生成边界条件）对话框，如图13-89所示，设置Name（名称）为out，单击OK按钮进入如图13-90所示的Boundary（边界条件设置）面板。

图13-89　生成边界条件对话框

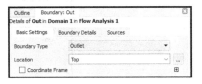

图13-90　边界条件设置面板

步骤09 在Boundary（边界条件设置）面板的Basic Settings（基本设置）选项卡中，Boundary Type选择Outlet，Location选择Top。

步骤10 在Boundary Details（边界参数）选项卡的Mass And Momentum中，Option选择Degassing Condition，如图13-91所示。单击OK按钮完成出口边界条件的参数设置，在图形显示区将显示生成的出口边界条件，如图13-92所示。

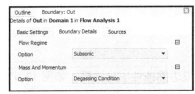

图13-91　边界参数选项卡

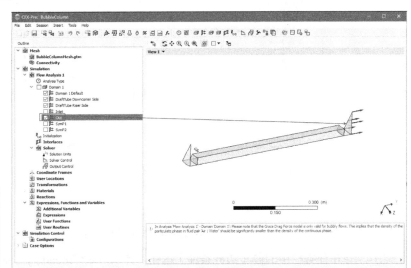

图13-92　生成的出口边界条件显示

步骤11 单击任务栏中的 ⬚ （边界条件）按钮，弹出Insert Boundary（生成边界条件）对话框，如图13-93所示，设置Name（名称）为DraftTube Downcomer Side，单击OK按钮进入如图13-94所示的Boundary（边界条件设置）面板。

图13-93　生成边界条件对话框

图13-94　边界条件设置面板

步骤12 在Boundary（边界条件设置）面板的Basic Settings（基本设置）选项卡中，Boundary Type选择Outlet，Location选择DraftTube。

步骤13 在Fluid Values（流体值）选项卡中，单击Boundary Conditions中的Air选项，在Mass And Momentum

中，Option选择Free Slip Wall，如图13-95所示。单击OK按钮完成薄板边界条件的参数设置，在图形显示区将显示生成的壁面边界条件，如图13-96所示。

图 13-95　流体值选项卡

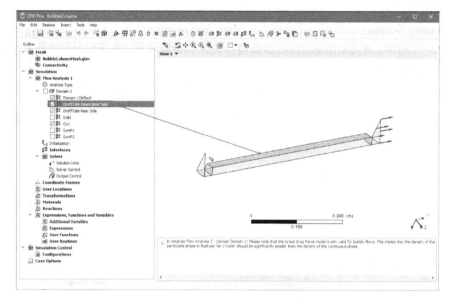

图 13-96　生成的壁面边界条件显示

步骤 14　单击任务栏中的 ⬚ （边界条件）按钮，弹出Insert Boundary（生成边界条件）对话框，如图13-97所示，设置Name（名称）为DraftTube Riser Side，单击OK按钮进入如图13-98所示的Boundary（边界条件设置）面板。

图 13-97　生成边界条件对话框

图 13-98　边界条件设置面板

步骤 15　在Boundary（边界条件设置）面板的Basic Settings（基本设置）选项卡中，Boundary Type选择Outlet，Location选择"F10.B1.P3"。

步骤 16　在Fluid Values（流体值）选项卡中，单击Boundary Conditions中的Air选项，在Mass And Momentum中，Option选择Free Slip Wall，如图13-99所示。单击OK按钮完成薄板边界条件的参数设置，在图形显示区将显示生成的壁面边界条件，如图13-100所示。

图 13-99　流体值选项卡

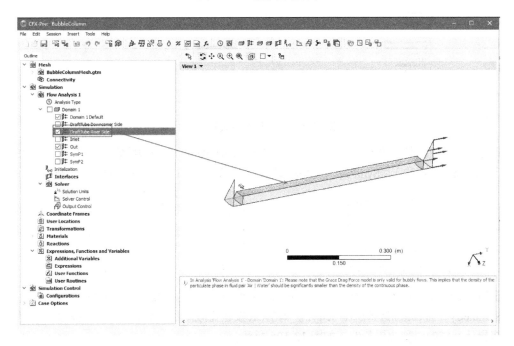

图 13-100　生成的壁面边界条件显示

步骤 17　单击任务栏中的（边界条件）按钮，弹出 Insert Boundary（生成边界条件）对话框，如图 13-101 所示，设置 Name（名称）为 SymP1，单击 OK 按钮进入如图 13-102 所示的 Boundary（边界条件设置）面板。

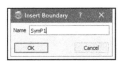

图 13-101　生成边界条件对话框

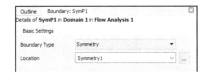

图 13-102　边界条件设置面板

步骤 18　在 Boundary（边界条件设置）面板的 Basic Settings（基本设置）选项卡中，Boundary Type 选择 Symmetry，Location 选择 Symmetry1。单击 OK 按钮完成对称边界条件的参数设置，在图形显示区将显示生成的对称边界条件，如图 13-103 所示。

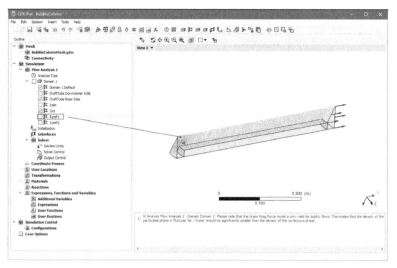

图 13-103　对称边界条件显示

步骤19　单击任务栏中的 （边界条件）按钮，弹出Insert Boundary（生成边界条件）对话框，如图13-104所示，设Name（名称）为SymP2，单击OK按钮进入如图13-105所示的Boundary（边界条件设置）面板。

图 13-104　生成边界条件对话框

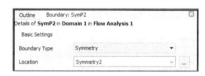

图 13-105　边界条件设置面板

步骤20　在Boundary（边界条件设置）面板的Basic Settings（基本设置）选项卡中，Boundary Type选择Symmetry，Location选择Symmetry2。单击OK按钮完成对称边界条件的参数设置，在图形显示区将显示生成的对称边界条件，如图13-106所示。

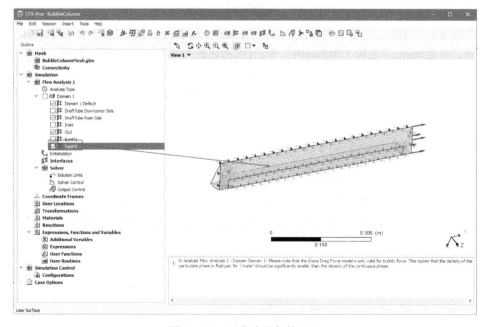

图 13-106　对称边界条件显示

步骤 21 双击Domain 1 Default选项，弹出如图 13-107 所示的Domain 1 Default设置面板，在Fluid Values（流体值）选项卡中，单击Boundary Conditions中的Air选项，在Mass And Momentum中，Option选择 Free Slip Wall。单击OK按钮完成轮毂边界条件的参数设置，在图形显示区将显示生成的轮毂边界条件，如图 13-108 所示。

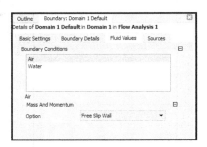

图 13-107　流体值选项卡

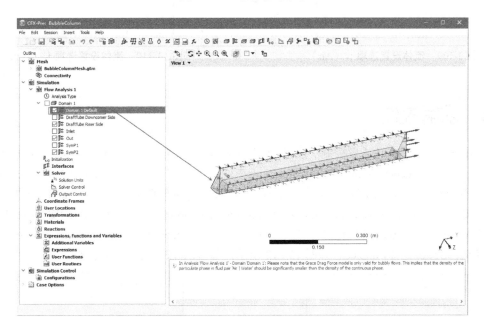

图 13-108　生成的轮毂边界条件显示

13.2.5　初始条件

单击任务栏中的 $I_{t=0}$（初始条件）按钮，弹出Initialization（初始条件）设置面板，在Fluid Settings（流体设置）选项卡中，单击Fluid Specific Initialization中的Air选项，在Cartesian Velocity Components中，Option 选择Automatic with Value，在U中输入 0，单位选择m s^-1，在V中输入 0.3，单位选择m s^-1，在W中输入 0，单位选择m s^-1。

在Volume Fraction中，Option选择Automatic，如图 13-109 所示。单击Fluid Specific Initialization中的Water选项，在Cartesian Velocity Components中，Option选择Automatic with Value，在U中输入 0，单位选择m s^-1，在V中输入 0，单位选择m s^-1，在W中输入 0，单位选择m s^-1，在Volume Fraction中，Option选择Automatic with Value，在 Volume Fraction中输入 1，如图 13-110 所示，单击OK按钮完成参数设置。

图 13-109　流体设置选项卡（Air）

图 13-110　流体设置选项卡（Water）

13.2.6　求解控制

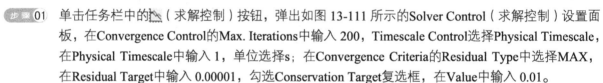

步骤 01　单击任务栏中的 （求解控制）按钮，弹出如图 13-111 所示的Solver Control（求解控制）设置面板，在Convergence Control的Max. Iterations中输入 200，Timescale Control选择Physical Timescale，在Physical Timescale中输入 1，单位选择s；在Convergence Criteria的Residual Type中选择MAX，在Residual Target中输入 0.00001，勾选Conservation Target复选框，在Value中输入 0.01。

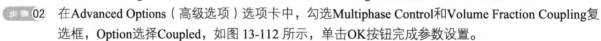

步骤 02　在Advanced Options（高级选项）选项卡中，勾选Multiphase Control和Volume Fraction Coupling复选框，Option选择Coupled，如图 13-112 所示，单击OK按钮完成参数设置。

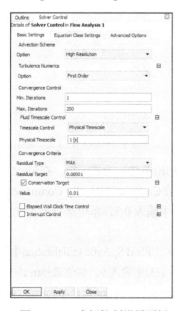

图 13-111　求解控制设置面板

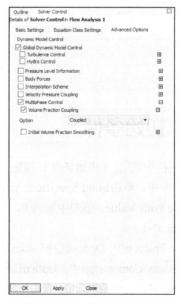

图 13-112　高级选项选项卡

13.2.7 计算求解

步骤01 单击任务栏中的 （求解管理器）按钮，弹出Write Solver Input File（输出求解文件）对话框，如图 13-113 所示，在File name（文件名）中输入BubbleColumn.def，单击Save按钮进行保存。

步骤02 求解文件保存退出后，Define Run（求解管理器）对话框会自动弹出，确认求解文件和工作目录后，单击Start Run按钮开始进行求解，如图 13-114 所示。

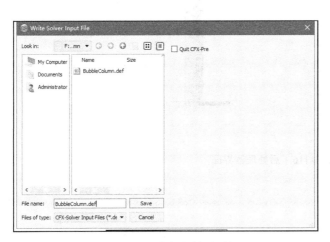

图 13-113 求解文件对话框

图 13-114 求解管理器对话框

步骤03 求解开始后，收敛曲线窗口将显示残差收敛曲线的即时状态，直至所有残差值达到 1.0E-5，如图 13-115 所示。计算结束后自动弹出提示框，勾选Post-Process Results复选框，单击OK按钮进入如图 13-116 所示的后处理器界面。

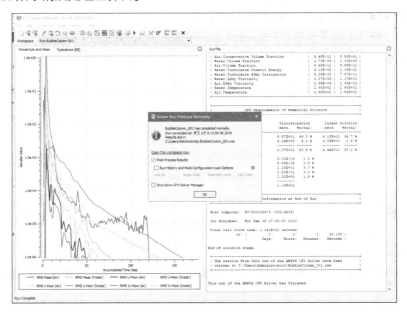

图 13-115 收敛曲线窗口

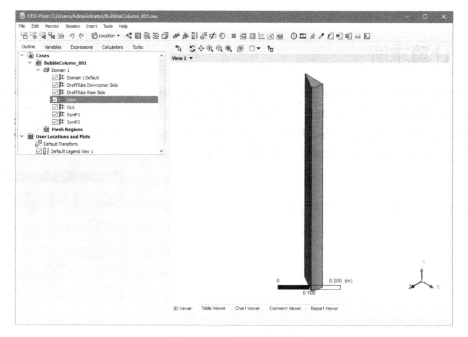

图 13-116　后处理器界面

13.2.8　结果后处理

步骤 01　单击任务栏中的 （速度矢量）按钮，弹出如图 13-117 所示的 Insert Vector（创建速度矢量）对话框，输入矢量名称为 Vector 1，单击 OK 按钮进入如图 13-118 所示的矢量设置面板。

步骤 02　在 Geometry（几何）选项卡中 Locations 选择 SymP1，Variable 选择 Water.Velocity。

步骤 03　在 Color（颜色）选项卡中，Range 选择 User Specified，在 Min 中输入 0，单位选择 m s^-1，在 Max 中输入 1，单位选择 m s^-1，如图 13-119 所示。

步骤 04　在 Symbol（符号）选项卡中，在 Symbol Size 中输入 0.3，如图 13-120 所示，单击 Apply 按钮创建速度矢量图，如图 13-121 所示。

图 13-117　创建速度矢量名称

图 13-118　矢量设置面板

图 13-119　颜色选项卡

图 13-120　符号选项卡

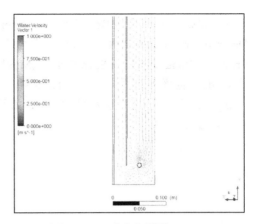

图 13-121　速度矢量图

步骤 05　右键单击Outline选项卡中的Vector 1选项，复制该选项并命名为Vector 2。双击Vector 2，弹出如图 13-122 所示的Vector 2 设置面板，在Geometry（几何）选项卡中，Variable选择Air.Velocity，单击Apply按钮创建速度矢量图，如图 13-123 所示。

图 13-122　Vector 2 设置面板

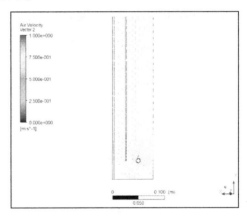

图 13-123　速度矢量图

步骤 06　双击Outline选项卡中的SymP1 选项，弹出如图 13-124 所示的SymP1 设置面板，在Color（颜色）选项卡中，Mode选择Variable，Variable选择Air.Volume Fraction，Range选择User Specified，在Min中输入0，在Max中输入 0.025。单击Apply按钮确认显示空气体积分数云图，如图 13-125 所示。

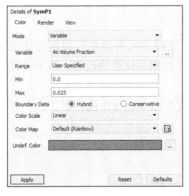

图 13-124　SymP1 设置面板

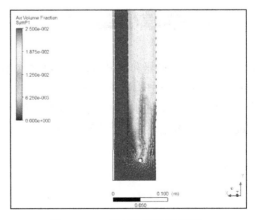

图 13-125　空气体积分数云图

步骤 07 双击Outline选项卡中的DraftTube Downcomer Side选项，弹出如图 13-126 所示的DraftTube Downcomer Side设置面板，在Color（颜色）选项卡中，Mode选择Variable，Variable选择Air.Volume Fraction，Range选择User Specified，在Min中输入 0，在Max中输入 0.025。

步骤 08 在Render（绘图）选项卡的Show Faces中，Face Culling选择Front Faces，如图 13-127 所示。单击 Apply按钮确认显示空气体积分数云图，如图 13-128 所示。

图 13-126　DraftTube Downcomer Side 设置面板

图 13-127　绘图选项卡

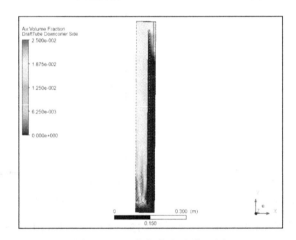

图 13-128　空气体积分数云图

13.3 本章小结

　　本章通过催化转换器和气升式反应器两个实例分别介绍了CFX处理多孔介质和气固两相流的工作流程，讲解了多孔介质模型的创建过程及多孔率、阻损等与多孔介质材料相关属性的设置，以及介绍了气体输送固体粒子过程模拟、固体粒子的生成过程及其形态设置。

　　通过对本章内容的学习，读者可以掌握CFX中离散化、多相流模型和多孔介质的设置。

第 14 章

化学反应分析实例

通常在流体流动的过程中还伴随着化学反应的进行，CFX可以通过在基本流动模型的基础上加上相应的化学反应模型，对实际问题进行精确的求解。

本章将通过甲烷燃烧和煤粉燃烧的实例来介绍CFX处理化学反应，特别是燃烧模拟的工作步骤。

知识要点

- 掌握参数修改设置
- 掌握表达式的运用
- 掌握边界条件的设置
- 掌握燃烧模型的设置
- 掌握后处理的设置

14.1 室内甲烷燃烧模拟

下面将通过一个室内甲烷燃烧分析案例，让读者对ANSYS CFX 19.0 分析处理化学反应的基本操作步骤的每一项内容有一个初步的了解。

14.1.1 案例介绍

如图 14-1 所示的燃烧室，其中空气从主入口和辅入口流入，甲烷从燃料气入口流入，出口压力为 0Pa，请用ANSYS CFX求解出温度、NO及辐射强度的分布云图。

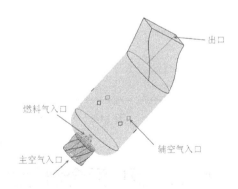

图 14-1 案例问题

14.1.2 启动 CFX 并建立分析项目

步骤 01 在Windows系统下执行 "开始" → "所有程序" →ANSYS 19.0 →Fluid Dynamics→CFX 19.0 命令，启动CFX 19.0，进入ANSYS CFX-19.0 Launcher界面。

步骤 02 选择主界面中的CFX-Pre 19.0 选项，即可进入CFX-Pre 19.0（前处理）界面。

步骤 03 在任务栏中单击New Case按钮，进入New Case（新建项目）对话框，如图 14-2 所示。

图 14-2　新建项目对话框

步骤 04 选择General选项，单击OK按钮建立分析项目。

步骤 05 在任务栏中单击![按钮]按钮（保存）进入Save Case（保存项目）对话框，在File name（文件名）中输入CombustorEDM.cfx，单击Save按钮保存项目文件。

14.1.3　导入网格

步骤 01 选中Mesh选项并单击鼠标右键，在弹出的快捷菜单中执行Import Mesh→CFX Mesh命令，弹出如图 14-3 所示的Import Mesh（导入网格）对话框。

步骤 02 在Import Mesh（导入网格）对话框中设置File name（网格文件）为CombustorMesh.gtm，单击Open按钮导入网格。

步骤 03 导入网格后，在图形显示区将显示圆管模型，如图 14-4 所示。

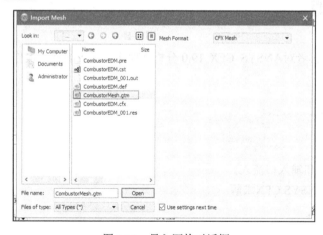

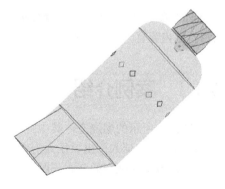

图 14-3　导入网格对话框　　　　　　　　　　　图 14-4　显示几何模型

14.1.4　反应混合物属性

步骤 01 在Outline选项卡中右键单击Materials选项，在弹出的快捷菜单中选择Insert→Material命令，弹出Insert Material（生成物质）对话框，在Name（文件名）中输入Methane Air Mixture，如图 14-5 所示。单击OK按钮进行确认，弹出如图 14-6 所示的Methane Air Mixture设置面板。

图 14-5　生成物质对话框

步骤 02 在Basic Settings（基本设置）选项卡中，Option选择Reacting Mixture，Material Group选择Gas Phase Combustion，Reactions List选择Methane Air WD1 NO PDF。

步骤 03 在Mixture Properties（混合物属性）选项卡中勾选Mixture Properties复选框，勾选Radiation Properties中的Refractive Index、Absorption Coefficient和Scattering Coefficient复选框，如图 14-7 所示，单击OK按钮确认。

图 14-6　Methane Air Mixture 设置面板　　　　　图 14-7　物质设置面板

14.1.5　边界条件

步骤 01 单击任务栏中的▱（域）按钮，弹出如图 14-8 所示的Insert Domain（生成域）对话框，名称保持默认，单击OK按钮确认进入如图 14-9 所示的Domain（域设置）面板。

图 14-8　生成域对话框

步骤 02 在 Domain（域设置）面板的 Basic Settings（基本设置）选项卡中，Location 选择"B152,B153,B154,B155,B156"，Material选择Me thane Air Mixture，在Reference Pressure中输入 1，

单位选择atm，其他选项保持默认值。

步骤 03 在Fluid Models（流动模型）选项卡的Heat Transfer中，Option 选择Thermal Energy，如图 14-10 所示。其他选项保持默认值，如图 14-11 所示，单击OK按钮完成参数设置，在图形显示区将显示生成的域，如图 14-12 所示。

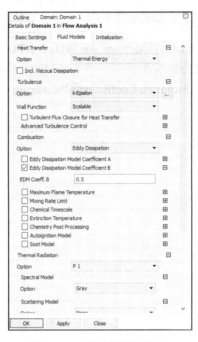

图 14-9　域设置面板　　　　图 14-10　流动模型选项卡　　　　图 14-11　流动模型选项卡

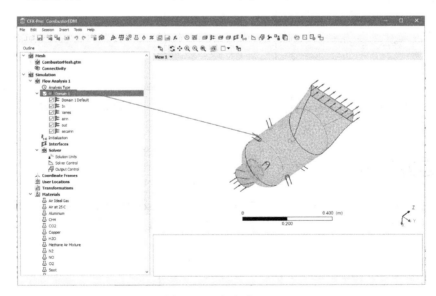

图 14-12　生成域显示

步骤 04 单击任务栏中的 ⌷（边界条件）按钮，弹出Insert Boundary（生成边界条件）对话框，如图 14-13 所示，设置Name（名称）为In，单击OK按钮进入如图 14-14 所示的Boundary（边界条件设置）面板。

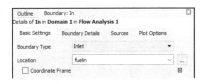

图 14-13　生成边界条件对话框　　　　　　图 14-14　边界条件设置面板

步骤 05　在Boundary（边界条件设置）面板的Basic Settings（基本设置）选项卡中，Boundary Type选择Inlet，Location选择fuelin。

步骤 06　在Boundary Details（边界参数）选项卡中，在Normal Speed中输入 40，单位选择m s^-1，在Static Temperature中输入 300，单位选择K，选中Component Details 中的CH4选项，在Mass Fraction中输入 1，如图 14-15 所示。单击OK按钮完成入口边界条件的参数设置，在图形显示区将显示生成的入口边界条件，如图 14-16 所示。

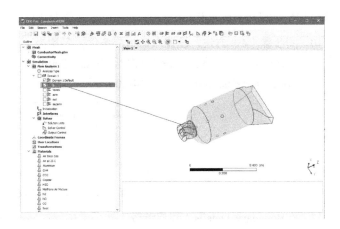

图 14-15　边界参数选项卡　　　　　　图 14-16　生成的入口边界条件显示

步骤 07　同步骤（4）方法，设置入口边界条件，名称为airin。

步骤 08　在Boundary（边界条件设置）面板的Basic Settings（基本设置）选项卡中，Boundary Type选择Inlet，Location选择airin，如图 14-17 所示。

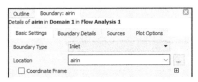

图 14-17　边界条件设置面板

步骤 09　在Boundary Details（边界参数）选项卡中，在Normal Speed中输入 10，单位选择m s^-1，在Static Temperature中输入 300，单位选择K，选中Component Details中的O2选项，在Mass Fraction中输入 0.232，如图 14-18 所示。单击OK按钮完成入口边界条件的参数设置，在图形显示区将显示生成的入口边界条件，如图 14-19 所示。

图 14-18 边界参数选项卡

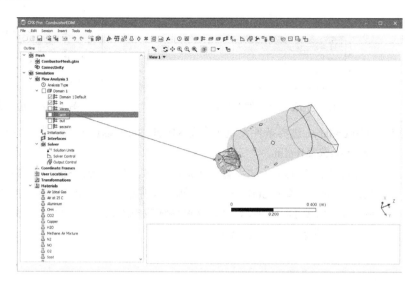

图 14-19 生成的入口边界条件显示

步骤10 同步骤（4）方法，设置入口边界条件，名称为secairin。

步骤11 在Boundary（边界条件设置）面板的Basic Settings（基本设置）选项卡中，Boundary Type选择Inlet，Location选择secairin，如图 14-20 所示。

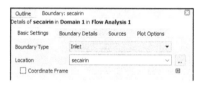

图 14-20 边界条件设置面板

步骤12 在Boundary Details（边界参数）选项卡中，在Normal Speed中输入 6，单位选择m s^-1，在Static Temperature中输入 300，单位选择K，选中Component Details 中的O2 选项，在Mass Fraction中输入 0.232，如图 14-21 所示。单击OK按钮完成入口边界条件的参数设置，在图形显示区将显示生成的入口边界条件，如图 14-22 所示。

图 14-21 边界参数选项卡

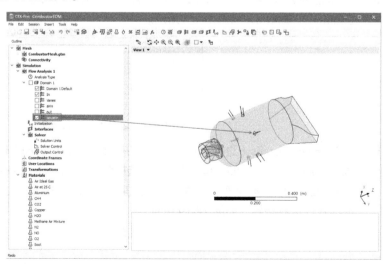

图 14-22 生成的入口边界条件显示

步骤 13 同步骤（4）方法，设置出口边界条件，名称为Out。

步骤 14 在Boundary（边界条件设置）面板的Basic Settings（基本设置）选项卡中，Boundary Type选择Outlet，Location选择out，如图14-23所示。在Boundary Details（边界参数）选项卡的Mass And Momentum中，Option选择Static Pressure，在Relative Pressure中输入0，单位选择Pa，如图14-24所示。单击OK按钮完成出口边界条件的参数设置，在图形显示区将显示生成的出口边界条件，如图14-25所示。

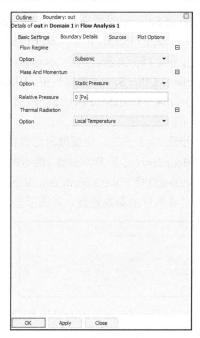

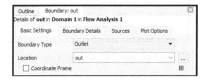

图14-23 基本设置选项卡

图14-24 边界参数选项卡

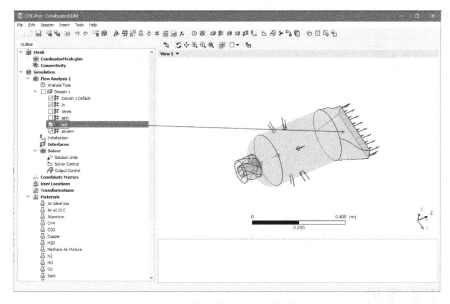

图14-25 生成的出口边界条件显示

步骤 15 执行Insert→Regions→Composite Region菜单命令，弹出如图14-26所示的Insert Region（插入区域）对话框，名称为Vane Surfaces，单击OK按钮，弹出Vane Surfaces设置面板，如图14-27所示。

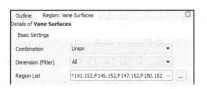

图 14-26　插入区域对话框　　　　　　　　图 14-27　Vane Surfaces 设置面板

步骤 16 在Vane Surfaces设置面板中，Dimension（Filter）选择 2D，Region List选择"F129.152, F132.152, F136.152, F138.152, F141.152, F145.152, F147.152, F150.152"，单击OK按钮进行确认。

步骤 17 同步骤（15）方法，执行Composite Region命令，设置名称为Vane Surfaces Other Side。在Vane Surfaces Other Side设置面板中，Dimension（Filter）选择 2D，Region List选择"F129.153, F132.153, F136.154, F138.154, F141.155, F145.155, F147.156, F150.156"，单击OK按钮进行确认，如图 14-28 所示。

步骤 18 同步骤（4）方法，设置壁面边界条件，名称为Vanes。

步骤 19 在Boundary（边界条件设置）面板的Basic Settings（基本设置）选项卡中，Boundary Type选择Wall，Location选择"Vane Surfaces，Vane Surfaces Other Side"，如图 14-29 所示。单击OK按钮完成壁面边界条件的参数设置，在图形显示区将显示生成的壁面边界条件，如图 14-30 所示。

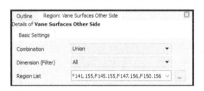

图 14-28　Vane Surfaces Other Side 设置面板

图 14-29　基本设置选项卡

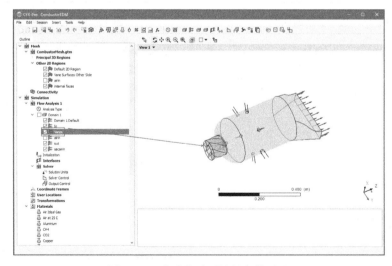

图 14-30　生成的壁面边界条件显示

14.1.6　初始条件

步骤 01 单击任务栏中的 $\blacktriangledown_{t=0}$（初始条件）按钮，弹出如图 14-31 所示的Initialization（初始条件）设置面板。

步骤 02 在Cartesian Velocity Components的Option中选择Automatic with Value，在U中输入 0，单位选择m s^-1，在V中输入 0，单位选择m s^-1，在W中输入 5，单位选择m s^-1。

步骤 03 在Component Details 中选择O2，Option选择Automatic with Value，在Mass Fraction中输入 0.232，选择CO2，Option选择Automatic with Value，在Mass Fraction中输入 0.01。

步骤 04 单击OK按钮完成参数设置。

14.1.7 求解控制

单击任务栏中的 ![]（求解控制）按钮，弹出如图 14-32 所示的Solver Control（求解控制）设置面板，在Basic Settings（基本设置）选项卡中，Advection Scheme 选择 High Resolution，在Max.Iterations中输入100，在Fluid Timescale Control的Timescale Control中选择Physical Timescale，在Physical Timescale中输入0.025，单位选择s，单击OK按钮完成参数设置。

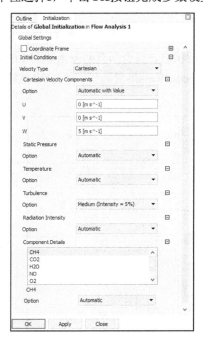

图 14-31　初始条件设置面板

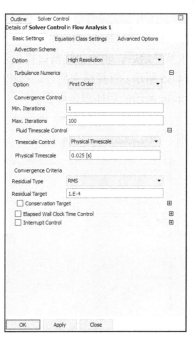

图 14-32　求解控制设置面板

14.1.8 计算求解

步骤 01 单击任务栏中的 ![]（求解管理器）按钮，弹出Write Solver Input File（输出求解文件）对话框，如图 14-33 所示，在File name（文件名）中输入CombustorEDM.def，单击Save按钮进行保存。

步骤 02 求解文件保存退出后，Define Run（求解管理器）对话框会自动弹出，确认求解文件和工作目录后，单击Start Run按钮开始进行求解，如图 14-34 所示。

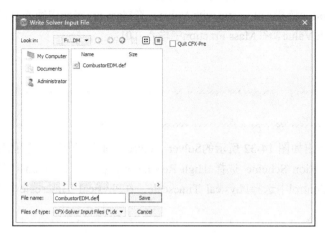

图 14-33　输出求解文件对话框　　　　　　　图 14-34　求解管理器对话框

步骤 03　求解开始后，收敛曲线窗口将显示残差收敛曲线的即时状态，直至所有残差值达到 1.0E-4，如图 14-35 所示。计算结束后自动弹出提示框，勾选 Post-Process Results 复选框，单击 OK 按钮进入如图 14-36 所示的后处理器界面。

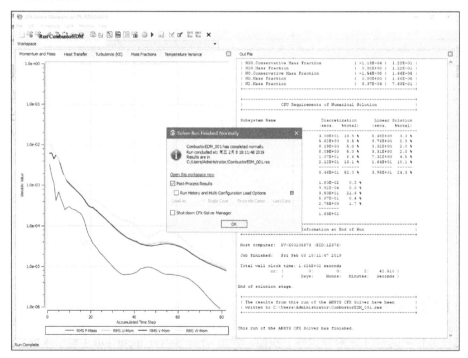

图 14-35　收敛曲线窗口

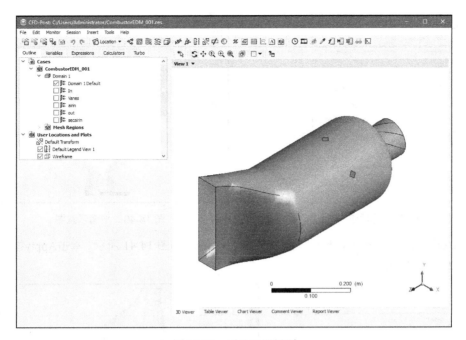

图 14-36　后处理器界面

14.1.9　结果后处理

步骤 01　单击任务栏中的Location→ Plane（平面）按钮，弹出如图 14-37 所示的Insert Plane（创建平面）对话框，保持平面名称为Plane 1，单击OK按钮进入如图 14-38 所示的Plane（平面设置）面板。

图 14-37　创建平面对话框

图 14-38　平面设置面板

步骤 02　在Geometry（几何）选项卡中，Method选择ZX Plane，在Y中输入 0。

步骤 03　在Color（颜色）选项卡中，Mode选择Variable，Variable选择Temperature，如图 14-39 所示。单击Apply按钮创建平面，生成的平面如图 14-40 所示。

图 14-39　颜色选项卡

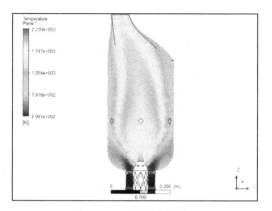

图 14-40　平面示意图

步骤 04 在Color选项卡中，将Variable改为NO.Mass Fraction，如图 14-41 所示。单击Apply按钮，创建如图 14-42 所示的平面。

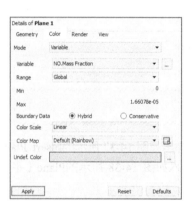

图 14-41　颜色选项卡

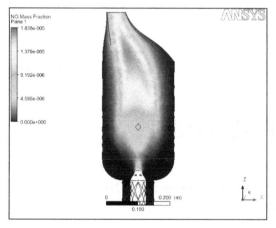

图 14-42　NO.Mass Fraction 显示

步骤 05 执行菜单中的Tools→Function Calculator命令，弹出Function Calculator（函数计算）设置面板，如图 14-43 所示，Function选择massFlowAve，Location选择out，Variable选择NO.Mass Fraction，单击Calculate按钮计算出口处NO的质量百分比。

步骤 06 单击任务栏中的 （速度矢量）按钮，弹出如图 14-44 所示的Insert Vector（创建速度矢量）对话框，输入矢量名称为Vector 1，单击OK按钮进入如图 14-45 所示的矢量设置面板。

图 14-43　函数计算设置面板

图 14-44　创建速度矢量对话框

步骤07　在Geometry（几何）选项卡中，Locations选择Plane 1。

步骤08　在Symbol（符号）选项卡中，在Symbol Size中输入2，如图14-46所示。单击Apply按钮创建速度矢量图，如图14-47所示。

图14-45　矢量设置面板

图14-46　符号选项卡

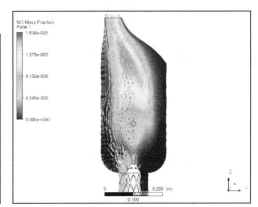

图14-47　速度矢量图

步骤09　同步骤（1）方法，创建平面，名称为Plane 2。

步骤10　在Geometry（几何）选项卡中，Method选择XY Plane，在Z中输入0.03，单位选择m，在Plane Bounds的Type中选择Rectangular，在X Size中输入0.5，单位选择m，在Y Size中输入0.5，单位选择m，勾选Plane Type中的Sample复选框，在X Samples中输入30，在Y Samples中输入30，如图14-48所示。

步骤11　在Render（绘制）选项卡中取消选择Show Faces复选框，如图14-49所示。单击Apply按钮创建平面。

图14-48　平面设置面板

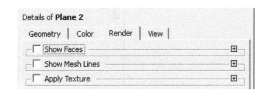

图14-49　绘图选项卡

步骤12　修改矢量Vector 1设置面板中的Locations为Plane 2，如图14-50所示。单击Apply按钮创建速度矢量图，如图14-51所示。

步骤13　单击任务栏中的 （云图）按钮，弹出如图14-52所示的Insert Contour（创建云图）对话框，输入云图名称为Contour 1，单击OK按钮进入如图14-53所示的云图设置面板。

图 14-50 矢量设置面板

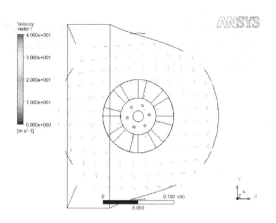

图 14-51 速度矢量图

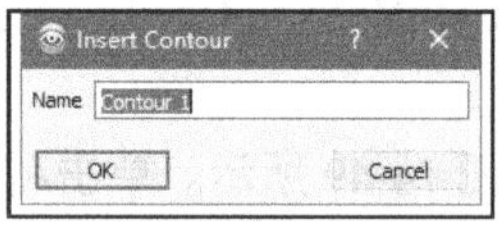

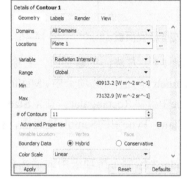

图 14-52 创建云图对话框

图 14-53 云图设置面板

步骤14 在Geometry（几何）选项卡中，Locations选择Plane 1，Variable选择Radiation Intensity，单击Apply 按钮创建辐射强度云图，如图 14-54 所示。

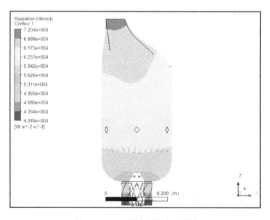

图 14-54 辐射强度云图

14.2 煤粉燃烧

下面将通过一个煤粉燃烧分析案例，让读者对ANSYS CFX 19.0分析处理化学反应的基本操作步骤的

第14章
化学反应分析实例

每一项内容有一个初步的了解。

14.2.1 案例介绍

如图 14-55 所示的燃煤炉，其中空气从主入口和辅入口流入，甲烷从燃料气入口流入，出口压力为 0Pa，请用ANSYS CFX求解出温度、水组分及辐射强度分布云图。

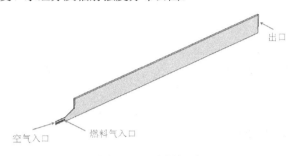

图 14-55 案例问题

14.2.2 启动 CFX 并建立分析项目

步骤 01 在Windows系统下执行"开始"→"所有程序"→ANSYS 19.0 →Fluid Dynamics→CFX 19.0 命令，启动CFX 19.0，进入ANSYS CFX-19.0 Launcher界面。

步骤 02 选择主界面中的CFX-Pre 19.0 选项，即可进入CFX-Pre 19.0（前处理）界面。

步骤 03 在任务栏中单击New Case按钮，进入New Case（新建项目）对话框，如图 14-56 所示。

步骤 04 选择General选项，单击OK按钮建立分析项目。

步骤 05 在任务栏中单击 按钮（保存）进入Save Case（保存项目）对话框，在File name（文件名）中输入CoalCombustion.cfx，单击Save按钮保存项目文件。

图 14-56 新建项目对话框

14.2.3 导入网格

步骤 01 选中Mesh选项并单击鼠标右键，在弹出的快捷菜单中执行Import Mesh→CFX Mesh命令，弹出如图 14-57 所示的Import Mesh（导入网格）对话框。

步骤 02 在Import Mesh（导入网格）对话框中设置File name（网格文件）为CoalCombustion.gtm，单击Open按钮导入网格。

步骤 03 导入网格后，在图形显示区将显示模型，如图 14-58 所示。

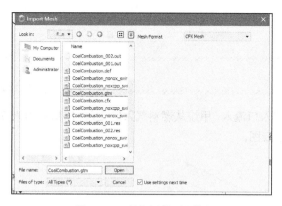

图 14-57　导入网格对话框

图 14-58　显示几何模型

14.2.4　导入 CCL 文件

在主菜单中执行File→Import→CCL命令，弹出Import CCL对话框，选中Replace单选按钮，并勾选Auto-load materials复选框，设置名称为CoalCombustion_Reactions_Materials.ccl，如图 14-59 所示。单击Open按钮导入表达式反应物质，如图 14-60 所示。

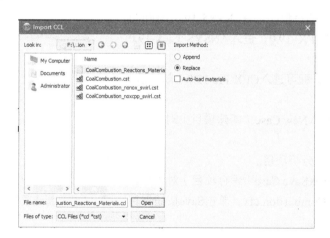

图 14-59　Import CCL 对话框

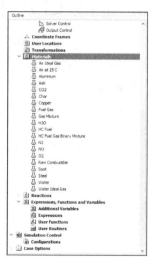

图 14-60　导入反应物质

14.2.5　边界条件

步骤 01　单击任务栏中的 ☐ （域）按钮，弹出Insert Domain（生成域）对话框，名称保持默认值，单击OK按钮确认进入Domain（域设置）面板。

步骤 02　在Domain（域设置）面板的Basic Settings（基本设置）选项卡中，Location选择B40；在Fluid and Particle Definitions中删除Fluid 1 并单击 ☐ 按钮创建Gas Mixture，如图 14-61 所示。Material选择Gas Mixture，在Morphology中，Option选择Continuous Fluid；在Fluid and Particle Definitions中单击 ☐ 按钮创建HC Fuel，如图 14-62 所示。Material选择HC Fuel，在Morphology中，Option选择Particle Transport

Solid，勾选Particle Diameter Change复选框，Option选择Mass Equivalent，如图 14-63 所示。

图 14-61　创建 Gas Mixture

图 14-62　创建 HC Fuel

步骤 03　在Fluid Models（流体模型）选项卡中，勾选Multiphase中的Multiphase Reactions复选框，Reactions List选择 "HC Fuel Char Field, HC Fuel Devolat"；在Heat Transfer中，Option选择Fluid Dependent，在Combustion中，Option选择Fluid Dependent，在Thermal Radiation中，Option选择Fluid Dependent，如图 14-64 所示。

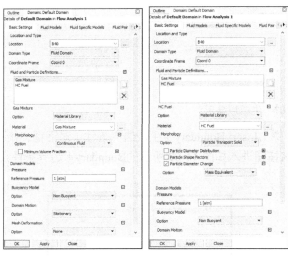

图 14-63　基本设置选项卡

图 14-64　流体模型选项卡

步骤 04　在Fluid Specific Models（流体模型）选项卡中，Fluid选择Gas Mixture，在Thermal Radiation中，Option选择Discrete Transfer，勾选Number of Rays复选框，在Number of Rays中输入 32。在Fluid中选择HC Fuel选项，在Heat Transfer Model中，Option选择Particle Temperature，如图 14-65 和图 14-66 所示，其他选项保持默认值。单击OK按钮完成参数设置，在图形显示区将显示生成的域，如图 14-67 所示。

图 14-65　流体模型选项卡——Gas Mixture

图 14-66　流体模型选项卡——HC Fuel

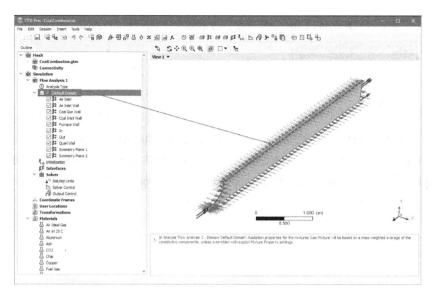

图 14-67　生成域显示

步骤 05　单击任务栏中的**▮:**（边界条件）按钮，弹出 Insert Boundary（生成边界条件）对话框，如图 14-68 所示，设置 Name（名称）为 In，单击 OK 按钮进入如图 14-69 所示的 Boundary（边界条件设置）面板。

图 14-68　生成边界条件对话框

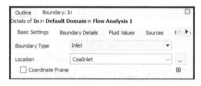

图 14-69　边界条件设置面板

步骤 06　在 Boundary（边界条件设置）面板的 Basic Settings（基本设置）选项卡中，Boundary Type 选择 Inlet，Location 选择 CoalInlet。

步骤 07　在 Boundary Details（边界参数）选项卡的 Mass And Momentum 中，Option 选择 Mass Flow Rate，在 Mass Flow Rate 中输入 0.001624，单位选择 kg s^-1；在 Flow Direction 中，Option 选择 Normal to Boundary Condition，在 Heat Transfer 中，Option 选择 Static Temperature，在 Static Temperature 中输入 343，单位选择 K，选择 Component Details 中的 O2 选项，Option 选择 Mass Fraction，在 Mass Fraction 中输入 0.232，如图 14-70 所示。

步骤 08　在 Fluid Values（流体值）选项卡中，勾选 Define Particle Behavior 复选框，在 Mass And Momentum 中，Option 选择 Zero Slip Velocity；在 Particle Position 中，Option 选择 Uniform Injection，勾选 Particle Locations 复选框，Particle Locations 选择 Equally Spaced；在 Number of Positions 中，Option 选择 Direct Specification，在 Number 中输入 200；在 Particle Mass Flow 中，在 Mass Flow Rate 中输入 0.001015，单位选择 kg s^-1，勾选 Particle Diameter Distribution 复选框，Option 选择 Discrete Diameter Distribution，在 Diameter List 中输入 "12, 38, 62, 88"，单位选择 micron，在 Mass Fraction List 中输入 "0.18, 0.25, 0.21, 0.36"，在 Number Fraction List 中输入 "4*0.25"；在 Heat Transfer 中，Option 选择 Static Temperature，在 Static Temperature 中输入 343，单位选择 K，如图 14-71 所示。单击 OK 按钮完成入口边界条件的参数设置，在图形显示区将显示生成的入口边界条件，如图 14-72 所示。

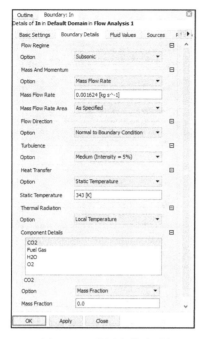

图 14-70　边界参数选项卡

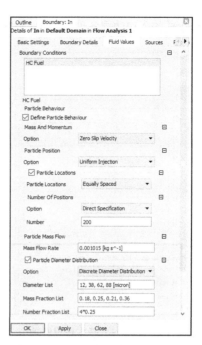

图 14-71　流体值选项卡

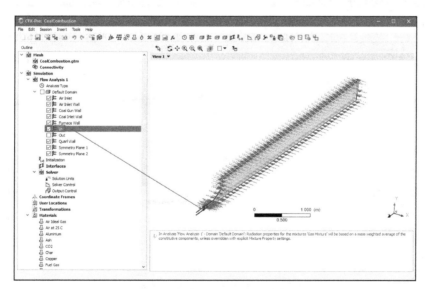

图 14-72　生成的入口边界条件显示

步骤 09　同步骤（5）方法，设置入口边界条件，名称为Air Inlet。

步骤 10　在Boundary（边界条件设置）面板的Basic Settings（基本设置）选项卡中，Boundary Type选择Inlet，Location选择AirInlet，如图 14-73 所示。

步骤 11　在Boundary Details（边界参数）选项卡的Mass And Momentum中，Option选择Mass Flow Rate，在Mass Flow Rate中输入 0.01035，单位选择kg s^-1；在Flow Direction中，Option选择Normal to Boundary Condition；在Heat Transfer中，Option选择Static Temperature，在Static Temperature中输入 573，单位选择K，在Component Details中选择O2，Option选择Mass Fraction，在Mass Fraction中输入 0.232，如图 14-74 所示。单击OK按钮完成入口边界条件的参数设置，在图形显示区将显

示生成的入口边界条件，如图 14-75 所示。

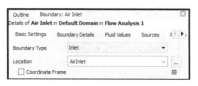

图 14-73　基本设置选项卡

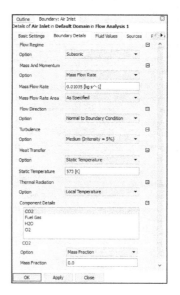

图 14-74　边界参数选项卡

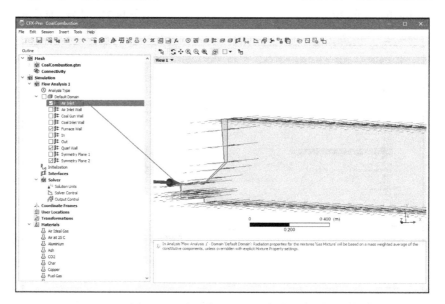

图 14-75　生成的入口边界条件显示

步骤12　同步骤（5）方法，设置出口边界条件，名称为Out。

步骤13　在Boundary（边界条件设置）面板的Basic Settings（基本设置）选项卡中，Boundary Type选择Outlet，Location选择Outlet，如图 14-76 所示。

步骤14　在Boundary Details（边界参数）选项卡的Mass And Momentum中，Option选择Average Static Pressure，在Relative Pressure中输入 0，单位选择Pa，在Pres. Profile Blend中输入 0.05，如图 14-77 所示。单击OK按钮完成出口边界条件的参数设置，在图形显示区将显示生成的出口边界条件，如图 14-78 所示。

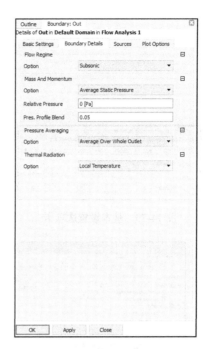

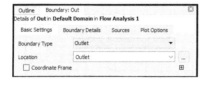

图 14-76　基本设置选项卡　　　　　　　　　　图 14-77　边界参数选项卡

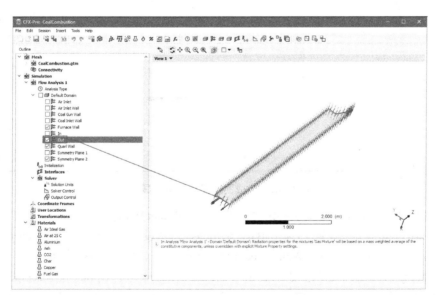

图 14-78　生成的出口边界条件显示

步骤⑮　同步骤（5）方法，设置壁面边界条件，名称为Coal Gun Wall。

步骤⑯　在Boundary（边界条件设置）面板的Basic Settings（基本设置）选项卡中，Boundary Type选择Wall，Location选择CoalGunWall，如图 14-79 所示。

步骤⑰　在Boundary Details（边界参数）选项卡的Heat Transfer中，Option选择Temperature，在Fixed Temperature中输入 800，单位选择K，在Thermal Radiation中，Option选择Opaque，在Emissivity中输入 0.6，在Diffuse Fraction中输入 1，如图 14-80 所示。单击OK按钮完成壁面边界条件的参数设置，在图形显示区将显示生成的壁面边界条件，如图 14-81 所示。

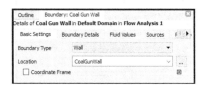

图 14-79　基本设置选项卡

图 14-80　边界参数选项卡

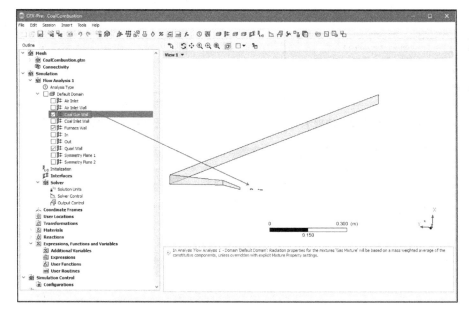

图 14-81　生成的壁面边界条件显示

步骤 18　同步骤（5）方法，设置壁面边界条件，名称为Coal Inlet Wall。

步骤 19　在Boundary（边界条件设置）面板的Basic Settings（基本设置）选项卡中，Boundary Type选择Wall，Location选择"CoalInletInnerWall，CoalInletOuterWall"，如图 14-82 所示。

步骤 20　在Boundary Details（边界参数）选项卡的Heat Transfer中，Option选择Temperature，在Fixed Temperature中输入 343，单位选择K，在Thermal Radiation中，Option选择Opaque，在Emissivity中输入 0.6，在Diffuse Fraction中输入 1，如图 14-83 所示。单击OK按钮完成壁面边界条件的参数设置，在图形显示区将显示生成的壁面边界条件，如图 14-84 所示。

图 14-82　基本设置选项卡　　　　　　　　　　　　　　图 14-83　边界参数选项卡

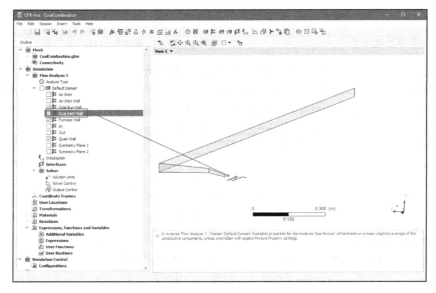

图 14-84　生成的壁面边界条件显示

步骤 21　同步骤（5）方法，设置壁面边界条件，名称为Air Inlet Wall。

步骤 22　在Boundary（边界条件设置）面板的Basic Settings（基本设置）选项卡中，Boundary Type选择Wall，Location选择"AirInletInnerWall，AirInletOuterWall"，如图 14-85 所示。

图 14-85　基本设置选项卡

步骤 23　在Boundary Details（边界参数）选项卡的Heat Transfer中，Option选择Temperature，在Fixed Temperature中输入 573，单位选择K，在Thermal Radiation中，Option选择Opaque，在Emissivity中输入 0.6，在Diffuse Fraction中输入 1，如图 14-86 所示。单击OK按钮完成壁面边界条件的参数设置，在图形显示区将显示生成的壁面边界条件，如图 14-87 所示。

图 14-86　边界参数选项卡

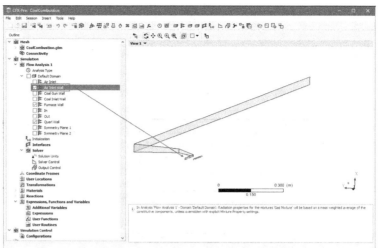

图 14-87　生成的壁面边界条件显示

步骤 24　同步骤（5）方法，设置壁面边界条件，名称为Furnace Wall。

步骤 25　在Boundary（边界条件设置）面板的Basic Settings（基本设置）选项卡中，Boundary Type选择Wall，Location选择"FurnaceFrontWall，FurnaceOuterWall"，如图 14-88 所示。

图 14-88　边界参数选项卡

步骤 26　在Boundary Details（边界参数）选项卡的Heat Transfer中，Option选择Temperature，在Fixed Temperature中输入 1400，单位选择K，在Thermal Radiation中，Option选择Opaque，在Emissivity中输入 0.6，在Diffuse Fraction中输入 1，如图 14-89 所示。单击OK按钮完成壁面边界条件的参数设置，在图形显示区将显示生成的壁面边界条件，如图 14-90 所示。

图 14-89　边界参数选项卡

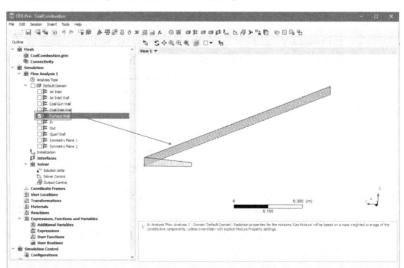

图 14-90　生成的壁面边界条件显示

步骤27 同步骤（5）方法，设置壁面边界条件，名称为Quarl Wall。

步骤28 在Boundary（边界条件设置）面板的Basic Settings（基本设置）选项卡中，Boundary Type选择Wall，Location选择QuarlWall，如图14-91所示。

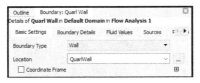

图14-91 基本设置选项卡

步骤29 在Boundary Details（边界参数）选项卡的Heat Transfer中，Option选择Temperature，在Fixed Temperature中输入1200，单位选择K，在Thermal Radiation中，Option选择Opaque，在Emissivity中输入0.6，在Diffuse Fraction中输入1，如图14-92所示。单击OK按钮完成壁面边界条件的参数设置，在图形显示区将显示生成的壁面边界条件，如图14-93所示。

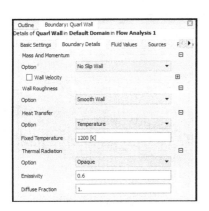

图14-92 边界参数选项卡

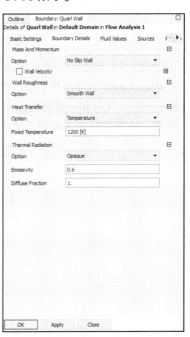

图14-93 生成的壁面边界条件显示

步骤30 同步骤（5）方法，设置对称边界条件，名称为Symmetry Plane 1。

步骤31 在Boundary（边界条件设置）面板的Basic Settings（基本设置）选项卡中，Boundary Type选择Symmetry，Location选择PeriodicSide1，如图14-94所示。单击OK按钮完成对称边界条件的参数设置，在图形显示区将显示生成的对称边界条件，如图14-95所示。

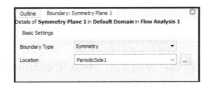

图14-94 基本设置选项卡

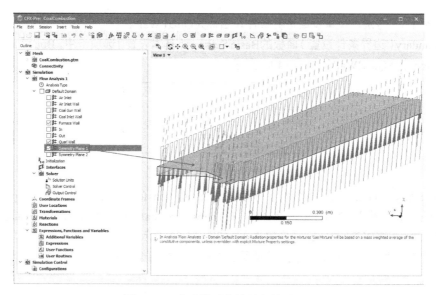

图 14-95　生成的对称边界条件显示

步骤32　同步骤（5）方法，设置对称边界条件，名称为Symmetry Plane 2。

步骤33　在Boundary（边界条件设置）面板的Basic Settings（基本设置）选项卡中，Boundary Type选择Symmetry，Location选择PeriodicSide2，如图 14-96 所示。单击OK按钮完成对称边界条件的参数设置，在图形显示区将显示生成的对称边界条件，如图 14-97 所示。

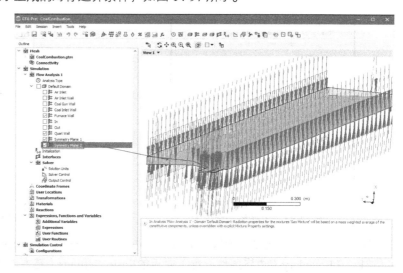

Outline	Boundary: Symmetry Plane 2	
Details of **Symmetry Plane 2** in **Default Domain** in **Flow Analysis 1**		
Basic Settings		
Boundary Type	Symmetry	
Location	PeriodicSide 2	...

图 14-96　基本设置选项卡

图 14-97　生成的对称边界条件显示

14.2.6　初始条件

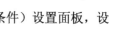

单击任务栏中的 $\mathbf{I}_{t=0}$（初始条件）按钮，弹出如图 14-98 所示的Initialization（初始条件）设置面板，设置条件均保持默认值，单击OK按钮完成参数设置。

图 14-98　初始条件设置面板

14.2.7　求解控制

步骤 01　单击任务栏中的 （求解控制）按钮，弹出如图 14-99 所示的Solver Control（求解控制）设置面板，在Basic Settings（基本设置）选项卡的Convergence Control中，Max. Iterations设置为 600，在Fluid Timescale Control的Timescale Control中选择Physical Timescale，在Physical Timescale中输入0.005，单位选择s。

步骤 02　在Particle Control（粒子控制）选项卡中，勾选First Iteration for Particle Calculation复选框，在First Iteration中输入 25，勾选Iteration Frequency复选框，在Iteration Frequency中输入 10，勾选Particle Under Relaxation Factors复选框，在Vel. Under Relaxation中输入 0.75，在Energy中输入 0.75，在Mass中输入 0.75，勾选Particle Ignition复选框，在Ignition Temperature中输入 1000，单位选择K，勾选Particle Source Smoothing复选框，Option选择Smooth，如图 14-100 所示。

步骤 03　在Advanced Options（高级设置）选项卡中，勾选Thermal Radiation Control、Coarsening Control和Target Coarsening Rate复选框，在Rate中输入 16，如图 14-101 所示，单击OK按钮完成参数设置。

图 14-99　求解控制设置面板

图 14-100　粒子控制选项卡

图 14-101　高级设置选项卡

14.2.8　计算求解

步骤01 单击任务栏中的 （求解管理器）按钮，弹出Write Solver Input File（输出求解文件）对话框，如图14-102所示，在File name（文件名）中输入CoalCombustion.def，单击Save按钮进行保存。

步骤02 求解文件保存退出后，Define Run（求解管理器）对话框会自动弹出，确认求解文件和工作目录后，单击Start Run按钮开始进行求解，如图14-103所示。

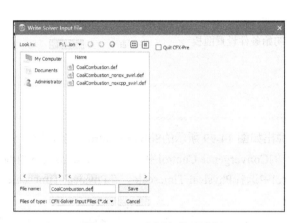

图14-102　求解文件对话框　　　　　　　图14-103　求解管理器对话框

步骤03 求解开始后，收敛曲线窗口将显示残差收敛曲线的即时状态，直至所有残差值达到1.0E-4，如图14-104所示。计算结束后自动弹出提示框，勾选Post-Process Results复选框，单击OK按钮进入如图14-105所示的后处理器界面。

图14-104　收敛曲线窗口

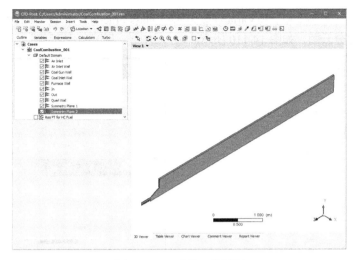

图 14-105　后处理器界面

14.2.9　结果后处理

步骤 01　双击Outline选项卡中的Symmetry Plane 1，弹出如图 14-106 所示的Symmetry Plane 1 设置面板，在
Color（颜色）选项卡中，Mode选择Variable，Variable选择
Temperature。

步骤 02　在Render（绘图）选项卡中，勾选Show Faces复选框，取消
选择Show Mesh Lines复选框，如图 14-107 所示。单击Apply
按钮确认显示温度云图，如图 14-108 所示。

图 14-106　Symmetry Plane 1 设置面板

图 14-107　绘图选项卡

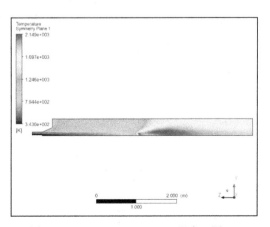

图 14-108　Symmetry Plane 1 温度云图

步骤 03　在Color（颜色）选项卡中，将Variable改为H2O.Mass Fraction，如图 14-109 所示。单击Apply按钮
　　　　确认显示水组分云图，如图 14-110 所示。

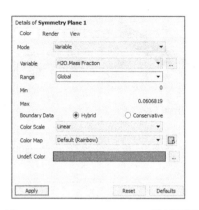

图 14-109　Symmetry Plane 1 设置面板

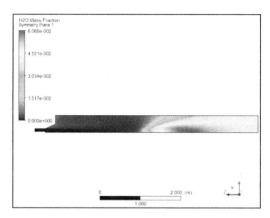

图 14-110　Symmetry Plane 1 水组分云图

步骤 04　在Color（颜色）选项卡中，将Variable改为Radiation Intensity，如图 14-111 所示。单击Apply按钮
　　　　确认显示辐射强度云图，如图 14-112 所示。

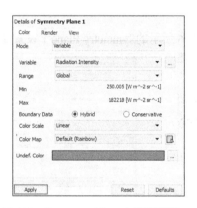

图 14-111　Symmetry Plane 1 设置面板

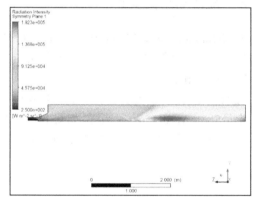

图 14-112　Symmetry Plane 1 辐射强度云图

步骤 05　双击Outline选项卡中的Res PT for HC Fuel，弹出如图 14-113 所示的Res PT for HC Fuel设置面板，
　　　　在Color（颜色）选项卡中，Mode选择Variable，Variable选择HC Fuel.Temperature，单击Apply按
　　　　钮确认显示流线示意图，如图 14-114 所示。

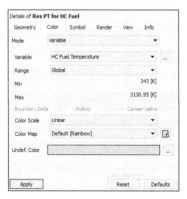

图 14-113　Res PT for HC Fuel 设置面板

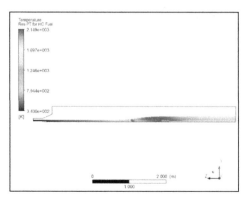

图 14-114　流线示意图

14.3 旋转炉煤粉燃烧

本节将在 14.2 节的基础上，模拟分析旋转炉内煤粉的燃烧，让读者对利用ANSYS CFX 19.0 分析处理化学反应的基本操作步骤的每一项内容有进一步的了解。

14.3.1 项目导入

步骤 01 执行主菜单中的File→Open Case命令，导入第 14.2 节的前处理文件CoalCombustion_ nonox.cfx。

步骤 02 执行主菜单中的File→Save Case as命令，重新命名文件为 "CoalCombustion_nonox_ swirl.cfx"，单击Save按钮保存项目文件。

14.3.2 修改边界条件

步骤 01 双击Outline选项卡中的Air Inlet选项，弹出Boundary（边界条件设置）面板，在Boundary Details（边界参数）选项卡的Flow Direction中，Option选择Cylindrical Components，在Axial Component中输入 0.88，在Radial Component中输入 0，在Theta Component输入 1，Rotational Axis选择Global Z，如图 14-115 所示，单击OK按钮确认。

步骤 02 双击Outline选项卡中的Out选项，弹出Boundary（边界条件设置）面板，在Boundary Details（边界参数）选项卡的Mass And Momentum中，Option选择Average Static Pressure，在Pres. Profile Blend中输入 0，如图 14-116 所示，单击OK按钮确认。

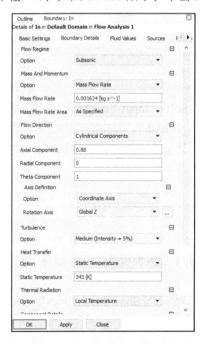

图 14-115　边界条件设置面板　　　　图 14-116　边界条件设置面板

步骤 03 单击任务栏中的 （分界面）按钮，弹出Insert Domain Interface（生成分界面）对话框，如图14-117所示，设置Name（名称）为Periodic，单击OK按钮进入如图14-118所示的Boundary（边界条件设置）面板。

步骤 04 在Boundary（边界条件设置）面板的Basic Settings（基本设置）选项卡中，Interface Type选择Fluid Fluid，在Interface Side 1中，Region List选择PeriodicSide1，在Interface Side 2中，Region List选择PeriodicSide2，在Interface Models中，Option选择Rotational Periodicity，单击OK按钮确认。

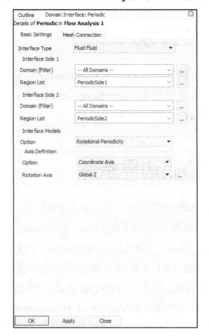

图 14-117　生成分界面对话框　　　　　图 14-118　边界条件设置面板

14.3.3　计算求解

步骤 01 单击任务栏中的（求解管理器）按钮，弹出Write Solver Input File（输出求解文件）对话框，在File name（文件名）中输入CoalCombustion_nonox_swirl.def，单击Save按钮进行保存。

步骤 02 求解文件保存退出后，Define Run（求解管理器）对话框会自动弹出，确认求解文件和工作目录后，单击Start Run按钮开始进行求解。

14.3.4　结果后处理

步骤 01 双击Outline选项卡中的Periodic Side 1，在Periodic Side 1设置面板的Color（颜色）选项卡中，Mode选择Variable，Variable选择Temperature。

步骤 02 在Render（绘图）选项卡中，勾选Show Faces复选框，取消选择Show Mesh Lines复选框，单击Apply按钮确认显示温度云图，如图14-119所示。

步骤 03 在Color（颜色）选项卡中，将Variable改为H2O.Mass Fraction，单击Apply按钮确认显示水组分云图，如图14-120所示。

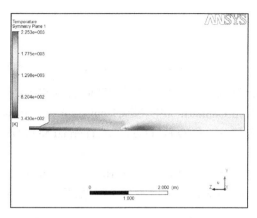

图 14-119　Symmetry Plane 1 温度云图

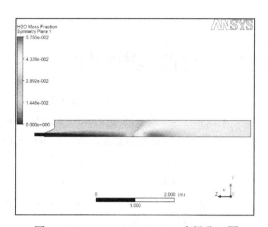

图 14-120　Symmetry Plane 1 水组分云图

步骤 04　在Color（颜色）选项卡中，将Variable改为Radiation Intensity，单击Apply按钮确认显示辐射强度云图，如图 14-121 所示。

步骤 05　双击Outline选项卡中的Res PT for HC Fuel，弹出Res PT for HC Fuel设置面板，在Color（颜色）选项卡中，将Mode设为Variable，Variable选择HC Fuel.Temperature，单击Apply按钮确认显示温度云图，如图 14-122 所示。

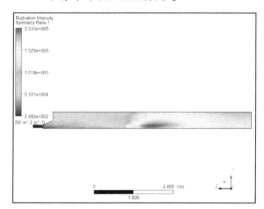

图 14-121　Symmetry Plane 1 辐射强度云图

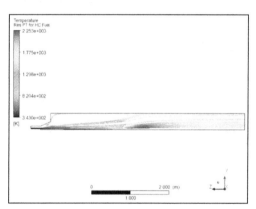

图 14-122　Res PT for HC Fuel 温度云图

14.4　旋转炉煤粉燃烧生成 NO 模拟

本节将在第 14.3 节的基础上，继续模拟分析燃烧生成NO的分布情况，让读者对ANSYS CFX 19.0 分析处理化学反应的基本操作步骤的每一项内容有进一步的了解。

14.4.1　项目导入

步骤 01　执行主菜单中的File→Open Case命令，导入第 14.3 节的前处理文件CoalCombustion_nonox_swirl.cfx。

步骤 02　执行主菜单中的File→Save Case as命令，重命名文件为CoalCombustion_noxcpp_ swirl.cfx，单击Save按钮保存项目文件。

14.4.2 修改边界条件

步骤 01 双击Outline选项卡中的Default Domain，弹出Default Domain（域设置）面板，在Fluid Specific Models（流体模型）选项卡的Fluid中选择Gas Mixture选项，在Combustion中勾选Chemistry Post Processing复选框，Materials List选择NO，Reactions List选择"Prompt NO Fuel Gas PDF, Thermal NO PDF"，如图14-123所示，单击OK按钮确认。

步骤 02 双击Outline选项卡中的Air Inlet，弹出Boundary（边界条件设置）面板，在Boundary Details（边界参数）选项卡的Component Details中选择NO选项，在Mass Fraction中输入0.0，如图14-124所示，单击OK按钮确认。

步骤 03 双击Outline选项卡中的In，弹出Boundary（边界条件设置）面板，在Boundary Details（边界参数）选项卡的Component Details中选择NO选项，在Mass Fraction输入0.0，如图14-125所示，单击OK按钮确认。

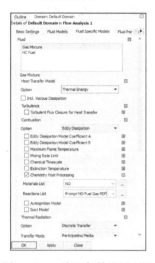
图 14-123　边界条件设置面板

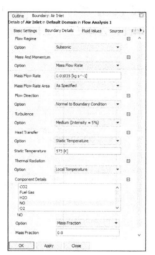
图 14-124　边界条件设置面板

图 14-125　边界条件设置面板

14.4.3 计算求解

步骤 01 单击任务栏中的 （求解管理器）按钮，弹出Write Solver Input File（输出求解文件）对话框，在File name（文件名）中输入CoalCombustion_noxcpp_swirl.def，单击Save按钮进行保存。

步骤 02 求解文件保存退出后，Define Run（求解管理器）对话框会自动弹出，确认求解文件和工作目录后，单击Start Run按钮开始进行求解。

14.4.4 结果后处理

步骤 01 双击Outline选项卡中的Periodic Side 1，在Periodic Side 1设置面板的Color（颜色）选项卡中，Mode选择Variable，Variable选择NO.Mass Fraction。

步骤02 在Render（绘图）选项卡中，勾选Show Faces复选框，取消选择Show Mesh Lines复选框，单击Apply按钮确认显示NO质量组分云图，如图14-126所示。

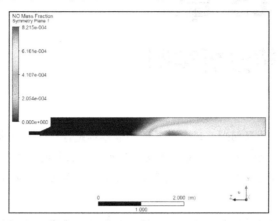

图 14-126　NO 质量组分云图

14.5　本章小结

本章通过甲烷燃烧和煤粉燃烧两个实例介绍了CFX处理化学反应，特别是燃烧模拟的工作流程。

通过对本章内容的学习，读者可以掌握CFX中参数修改设置和燃烧模型的设置，基本掌握CFX处理化学反应问题，特别是气体燃烧和煤粉燃烧的基本思路和操作，对CFX处理燃烧反应问题有了初步的认识。

第15章

动网格分析实例

　　动网格技术用于计算运动边界问题。通常计算域的边界都是静止的，或者做刚体运动的，而动网格技术则可以用于计算边界发生形变的问题。边界的形变过程可以是已知的，也可以是取决于内部流场变化的。在计算之前首先要给定体网格的初始定义，在边界发生形变后，其内部网格的重新划分是在CFX内部自动完成的。

　　如果计算域中同时存在运动区域和静止区域，那么在初始网格中，内部网格面或区域需要被归入其中一个类别，同时在运动过程中发生形变的部分也可以单独分区。区与区之间既可以采用正则网格，也可以采用非正则网格，还可以用滑移网格技术连接各网格区域。

　　本章将通过实例来介绍CFX处理动网格的工作步骤。

知识要点

- 掌握分析类型的设置
- 掌握表达式的运用
- 掌握边界条件的设置
- 掌握动网格的设置
- 掌握后处理的设置

15.1 球阀流动

　　下面将通过一个球阀分析案例，让读者对ANSYS CFX 19.0分析处理动网格的基本操作步骤的每一项内容有一个初步的了解。

15.1.1 案例介绍

　　如图 15-1 所示的球阀，球阀通过移动起到开关作用，即控制流体进入容器，请用ANSYS CFX分析球阀周边的流场情况。

15.1.2 启动 CFX 并建立分析项目

步骤 01 在Windows系统下执行"开始"→"所有程序"→ANSYS 19.0 →Fluid Dynamics→CFX 19.0命令，

启动CFX 19.0，进入ANSYS CFX-19.0 Launcher界面。

步骤 02 选择主界面中的CFX-Pre 19.0选项，即可进入CFX-Pre 19.0（前处理）界面。

步骤 03 在任务栏中单击New Case按钮，进入New Case（新建项目）对话框，如图15-2所示。

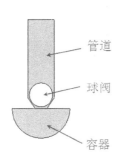

图15-1　案例问题　　　　　　　　　图15-2　新建项目对话框

步骤 04 选择General选项，单击OK按钮建立分析项目。

步骤 05 在任务栏中单击💾按钮（保存）进入Save Case（保存项目）对话框，在File name（文件名）中输入ValveFSI.cfx，单击Save按钮保存项目文件。

15.1.3　导入网格

步骤 01 选中Mesh选项并单击鼠标右键，在弹出的快捷菜单中执行Import Mesh→Other命令，弹出如图15-3所示的Import Mesh（导入网格）对话框。

步骤 02 在Import Mesh（导入网格）对话框中选择File name（网格文件）为ValveFSI.out，Mesh Units选择mm，单击Open按钮导入网格。

步骤 03 导入网格后，在图形显示区将显示几何模型，如图15-4所示。

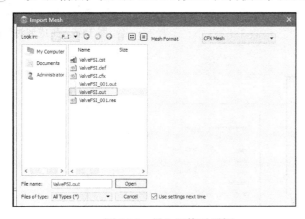

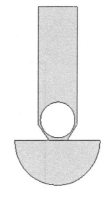

图15-3　导入网格对话框　　　　　　　　　图15-4　显示几何模型

15.1.4　设置分析类型

双击Analysis Type选项，弹出如图15-5所示的Analysis Type（分析类型）设置面板，在Analysis Type

中，Option选择Transient，在Time Duration中，Option选择Total Time，在Total Time中输入 5e-005，单位选择s，在Time Steps中，Option选择Timesteps，在Timesteps中输入 5.0e-5，单位选择s，在Initial Time中，Option选择Automatic with Value，在Time中输入 0，单位选择s，单击OK按钮确认。

图 15-5　分析类型设置面板

15.1.5　边界条件

步骤 01　单击任务栏中的（域）按钮，弹出如图 15-6 所示的Insert Domain（生成域）对话框，名称保持默认值，单击OK按钮确认进入如图 15-7 所示的Domain（域设置）面板。

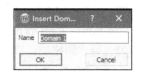

图 15-6　生成域对话框

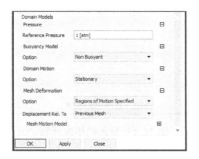

图 15-7　域设置面板

步骤 02　在Domain（域设置）面板的Basic Settings（基本设置）选项卡中，Location选择CV3D REGION；在Fluid 1 中，Material选择Methanol CH4O，在Pressure中，在Reference Pressure中输入 1，单位选择atm；在Mesh Deformation中，Option选择Regions of Motion Specified，在Mesh Motion Model中，

Option选择Displacement Diffusion；在Mesh Stiffness中，Option选择Increase near Small Volumes，在Model Exponent中输入 10。单击OK按钮完成参数设置，在图形显示区将显示生成的域，如图15-8 所示。

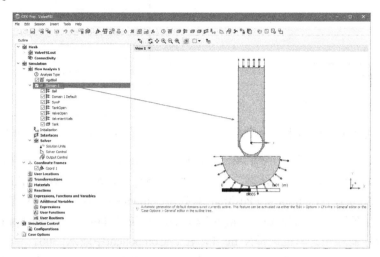

图15-8　生成域显示

步骤 03　在Outline选项卡中右键单击Coordinate Frames，在弹出的快捷菜单中执行Insert→Coordinate Frames命令，弹出如图 15-9 所示的Insert Coordinate Frame（生成坐标）对话框，单击OK按钮进行确认，弹出如图 15-10 所示的Coordinate Frames（坐标）设置面板。

步骤 04　在Basic Settings（基本设置）选项卡中，Option选择Axis Points，在Origin中输入（0，0.0023，5e-05），在Z Axis Point中输入（0，0.0023，1），在X-Z Plane Pt中输入（1，0.0023，0），单击OK按钮。

图15-9　生成坐标对话框

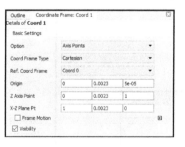

图15-10　坐标设置面板

步骤 05　在Outline选项卡中右键单击Flow Analysis 1，在弹出的快捷菜单中执行Insert→Rigid Body命令，弹出如图 15-11 所示的Insert Rigid Body（生成固定体）对话框，名称设置为rigidBall，单击OK按钮，弹出如图 15-12 所示的Rigid Body（固定体）设置面板。

步骤 06　在Basic Settings（基本设置）选项卡中，在Mass中输入 9.802e-6，单位选择kg，Location选择BALL，Coord Frame选择Coord 1；在Mass Moment of Inertia中，在XX Component中输入 0，单位选择kg m^2，在YY Component中输入 0，单位选择kg m^2，在ZZ Component中输入 0，单位选择kg m^2，在XY Component中输入 0，单位选择kg m^2，在XZ Component中输入 0，单位选择kg m^2，在YZ Component中输入 0，单位选择kg m^2。

图 15-11　生成固定体对话框　　　　　　　　图 15-12　固定体设置面板

步骤 07 在Dynamics（动力学）选项卡的External Force Definitions选项组中单击 按钮，弹出如图 15-13 所示的Insert External Force对话框，设置名称为Spring Force，单击OK按钮；在Spring Force中，Option选择Spring，在Equilibrium Position中，在X Component中输入 0，单位选择m，在Y Component中输入 0，单位选择m，在Z Component中输入 0，单位选择m；在Linear Spring Constant中，在X Component中输入 0，单位选择N m^-1，在Y Component中输入 300，单位选择N m^-1，在Z Component中输入 0，单位选择N m^-1；勾选Degrees of Freedom和Translational Degrees of Freedom复选框，Option选择Y axis，勾选Rotational Degrees of Freedom复选框，Option选择None，如图 15-14 所示，单击OK按钮。

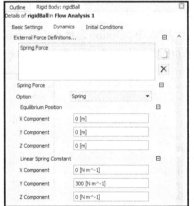

图 15-13　生成外加力对话框　　　　　　　　图 15-14　动力学选项卡

步骤 08 单击任务栏中的 （子域）按钮，弹出Insert Subdomain（生成子域）对话框，如图 15-15 所示，设置Name（名称）为Tank，单击OK按钮进入如图 15-16 所示的Subdomain（子域设置）面板。

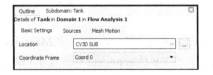

图 15-15　生成子域对话框　　　　　　　　图 15-16　基本设置选项卡

步骤 09 在Basic Settings（基本设置）选项卡中，Location选择CV3D SUB。

步骤 10 在Mesh Motion（网格运动）选项卡中，Option选择Stationary，如图 15-17 所示，单击OK按钮生成子域，如图 15-18 所示。

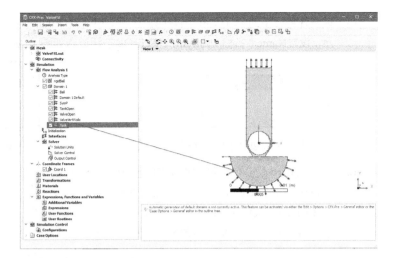

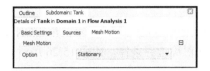

图 15-17　网格运动选项卡

图 15-18　子域显示

步骤 11　单击任务栏中的 ⏚（边界条件）按钮，弹出 Insert Boundary（生成边界条件）对话框，如图 15-19
所示，设置 Name（名称）为 Ball，单击 OK 按钮进入如图 15-20 所示的 Boundary（边界条件设置）
面板。

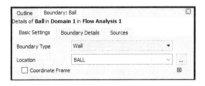

图 15-19　生成边界条件对话框

图 15-20　边界条件设置面板

步骤 12　在 Boundary（边界条件设置）面板的 Basic Settings（基本设置）选项卡中，Boundary Type 选择 Wall，
Location 选择 BALL。

步骤 13　打开 Boundary Details（边界参数）选项卡，在 Mesh Motion 中，Option 选择 Rigid Body Solution，
Rigid Body 选择 rigidBall，在 Mass And Momentum 中，Option 选择 No Slip Wall，勾选 Wall Velocity
Relative To 复选框，Wall Vel. Rel. To 选择 Mesh Motion，如图 15-21 所示。单击 OK 按钮完成壁面
边界条件的参数设置，在图形显示区将显示生成的壁面边界条件，如图 15-22 所示。

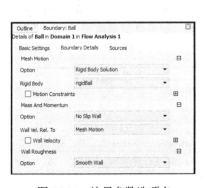

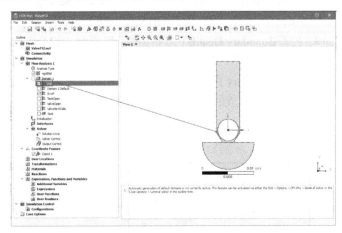

图 15-21　边界参数选项卡

图 15-22　生成的壁面边界条件显示

步骤 14 单击任务栏中的 ⭳ （边界条件）按钮，弹出Insert Boundary（生成边界条件）对话框，如图15-23所示。设置Name（名称）为SymP，单击OK按钮进入如图15-24所示的Boundary（边界条件设置）面板。

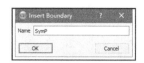

图 15-23 生成边界条件对话框

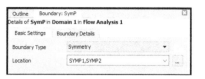

图 15-24 边界条件设置面板

步骤 15 在Boundary（边界条件设置）面板的Basic Settings（基本设置）选项卡中，Boundary Type选择Symmetry，Location选择"SYMP1，SYMP2"。

步骤 16 在Boundary Details（边界参数）选项卡中，Option选择Unspecified，如图15-25所示。单击OK按钮完成对称边界条件的参数设置，在图形显示区将显示生成的对称边界条件，如图15-26所示。

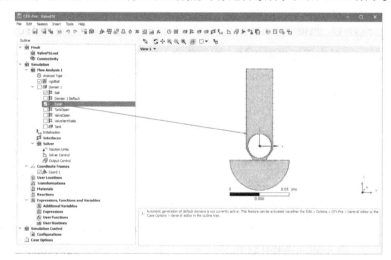

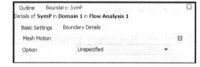

图 15-25 边界参数选项卡

图 15-26 对称边界条件显示

步骤 17 单击任务栏中的 ⭳ （边界条件）按钮，弹出Insert Boundary（生成边界条件）对话框，设置Name（名称）为ValveVertWalls，单击OK按钮进入如图15-27所示的Boundary（边界条件设置）面板。

步骤 18 在Boundary（边界条件设置）面板的Basic Settings（基本设置）选项卡中，Boundary Type选择Wall，Location选择"VPIPE HIGHX，VPIPE LOWX"。

步骤 19 打开Boundary Details（边界参数）选项卡，在Mesh Motion中，Option选择Unspecified，在Mass And Momentum中，Option选择No Slip Wall，勾选Wall Velocity Relative To复选框，Wall Vel. Rel. To选择Boundary Frame，如图15-28所示。单击OK按钮完成壁面边界条件的参数设置，在图形显示区将显示生成的壁面边界条件，如图15-29所示。

图 15-27 边界条件设置面板

图 15-28 边界参数选项卡

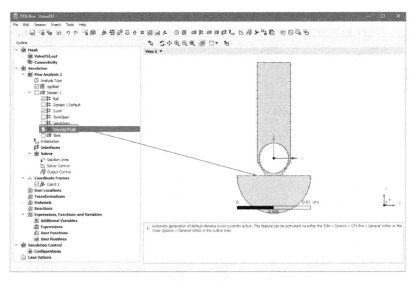

图15-29 生成的壁面边界条件显示

步骤20 单击任务栏中的 （边界条件）按钮，弹出Insert Boundary（生成边界条件）对话框，设置Name（名称）为TankOpen，单击OK按钮进入如图15-30所示的Boundary（边界条件设置）面板。

步骤21 在Boundary（边界条件设置）面板的Basic Settings（基本设置）选项卡中，Boundary Type选择Opening，Location选择BOTTOM。

步骤22 打开Boundary Details（边界参数）选项卡，在Mesh Motion中，Option选择Stationary，在Mass And Momentum中，Option选择Entrainment，在Relative Pressure中输入6，单位选择atm，在Turbulence中Option选择Zero Gradient，如图15-31所示。

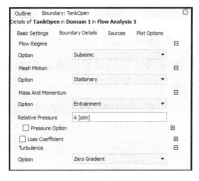

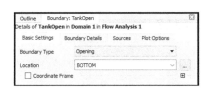

图15-30 边界条件设置面板

图15-31 边界参数选项卡

步骤23 单击OK按钮完成壁面边界条件的参数设置，在图形显示区将显示生成的壁面边界条件，如图15-32所示。

步骤24 单击任务栏中的 （边界条件）按钮，弹出Insert Boundary（生成边界条件）对话框，设置Name（名称）为ValveOpen，单击OK按钮进入如图15-33所示的Boundary（边界条件设置）面板。

步骤25 在Boundary（边界条件设置）面板的Basic Settings（基本设置）选项卡中，Boundary Type选择Opening，Location选择TOP。

步骤26 打开Boundary Details（边界参数）选项卡，在Mesh Motion中，Option选择Stationary，在Mass And Momentum中，Option选择Entrainment，在Relative Pressure中输入0，单位选择atm，在Turbulence中，Option选择Zero Gradient，如图15-34所示。

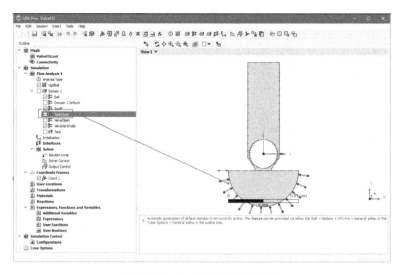

图 15-32　生成的边界条件显示

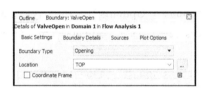

图 15-33　边界条件设置面板

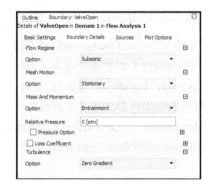

图 15-34　边界参数选项卡

步骤 27　单击OK按钮完成壁面边界条件的参数设置，在图形显示区将显示生成的壁面边界条件，如图 15-35 所示。

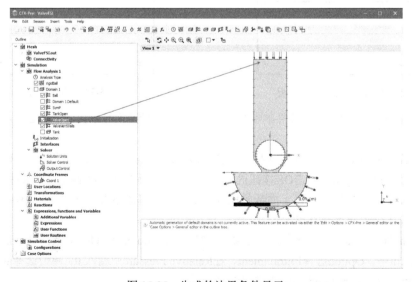

图 15-35　生成的边界条件显示

15.1.6 初始条件

步骤 01 单击任务栏中的 $\blacksquare_{t=0}$（初始条件）按钮，弹出如图 15-36 所示的 Initialization（初始条件）设置面板，在 Initial Conditions 中，Velocity Type 选择 Cartesian，在 Cartesian Velocity Components 中，Option 选择 Automatic with Value，在 U 中输入 0，单位选择 m s^-1，在 V 中输入 0.1，单位选择 m s^-1，在 W 中输入 0，单位选择 m s^-1。

步骤 02 在 Static Pressure 中，Option 选择 Automatic with Value，在 Relative Pressure 中输入 0，单位选择 Pa，在 Turbulence 中 Option 选择 Medium (Intensity = 5%)。

步骤 03 单击 OK 按钮完成参数设置。

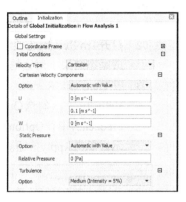

图 15-36 初始条件设置面板

15.1.7 求解控制

步骤 01 单击任务栏中的 （求解控制）按钮，弹出如图 15-37 所示的 Solver Control（求解控制）设置面板，在 Basic Settings（基本设置）选项卡的 Transient Scheme 中，Option 选择 Second Order Backward Euler，在 Convergence Control 的 Max. Coeff. Loops 中输入 5。

步骤 02 在 Rigid Body Control（固定体控制）选项卡中，勾选 Rigid Body Control 复选框，Update Frequency 选择 Every Coefficient Loop，如图 15-38 所示，单击 OK 按钮完成参数设置。

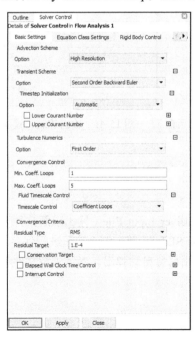

图 15-37 求解控制设置面板

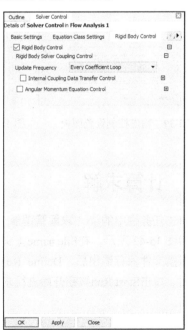

图 15-38 固定体控制选项卡

15.1.8　输出控制

步骤 01　单击任务栏中的 （输出控制）按钮，弹出Output Control（输出控制）设置面板，如图 15-39 所示。

步骤 02　打开Trn Results选项卡，在Transient Results选项组中单击 按钮，弹出Insert Transient Results（生成瞬态结果）对话框，如图 15-40 所示，设置Name（名称）为Transient Results 1，单击OK按钮。

步骤 03　在Transient Results 1 中，Option选择Selected Variables，Output Variables List选择"Pressure, Velocity"，勾选Output Variable Operators复选框，Output Var. Operators选择All，在Output Frequency中，Option选择Time Interval，在Time Interval中输入 5.0e-5，单位选择s，如图 15-41 所示，单击Apply按钮。

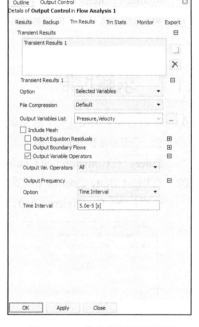

图 15-39　输出控制设置面板　　图 15-40　生成瞬态结果对话框　　图 15-41　输出控制设置面板

15.1.9　计算求解

步骤 01　单击任务栏中的 （求解管理器）按钮，弹出Write Solver Input File（输出求解文件）对话框，如图 15-42 所示，在File name（文件名）中输入ValveFSI.def，单击Save按钮进行保存。

步骤 02　求解文件保存退出后，Define Run（求解管理器）对话框会自动弹出，确认求解文件和工作目录后，单击Start Run按钮开始进行求解，如图 15-43 所示。

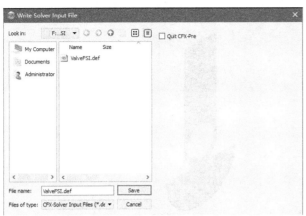

图 15-42 输出求解文件对话框

图 15-43 求解管理器对话框

步骤 03 求解开始后，收敛曲线窗口将显示残差收敛曲线的即时状态，直至所有残差值达到 1.0E-4，如图 15-44 所示。计算结束后自动弹出提示框，勾选Post-Process Results复选框，单击OK按钮进入如图 15-45 所示的后处理器界面。

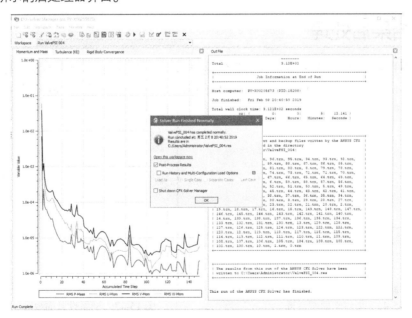

图 15-44 收敛曲线窗口

图 15-45　后处理器界面

15.1.10　结果后处理

 01 单击任务栏中的  Plane（平面）按钮，弹出如图 15-46 所示的Insert Plane（创建平面）对话框，设置平面名称为Plane 1，单击OK按钮进入如图 15-47 所示的Plane（平面设置）面板。

步骤 02 在Geometry（几何）选项卡中，Method选择XY Plane，Z坐标取值为 5e-05，单位选择m。

步骤 03 在Render（绘图）选项卡中，取消选择Show Faces复选框，勾选Show Mesh Lines复选框，如图 15-48 所示。单击Apply按钮确认显示网格图，如图 15-49 所示。

步骤 04 单击任务栏中的 Location→ Point（点）按钮，弹出如图 15-50 所示的Insert Point（创建点）对话框，设置点名称为Point 1，单击OK按钮进入如图 15-51 所示的Point（点设置）面板。

图 15-46　创建平面对话框　　　　　图 15-47　平面设置面板

图 15-48　绘图选项卡　　　　　图 15-49　网格图　　　　　图 15-50　创建点对话框

步骤 05 在Geometry（几何）选项卡中，Method选择XYZ，Point坐标值输入（0，0.0003，0）。

步骤 06 在Symbol（符号）选项卡中，Symbol选择Crosshair，在Symbol Size中输入5，如图15-52所示。单击Apply按钮创建点，生成的点如图15-53所示。

图 15-51　点设置面板　　　　　　　　　　图 15-52　符号选项卡

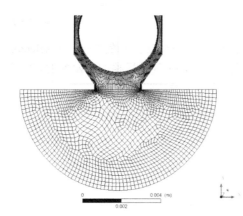

图 15-53　生成点

步骤 07 单击任务栏中的 Location → Point（点）按钮，弹出如图15-54所示的Insert Point（创建点）对话框，设置点名称为Point 2，单击OK按钮进入如图15-55所示的Point（点设置）面板。

图 15-54　创建点对话框

图 15-55　点设置面板

步骤 08 在Geometry（几何）选项卡中，Method选择XYZ，Point坐标值输入（0，0.001252，0）。

步骤 09 在Symbol（符号）选项卡中，Symbol选择Crosshair，在Symbol Size中输入5，如图 15-56 所示。单击Apply按钮创建点，生成的点如图 15-57 所示。

图 15-56　符号选项卡

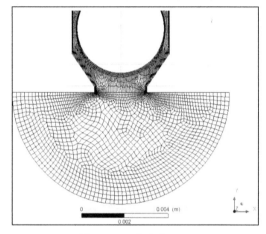

图 15-57　生成点

步骤 10 单击任务栏中的⊘按钮，弹出如图 15-58 所示的Timestep Selector（时间步选择）对话框，双击Setp列中的 10，在图形显示区显示 10Step时的网格图，如图 15-59 所示，双击Setp列中的 80，在图形显示区显示 80Step时的网格图，如图 15-60 所示。

图 15-58　时间步选择对话框

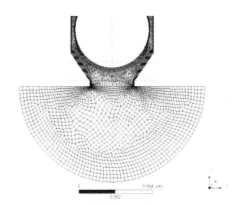

图 15-59　10Step 的网格图

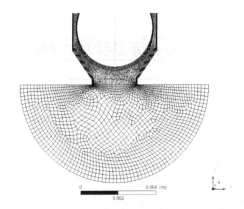

图 15-60　80Step 的网格图

步骤 11 在Timestep Selector（时间步选择）对话框中双击列表中的第一个时间步，然后单击任务栏中的▥（动画）按钮，弹出如图 15-61 所示的Animation（创建动画）对话框。选中Keyframe Animation单选按钮，单击▢按钮新建动画第一帧文件KeyframeNo1。

步骤 12 选中KeyframeNo1 选项，在# of Frames 中输入 149。

步骤 13 在Timestep Selector（时间步选择）对话框中双击列表中的最后一个时间步，在Animation（创建动画）对话框中再单击▢按钮新建动画的第二帧文件KeyframeNo2，选中Loop单选按钮，如图15-62 所示。

图 15-61　创建动画对话框

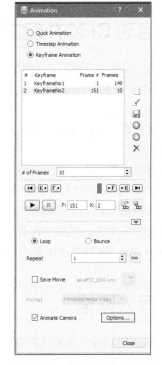

图 15-62　创建动画对话框

步骤 14 单击▶按钮即可播放视频。

15.2 浮标运动分析

下面将通过分析一个浮标运动案例，让读者对ANSYS CFX 19.0 分析处理动网格的基本操作步骤的每一项内容有一个初步的了解。

15.2.1 案例介绍

如图 15-63 所示的浮标，在水中自由漂动，请用ANSYS CFX分析浮标周边的流场情况。

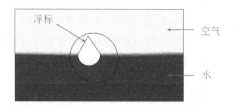

图 15-63　案例问题

15.2.2 启动 CFX 并建立分析项目

步骤 01　在Windows系统下执行"开始"→"所有程序"→ANSYS 19.0 →Fluid Dynamics→CFX 19.0 命令，启动CFX 19.0，进入ANSYS CFX-19.0 Launcher界面。

步骤 02　选择主界面中的CFX-Pre 19.0选项，即可进入CFX-Pre 19.0（前处理）界面。

步骤 03　在任务栏中单击New Case按钮，进入New Case（新建项目）对话框，如图 15-64 所示。

步骤 04　选中General选项，单击OK按钮建立分析项目。

步骤 05　在任务栏中单击 按钮（保存）进入Save Case（保存项目）对话框，在File name（文件名）中输入Buoy.cfx，单击Save按钮保存项目文件。

图 15-64　新建项目对话框

15.2.3 导入网格

步骤 01　选中Mesh选项并单击鼠标右键，在弹出的快捷菜单中执行Import Mesh→CFX Mesh命令，弹出如图 15-65 所示的Import Mesh（导入网格）对话框。

步骤 02　在Import Mesh（导入网格）对话框中选择File name（网格文件）Buoy.gtm，单击Open按钮导入网格。

步骤 03　导入网格后，在图形显示区将显示浮标模型，如图 15-66 所示。

图 15-65　导入网格对话框

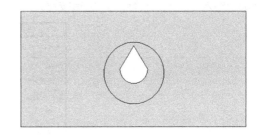

图 15-66　显示几何模型

15.2.4　导入表达式

在主菜单中执行File→Import→CCL命令，如图 15-67 所示，弹出Import CCL对话框，名称输入Buoy.ccl，选中Append单选按钮，如图 15-68 所示，单击Open按钮导入表达式，如图 15-69 所示。

图 15-67　导入 CCL 命令

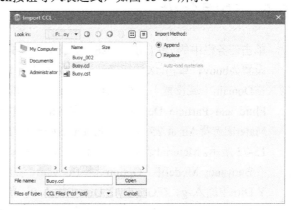

图 15-68　Import CCL 对话框

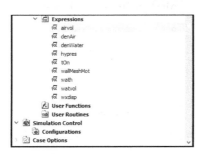

图 15-69　导入的表达式

15.2.5　设置分析类型

双击Analysis Type选项，弹出如图 15-70 所示的Analysis Type（分析类型）设置面板，在Analysis Type中，

Option选择Transient，在Time Duration中，Option选择Total Time，在Total Time中输入7，单位选择s，在Time Steps中，Option选择Timesteps，在Timesteps中输入0.025，单位选择s，在Initial Time中，Option选择Automatic with Value，在Time中输入0，单位选择s，单击OK按钮。

图15-70　分析类型设置面板

15.2.6　边界条件

步骤01　单击任务栏中的（域）按钮，弹出如图15-71所示的Insert Domain（生成域）对话框，Name设置为buoy，单击OK按钮确认进入Domain（域设置）面板。

步骤02　在Domain（域设置）面板的Basic Settings（基本设置）选项卡中，Location选择Primitive 3D，在Fluid and Particle Definitions中删除Fluid 1并单击按钮，创建Air at 25 C，如图15-72所示。Material选择Air at 25 C，在Fluid and Particle Definitions中单击按钮，创建Water at 25 C，如图15-73所示。Material选择Water at 25 C，在Pressure中，在Reference Pressure中输入1，单位选择atm；在Buoyancy Model中，Option选择Buoyant，在Gravity X Dirn中输入0，单位选择m s^-2，在Gravity Y Dirn中输入-g，在Gravity Z Dirn中输入0，单位选择m s^-2，在Buoy. Ref. Density中输入denAir；在Mesh Deformation中，Option选择Regions of Motion Specified，在Mesh Motion Model中，Option选择Displacement Diffusion；在Mesh Stiffness中，Option选择Value，在Mesh Stiffness中输入1.0[m^5 s^-1]/volcvol，如图15-74所示。

图15-71　生成域对话框　　　　图15-72　创建Air对话框　　　　图15-73　创建Water对话框

步骤03　在Domain（域设置）面板的Fluid Models（流动模型）选项卡中，在Multiphase中，勾选Homogeneous Model复选框，在Free Surface Model中，Option选择Standard，勾选Interface Compression Level复选框，在Interface Compression中输入2，在Heat Transfer中勾选Homogeneous Model复选框，在Turbulence中，Option选择Shear Stress Transport，如图15-75所示。

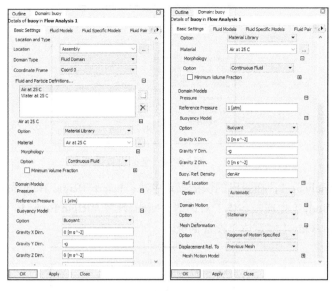

图 15-74　基本设置选项卡　　　　　　　　　　　　　图 15-75　流动模型选项卡

步骤 04 在Domain（域设置）面板的Fluid Pair Models选项卡中，在Interphase Transfer中，Option选择Mixture Model，在Interface Len. Scale中输入1.0，单位选择mm，如图15-76所示。单击OK按钮完成参数设置，在图形显示区将显示生成的域，如图15-77所示。

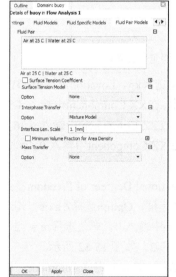

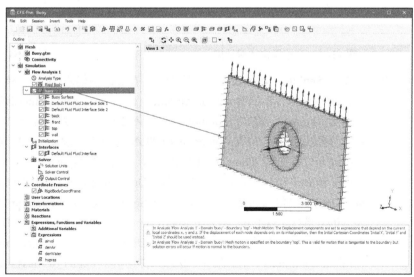

图 15-76　Fluid Pair Models 选项卡　　　　　　　　　图 15-77　生成域显示

步骤 05 在Outline选项卡中右键单击Coordinate Frames，在弹出的快捷菜单中执行Insert→Coordinate Frame命令，弹出如图15-78所示的Insert Coordinate Frame（生成坐标）对话框，单击OK按钮，弹出如图15-79所示的Coordinate Frame（坐标）设置面板。

步骤 06 在Basic Settings（基本设置）选项卡中，Option选择Axis Points，在Origin中输入（0，-0.1438，0.05），在Z Axis Point中输入（0，-0.1438，1），在X-Z Plane Pt中输入（1，-0.1438，0.05），单击OK按钮。

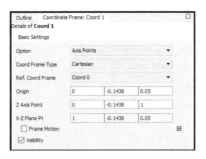

图 15-78　生成坐标对话框

图 15-79　坐标设置面板

步骤 07　在Outline选项卡中右键单击Flow Analysis 1，在弹出的快捷菜单中执行Insert→Rigid Body命令，弹出如图 15-80 所示的Insert Rigid Body（生成固定体）对话框，Name设置为Rigid Body 1，单击OK按钮进入如图 15-81 所示的Rigid Body（固定体）设置面板。

图 15-80　生成固定体对话框

图 15-81　固定体设置面板

步骤 08　在Basic Settings（基本设置）选项卡中，在Mass中输入 39.39，单位选择kg，Location选择BUOY，Coord Frame选择RigidBodyCoordFrame，在Mass Moment of Inertia中，在XX Component中输入 4.5，单位选择kg m^2，在YY Component中输入 2.1，单位选择kg m^2，在ZZ Component中输入 6.36，单位选择kg m^2，在XY Component中输入 0，单位选择kg m^2，在XZ Component中输入 0，单位选择kg m^2，在YZ Component中输入 0，单位选择kg m^2。

步骤 09　在Dynamics（动力学）选项卡中，勾选Degrees of Freedom和Translational Degrees of Freedom复选框，Option选择X and Y axes；勾选Rotational Degrees of Freedom复选框，Option选择Z axis；勾选Gravity复选框，Option选择Cartesian Components，在Gravity X Dirn中输入 0，单位选择m s^-2，在Gravity Y Dirn中输入-g，在Gravity Z Dirn中输入 0，单位选择m s^-2，如图 15-82 所示。

步骤 10　在Initial Conditions（初始条件）选项卡中，勾选Center of Mass复选框，Option选择Automatic；勾选Linear Velocity复选框，Option选择Automatic with Value，在X Component中输入 0，单位选择m s^-1，在Y Component中输入 0，单位选择m s^-1，在Z Component中输入 0，单位选择m s^-1；勾选Angular Velocity复选框，Option选择Automatic with Value，在X Component中输入 0，单位选择radian s^-1，在Y Component中输入 0，单位选择radian s^-1，在Z Component中输入 0，单位选择radian s^-1，如图 15-83 所示，单击OK按钮。

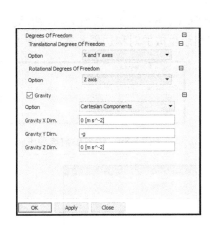

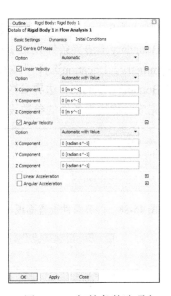

图 15-82 动力学选项卡   图 15-83 初始条件选项卡

步骤⑪ 单击任务栏中的 ⁅ ⁆（边界条件）按钮，弹出Insert Boundary（生成边界条件）对话框，如图 15-84 所示，设置Name（名称）为back，单击OK按钮进入如图 15-85 所示的Boundary（边界条件设置）面板。

图 15-84 生成边界条件对话框   图 15-85 边界条件设置面板

步骤⑫ 在Boundary（边界条件设置）面板的Basic Settings（基本设置）选项卡中，Boundary Type选择Symmetry，Location选择"BACK A, BACK B"。

步骤⑬ 在Boundary Details（边界参数）选项卡中，Option选择Unspecified，如图 15-86 所示。单击OK按钮完成对称边界条件的参数设置，在图形显示区将显示生成的对称边界条件，如图 15-87 所示。

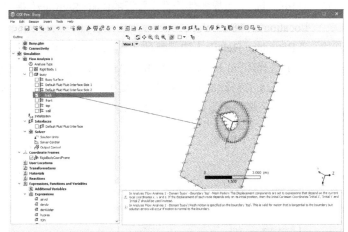

图 15-86 边界参数选项卡   图 15-87 对称边界条件显示

步骤⑭ 单击任务栏中的 ⁅ ⁆（边界条件）按钮，弹出Insert Boundary（生成边界条件）对话框，设置Name

（名称）为front，单击OK按钮进入如图15-88所示的Boundary（边界条件设置）面板。

步骤15 在Boundary（边界条件设置）面板的Basic Settings（基本设置）选项卡中，Boundary Type选择Symmetry，Location选择"FRONT A, FRONT B"。

步骤16 在Boundary Details（边界参数）选项卡中，Option选择Unspecified，如图15-89所示。单击OK按钮完成对称边界条件的参数设置，在图形显示区将显示生成的对称边界条件，如图15-90所示。

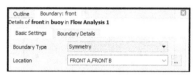

图15-88　边界条件设置面板

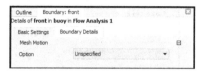

图15-89　边界参数选项卡

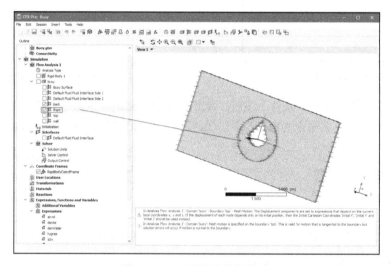

图15-90　对称边界条件显示

步骤17 单击任务栏中的（边界条件）按钮，弹出Insert Boundary（生成边界条件）对话框，设置Name（名称）为Buoy Surface，单击OK按钮进入如图15-91所示的Boundary（边界条件设置）面板。

步骤18 在Boundary（边界条件设置）面板的Basic Settings（基本设置）选项卡中，Boundary Type选择Wall，Location选择BUOY。

步骤19 在Boundary Details（边界参数）选项卡的Mesh Motion中，Option选择Rigid Body Solution，Rigid Body选择Rigid Body 1，在Mass And Momentum中，Option选择No Slip Wall，在Wall Roughness中，Option选择Smooth Wall，如图15-92所示。单击OK按钮完成壁面边界条件的参数设置，在图形显示区将显示生成的壁面边界条件，如图15-93所示。

图15-92　边界参数选项卡

图15-91　边界条件设置面板

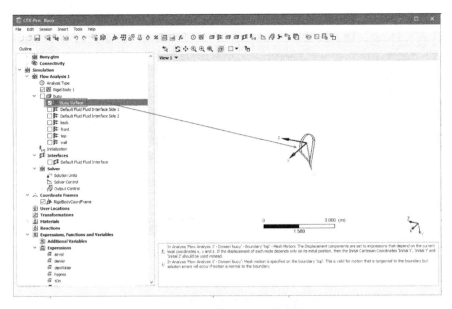

图 15-93　生成的壁面边界条件显示

步骤 20 单击任务栏中的 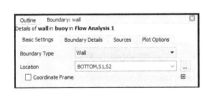（边界条件）按钮，弹出 Insert Boundary（生成边界条件）对话框，设置 Name（名称）为 Wall，单击 OK 按钮进入如图 15-94 所示的 Boundary（边界条件设置）面板。

步骤 21 在 Boundary（边界条件设置）面板的 Basic Settings（基本设置）选项卡中，Boundary Type 选择 Wall，Location 选择 "BOTTOM, S1, S2"。

步骤 22 在 Boundary Details（边界参数）选项卡的在 Mesh Motion 中，Option 选择 Specified Displacement；在 Displacement 中，Option 选择 Cartesian Components，在 X Component 中输入 wallMeshMot，在 Y Component 中输入 0，单位选择 m，在 Z Component 中输入 0，单位选择 m；在 Mass And Momentum 中，Option 选择 No Slip Wall，如图 15-95 所示。单击 OK 按钮完成壁面边界条件的参数设置，在图形显示区将显示生成的壁面边界条件，如图 15-96 所示。

图 15-94　边界条件设置面板

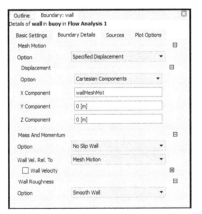

图 15-95　边界参数选项卡

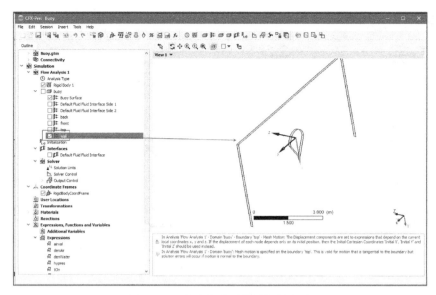

图 15-96　生成的壁面边界条件显示

步骤 23　单击任务栏中的 ▉ （边界条件）按钮，弹出Insert Boundary（生成边界条件）对话框，设置Name（名称）为top，单击OK按钮进入如图 15-97 所示的Boundary（边界条件设置）面板。

步骤 24　在Boundary（边界条件设置）面板的Basic Settings（基本设置）选项卡中，Boundary Type选择Opening，Location选择TOP。

步骤 25　打开Boundary Details（边界参数）选项卡，在Mesh Motion中，Option选择Specified Displacement，在Displacement中，Option选择Cartesian Components，在X Component中输入wallMeshMot，在Y Component中输入 0，单位选择m，在Z Component中输入 0，单位选择m；在Mass And Momentum 中，Option选择Opening Pres. and Dirn，在Relative Pressure中输入 0，单位选择Pa，如图 15-98 所示。

图 15-97　边界条件设置面板　　　　　　　　图 15-98　边界参数选项卡

步骤 26　打开Fluid Values（流体值）选项卡，在Air at 25 C的Volume Fraction中输入 1，在Water at 25 C的Volume Fraction中输入 0，如图 15-99 所示。在单击OK按钮完成出口边界条件的参数设置，在图形显示区将显示生成的出口边界条件，如图 15-100 所示。

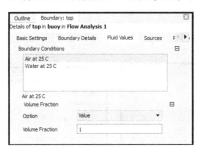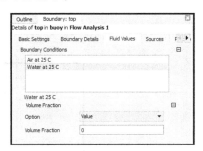

图 15-99　流体值选项卡

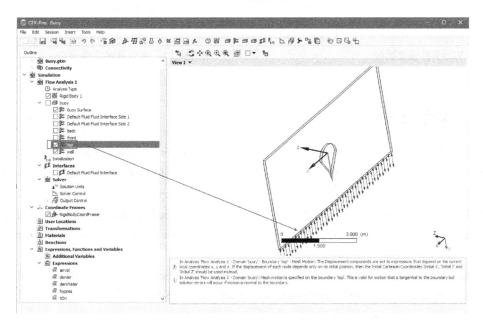

图 15-100　生成的出口边界条件显示

15.2.7　初始条件

步骤 01　单击任务栏中的 $\mathbf{I}_{t=0}$（初始条件）按钮，弹出如图 15-101 所示的Initialization（初始条件）设置面板，在Initial Conditions中，Velocity Type选择Cartesian，在Cartesian Velocity Components中，Option选择Automatic with Value，在U中输入 0，单位选择m s^-1，在V中输入 0，单位选择m s^-1，在W中输入 0，单位选择m s^-1，在Static Pressure中，Option选择Automatic with Value，在Relative Pressure中输入hypres，在Turbulence中，Option选择Intensity and Eddy Viscosity Ratio。

步骤 02　打开Fluid Settings（流体设置）选项卡，在Air at 25 C的Volume Fraction中输入airvol，在Water at 25 C的Volume Fraction中输入watvol，如图 15-102 所示，单击OK按钮完成参数设置。

图 15-101　初始条件设置面板　　　　　　　　　　　　　图 15-102　流体设置选项卡

15.2.8　求解控制

步骤 01　单击任务栏中的 （求解控制）按钮，弹出如图 15-103 所示的 Solver Control（求解控制）设置面板，在 Equation Class Settings（方程设置）选项卡中，勾选 Mesh Displacement 和 Convergence Control 复选框，在 Max. Coeff. Loops 中输入 4，在 Min. Coeff. Loops 中输入 2。

步骤 02　在 Rigid Body Control（固定体控制）选项卡中，勾选 Rigid Body Control 复选框，在 Rigid Body Solver Coupling Control 中，Update Frequency 选择 Every Coefficient Loop，勾选 Angular Momentum Equation Control 复选框，如图 15-104 所示。

步骤 03　在 Advanced Options（高级设置）选项卡中，勾选 Multiphase Control 和 Initial Volume Fraction Smoothing 复选框，Option 选择 Volume-Weighted，如图 15-105 所示，单击 OK 按钮完成参数设置。

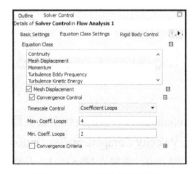

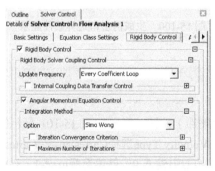

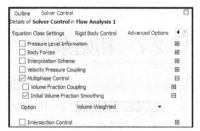

图 15-103　求解控制面板　　　　　　图 15-104　固定体控制选项卡　　　　　　图 15-105　高级设置选项卡

15.2.9　输出控制

步骤 01　单击任务栏中的 （输出控制）按钮，弹出 Output Control（输出控制）设置面板，如图 15-106 所示。

步骤 02 单击Trn Results选项卡，在Transient Results中单击 ⌐ 按钮，弹出Insert Transient Results（生成瞬态结果）对话框，如图 15-107 所示，设置Name（名称）为Transient Results 1，单击OK按钮。

步骤 03 在Transient Results 1 中，Option选择Selected Variables，Output Variables List选择"Pressure, Total Mesh Displacement, Velocity, Water at 25 C.Volume Fraction"，勾选Output Variable Operators复选框，Output Var. 在Output Frequency中，Option选择Time Interval，在Time Interval中输入tOn，如图 15-108 所示，单击Apply按钮。

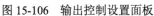
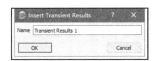

图 15-106　输出控制设置面板　　　　图 15-107　生成瞬态结果对话框　　　　图 15-108　输出控制设置面板

15.2.10　计算求解

步骤 01 单击任务栏中的 ⚽（求解管理器）按钮，弹出Write Solver Input File（输出求解文件）对话框，如图 15-109 所示，在File name（文件名）中输入Buoy.def，单击Save按钮。

步骤 02 求解文件保存退出后，Define Run（求解管理器）对话框会自动弹出，确认求解文件和工作目录后，单击Start Run按钮开始进行求解，如图 15-110 所示。

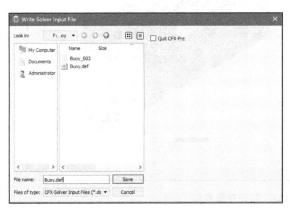

图 15-109　输出求解文件对话框　　　　图 15-110　求解管理器对话框

步骤 03 求解开始后，收敛曲线窗口将显示残差收敛曲线的即时状态，直至所有残差值达到 1.0E-4，如图 15-111 所示。计算结束后自动弹出提示框，勾选Post-Process Results复选框，单击OK按钮进入如图 15-112 所示的后处理器界面。

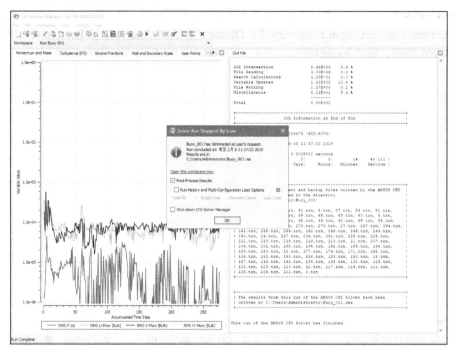

图 15-111　收敛曲线窗口

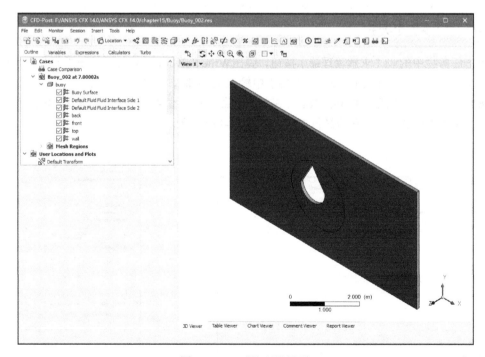

图 15-112　后处理器界面

15.2.11 结果后处理

步骤 01 单击任务栏中的 Location→ Plane（平面）按钮，弹出如图 15-113 所示的Insert Plane（创建平面）对话框，保持平面名称为Plane 1，单击OK按钮进入如图 15-114 所示的Plane（平面设置）面板。

步骤 02 在Geometry（几何）选项卡中，Method选择XY Plane，Z坐标取值为 0.05，单位选择m。

步骤 03 单击任务栏中的 （云图）按钮，弹出如图 15-115 所示的Insert Contour（创建云图）对话框，输入云图名称为Contour 1，单击OK按钮进入如图 15-116 所示的云图设置面板。

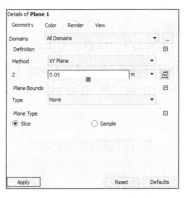

图 15-113 创建平面对话框

图 15-114 平面设置面板

图 15-115 创建云图对话框

步骤 04 在Geometry（几何）选项卡中，Locations选择Plane 1，Variable选择Water at 25 C.Volume Fraction，在# of Contours中输入 10。单击Apply按钮创建水体积分数云图，如图 15-117 所示。

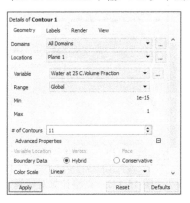

图 15-116 云图设置面板

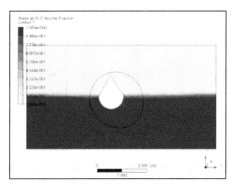

图 15-117 水体积分数云图

步骤 05 单击任务栏中的 按钮，弹出如图 15-118 所示的Timestep Selector（时间步选择）对话框，双击Step列中的 3，在图形显示区将显示 3Step的水体积分数云图，如图 15-119 所示。

步骤 06 单击任务栏中的 （动画）按钮，弹出如图 15-120 所示的Animation（创建动画）对话框，选中Keyframe Animation单选按钮，单击 按钮新建动画第一帧文件KeyframeNo1。

步骤 07 选中KeyframeNo1 选项，在# of Frames 中输入 93。

步骤 08 在Timestep Selector（时间步选择）对话框中双击Step列中的 280，在Animation（创建动画）对话框中再单击 按钮新建动画第二帧文件KeyframeNo2，选中Loop单选按钮，如图 15-121 所示。

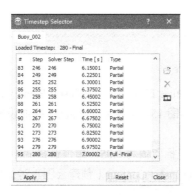

图 15-118　时间步选择对话框

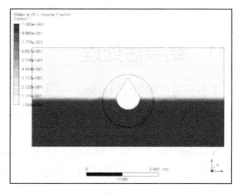

图 15-119　3Step 的水体积分数云图

步骤 09　单击▶按钮即可播放视频。

步骤 10　在Timestep Selector（时间步选择）对话框中双击Step列中的162，然后执行Tools→Mesh Calculator 菜单命令，弹出如图 15-122 所示的Mesh Calculator（网格计算）对话框，选择Mesh Calculator，Function选择Maximum Face Angle，单击Calculate按钮计算得到网格质量。

图 15-120　创建动画对话框

图 15-121　创建动画对话框

图 15-122　网格计算对话框

15.3　本章小结

　　本章介绍了动网格的基本技术，通过球阀流动和浮标运动两个实例来介绍CFX处理动网格的工作流程和相关参数的设置。

　　通过对本章内容的学习，读者可以掌握CFX中分析类型的设置、处理动网格问题的具体方法及步骤，可以掌握CFX处理动网格的基本思路和操作。

第16章

CFX 在 Workbench 中的应用实例

Workbench是ANSYS公司提出的协同仿真环境，目前CFX软件已集成在Workbench中，可在Workbench中协同其他软件，如网格软件、结构分析软件、其他流体分析软件等来协同分析复杂问题，以方便用户使用。

本章将通过实例来介绍CFX在Workbench中的应用。

知识要点

- 掌握 CFX 在 Workbench 中的创建
- 掌握 Meshing 的网格划分方法
- 掌握不同软件间的数据共享与更新

16.1 圆管内气体的流动

下面将通过ANSYS Workbench来启动设置CFX，让读者对CFX在Workbench中的应用有一个初步的了解。

16.1.1 案例介绍

本节将使用 9.1 节的圆管内气体的流动案例，同ANSYS Workbench来启动设置CFX，并进行求解计算。

16.1.2 启动 Workbench 并建立分析项目

步骤 01 在Windows系统下执行"开始"→"所有程序"→ANSYS 19.0 →Workbench命令，启动Workbench 19.0，进入ANSYS Workbench 19.0界面。

步骤 02 双击主界面Toolbox（工具箱）中的Component Systems→Geometry（几何体）选项，即可在项目管理区创建分析项目A，如图 16-1 所示。

步骤 03 在工具箱中的Component Systems→Mesh（网格）选项上按住鼠标左键拖曳到项目管理区中，悬挂在项目A中的A2 栏Geometry上，当项目A2 的Geometry栏红色高亮显示时，即可放开鼠标创建项目B，项目A和项目B中的Geometry栏（A2 和B2）之间出现了一条线相连，表示它们之间几何体数据可共享，如图 16-2 所示。

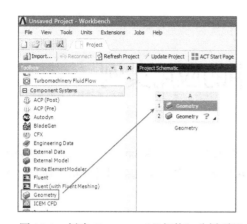

图 16-1　创建 Geometry（几何体）分析项目

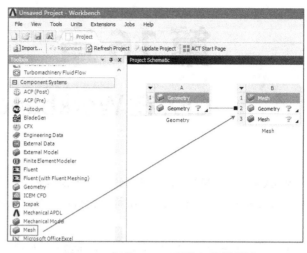

图 16-2　创建 Mesh（网格）分析项目

步骤 04　在工具箱中的Analysis Systems→Fluid Flow（CFX）选项上按住鼠标左键拖曳到项目管理区中，悬挂在项目B中的B3 栏Geometry上，当项目B3 的Mesh栏红色高亮显示时,即可放开鼠标创建项目C,项目B和项目C中的Geometry栏（B2 和C2）及Mesh栏（B3 和C3）之间各出现了一条线相连,表示它们之间数据可共享，如图 16-3 所示。

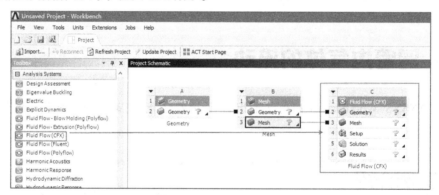

图 16-3　创建 CFX 分析项目

16.1.3　导入几何体

步骤 01　在A2 栏的Geometry上单击鼠标右键，在弹出的快捷菜单中选择Import　Geometry→Browse命令，如图 16-4 所示，此时会弹出"打开"对话框。

步骤 02　在弹出的"打开"对话框中选择文件路径，导入tube几何体文件，此时A2 栏Geometry后的 ？ 变为 ✓，表示实体模型已经存在。

步骤 03　双击项目A中的A2 栏Geometry，进入到DesignModeler界面，此时设计树中Import1 前显示 ，表示需要生成，图形窗口中没有图形显示。单击 Generate（生成）按钮即可显示图形,且Import1 前显示 ✓，如图 16-5 所示。

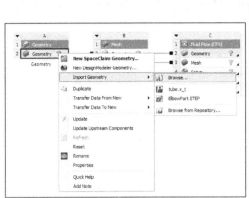

图 16-4 导入几何体

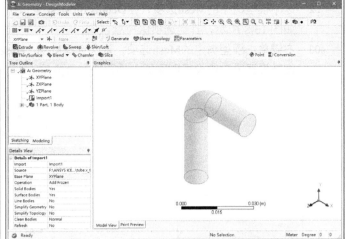

图 16-5 在 DesignModeler 界面中显示模型

步骤04 在设计树显示的零件树状图中单击volume 2，在Detail View窗口的Details of Body中将区域类型改为流体区域，即在Fluid/Solid下拉列表中选中Fluid，如图 16-6 所示。

步骤05 执行主菜单中的File → Close DesignModeler命令，退出DesignModeler，返回到Workbench主界面。

图 16-6 将计算域设为流体区域

16.1.4 划分网格

步骤01 双击项目B中的B3 栏Mesh项，进入如图 16-7 所示的Meshing界面，在该界面下进行模型的网格划分。

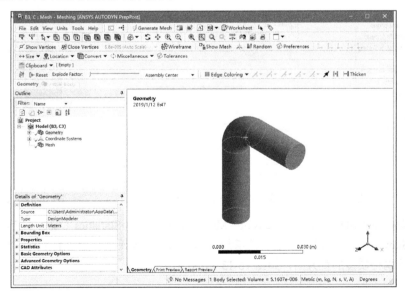

图 16-7 网格划分界面

步骤 02 选中模型树中的Mesh选项，在Details of Mesh窗口中设置网格的用途为CFD，求解器设置为CFX，如图16-8所示，其他选项保持默认值。

步骤 03 右键单击模型树中的Mesh选项，依次选择Mesh→Insert→Method命令，如图16-9所示。这时可在细节设置窗口中设置刚刚插入的网格划分方法。

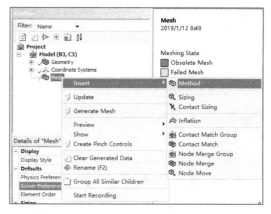

图 16-8　设置网格类型和求解器　　　　　　　　　图 16-9　插入网格划分方法

步骤 04 在图形窗口中选择计算域实体，在细节设置窗口中单击Apply按钮，设置计算域为应用该网格划分方法的区域。设置网格划分方法为Tetrahedrons，网格生长方式为Patch Independent，设置最小限制尺寸为1mm，如图16-10所示。

步骤 05 右键单击模型树中的Mesh选项，在弹出的快捷菜单中选择Generate Mesh命令，开始生成网格，如图16-11所示。

步骤 06 网格划分完成以后，单击模型树中的Mesh选项，可以在图形窗口中查看网格，如图16-12所示。

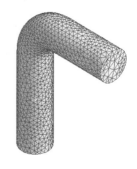

图 16-10　网格划分方法的设置　　　　图 16-11　开始生成网格　　　　图 16-12　查看网格

步骤 07 单击模型树中的Mesh项，在Details of "Mesh"窗口中展开Statistics（统计）选项，在Mesh Metric中选择Skewness（扭曲度），这样能够统计出节点数、单元数、扭曲度区间、平均值及标准方差，同时显示网格质量的直方图，如图16-13所示。

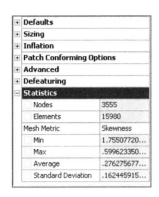

图 16-13　网格划分情况统计

步骤 08 执行主菜单中的File→Close Meshing命令，退出网格划分界面，返回到Workbench主界面。

步骤 09 右键单击Workbench界面B3栏中的Mesh项，在弹出的快捷菜单中选择Update命令，完成网格数据向Fluent分析模块中的传递，如图 16-14 所示。

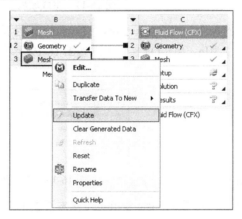

图 16-14　更新网格数据

16.1.5　边界条件

步骤 01 双击C4栏中的Setup项，打开CFX前处理模块（CFX-Pre窗口）。

步骤 02 单击任务栏中的 （域）按钮，弹出如图 16-15 所示的Insert Domain（生成域）对话框，名称保持默认，单击OK按钮确认进入如图 16-16 所示的Domain（域设置）面板。

图 16-15　生成域对话框

步骤 03 在Domain（域设置）面板的Basic Settings（基本设置）选项卡中，Location选择tube，Material选择Air Ideal Gas，其他选项保持默认值。单击OK按钮完成参数设置，在图形显示区将显示生成的域，如图 16-17 所示。

图 16-16　域设置面板

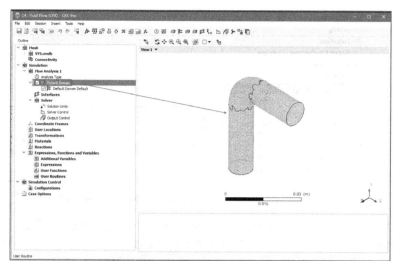

图 16-17　生成域显示

步骤 04　单击任务栏中的 （边界条件）按钮，弹出Insert Boundary（生成边界条件）对话框，如图 16-18 所示，设置Name（名称）为In，单击OK按钮进入如图 16-19 所示的Boundary（边界条件设置）面板。

图 16-18　生成边界条件对话框

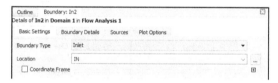

图 16-19　边界条件设置面板

步骤 05　在Boundary（边界条件设置）面板的Basic Settings（基本设置）选项卡中，Boundary Type选择Inlet，Location选择IN。

步骤 06　在Boundary Details（边界参数）选项卡中，在Normal Speed中输入 10，单位选择m s^-1，如图 16-20 所示。单击OK按钮完成入口边界条件的参数设置，在图形显示区将显示生成的入口边界条件，如图 16-21 所示。

图 16-20　边界参数选项卡

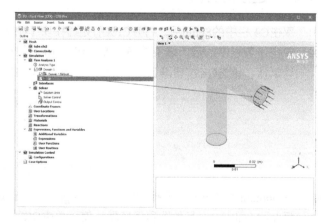

图 16-21　生成的入口边界条件显示

步骤 07　同步骤（3）方法，设置出口边界条件，名称为Out。

步骤 08 在Boundary（边界条件设置）面板的Basic Settings（基本设置）选项卡中，Boundary Type选择Outlet，Location选择OUT，如图 16-22 所示。

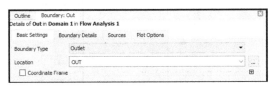

图 16-22　基本设置选项卡

步骤 09 在Boundary Details（边界参数）选项卡的Mass And Momentum中，Option选择Static Pressure，在Relative Pressure中输入 0，单位选择Pa，如图 16-23 所示。单击OK按钮完成出口边界条件的参数设置，在图形显示区将显示生成的出口边界条件，如图 16-24 所示。

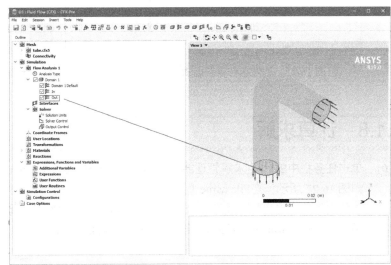

图 16-23　边界参数选项卡　　　　　　　图 16-24　生成的出口边界条件显示

16.1.6　初始条件

单击任务栏中的（初始条件）按钮，弹出如图 16-25 所示的Initialization（初始条件）设置面板，设置条件均保持默认值，单击OK按钮完成参数设置。

16.1.7　求解控制

单击任务栏中的（求解控制）按钮，弹出如图 16-26 所示的Solver Control（求解控制）设置面板，设置条件均保持默认值，单击OK按钮完成参数设置。

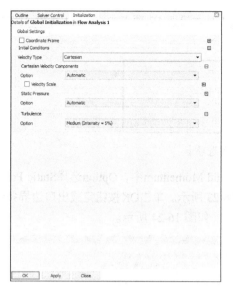

图 16-25　初始条件设置面板

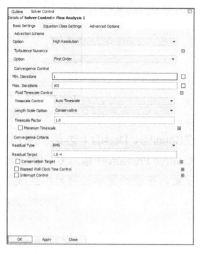

图 16-26　求解控制设置面板

16.1.8　计算求解

步骤 01 单击任务栏中的 🌐（求解管理器）按钮，弹出 Write Solver Input File（输出求解文件）对话框，如图 16-27 所示，在 File name（文件名）中输入 tube.def，单击 Save 按钮。

步骤 02 求解文件保存退出后，Define Run（求解管理器）对话框会自动弹出，确认求解文件和工作目录后，单击 Start Run 按钮开始进行求解，如图 16-28 所示。

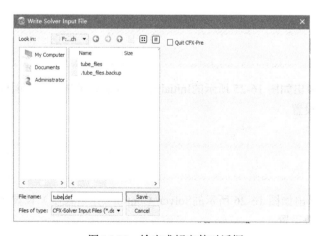

图 16-27　输出求解文件对话框

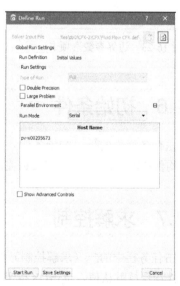

图 16-28　求解管理器对话框

步骤 03 求解开始后，收敛曲线窗口将显示残差收敛曲线的即时状态，直至所有残差值达到 1.0E-4，如图 16-29 所示。计算结束后自动弹出提示框，勾选 Post-Process Results 复选框，单击 OK 按钮进入如图 16-30 所示的后处理器界面。

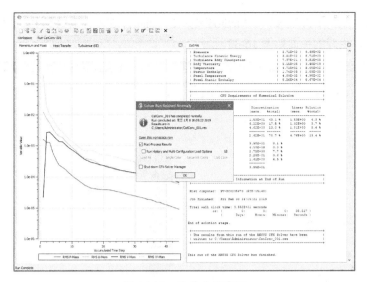

图 16-29　收敛曲线窗口

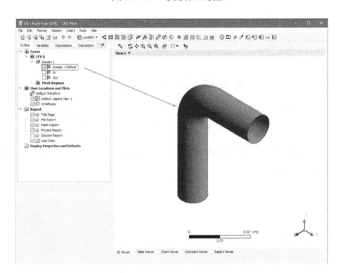

图 16-30　后处理器界面

16.1.9　结果后处理

步骤 01　单击任务栏中的 Location→ Plane（平面）按钮，弹出如图 16-31 所示的 Insert Plane（创建平面）对话框，设置平面名称为 Plane 1，单击 OK 按钮进入如图 16-32 所示的 Plane（平面设置）面板。

图 16-31　创建平面对话框

图 16-32　平面设置面板

步骤 02 在Geometry（几何）选项卡中，Method选择XY Plane，Z坐标取值为 0，单位为m。单击Apply按钮创建平面，生成的平面如图 16-33 所示。

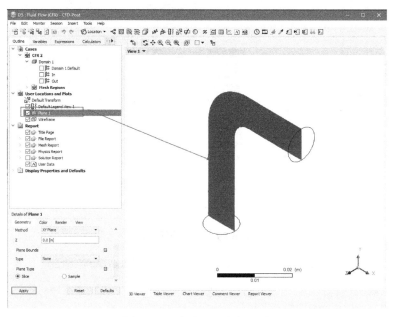

图 16-33　生成 XY 方向平面

步骤 03 单击任务栏中的 （云图）按钮，弹出如图 16-34 所示的Insert Contour（创建云图）对话框，输入云图名称为Press，单击OK按钮进入如图 16-35 所示的云图设置面板。

步骤 04 在Geometry（几何）选项卡中，Locations选择Plane 1，Variable选择Pressure，单击Apply按钮创建压力云图，如图 16-36 所示。

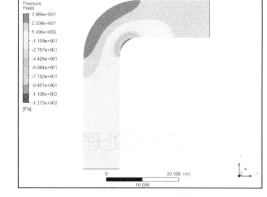

图 16-34　创建云图对话框　　　图 16-35　云图设置面板　　　　　图 16-36　压力云图

步骤 05 同步骤（2）方法，创建云图Vec，如图 16-37 所示。

图 16-37　指定云图名称

步骤 06 在如图 16-38 所示的云图设置面板的Geometry（几何）选项卡中，Locations选择Plane 1，Variable 选择Velocity。单击Apply按钮创建速度云图，如图 16-39 所示。

图 16-38　云图设置面板

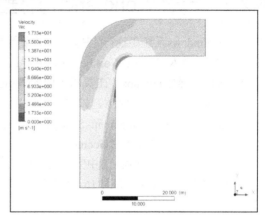

图 16-39　速度云图

16.1.10　保存与退出

步骤 01 执行主菜单中的File→Quit命令，退出CFD-Post模块返回到Workbench主界面。此时主界面的项目管理区中显示的分析项目均已完成，如图 16-40 所示。

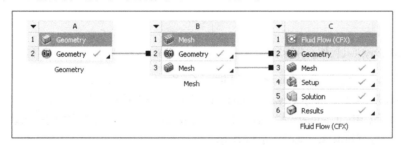

图 16-40　项目管理区中的分析项目

步骤 02 在Workbench主界面的常用工具栏中单击（保存）按钮，保存包含分析结果的文件。

步骤 03 执行主菜单中的File→Exit命令，退出ANSYS Workbench主界面。

16.2　三通内气体的流动

下面将通过ANSYS Workbench来启动并设置CFX，让读者对CFX在Workbench中的应用有一个初步的了解。

16.2.1　案例介绍

本节将介绍三通内气体的流动案例，使用ANSYS Workbench来启动并设置CFX进行求解计算。

16.2.2　启动 Workbench 并建立分析项目

步骤 01　在Windows系统下执行"开始"→"所有程序"→ANSYS 19.0 →Workbench命令，启动Workbench 19.0，进入ANSYS Workbench 19.0 界面。

步骤 02　双击主界面Toolbox（工具箱）中的Component Systems→Geometry（几何体）选项，即可在项目管理区创建分析项目A，如图 16-41 所示。

步骤 03　在工具箱中的Component Systems→Mesh（网格）选项上按住鼠标左键拖曳到项目管理区中，悬挂在项目A中的A2 栏Geometry上，当项目A2 的Geometry栏红色高亮显示时，即可放开鼠标创建项目B，项目A和项目B中的Geometry栏（A2 和B2）之间出现了一条线相连，表示它们之间的几何体数据可共享，如图 16-42 所示。

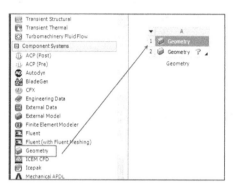

图 16-41　创建 Geometry（几何体）分析项目

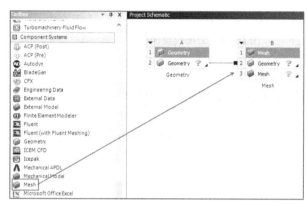

图 16-42　创建 Mesh（网格）分析项目

步骤 04　在工具箱中的Analysis Systems→Fluid Flow（CFX）选项上按住鼠标左键拖曳到项目管理区中，悬挂在项目B中的B2 栏Geometry上，当项目B3 的Mesh栏红色高亮显示时，即可放开鼠标创建项目C，项目B和项目C中的Geometry栏（B2 和C2）及Mesh栏（B3 和C3）之间各出现了一条线相连，表示它们之间数据可共享，如图 16-43 所示。

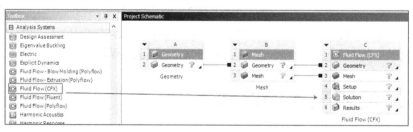

图 16-43　创建 CFX 分析项目

16.2.3　导入几何体

步骤 01　在A2 栏的Geometry上单击鼠标右键，在弹出的快捷菜单中选择Import Geometry→Browse命令，如图 16-44 所示，此时会弹出"打开"对话框。

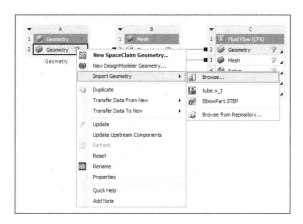

图 16-44　导入几何体

步骤 02 在弹出的"打开"对话框中选择文件路径，导入tube几何体文件，此时A2 栏Geometry后的  变为 ✓，表示实体模型已经存在。

步骤 03 双击项目A中的A2 栏Geometry，进入到DesignModeler界面，此时设计树中Import1 前显示 ✗ ，表示需要生成，图形窗口中没有图形显示。单击 Generate（生成）按钮显示图形，如图 16-45 所示。

步骤 04 在设计树显示零件的树状图中单击volume.2，在Detail View窗口的Details of Body中将区域类型改为流体区域，即在Fluid/Solid下拉列表中选中Fluid，如图 16-46 所示。

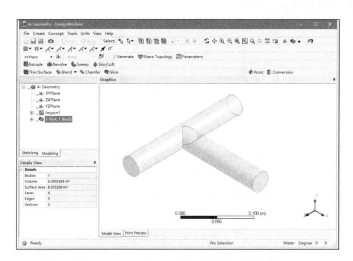

图 16-45　DesignModeler 界面中显示模型

图 16-46　将计算域设为流体区域

步骤 05 执行主菜单中的File→Close DesignModeler命令，退出DesignModeler，返回到Workbench主界面。

16.2.4　划分网格

步骤 01 双击项目B中的B3 栏Mesh项，进入如图 16-47 所示的Meshing界面，在该界面下进行模型的网格划分。

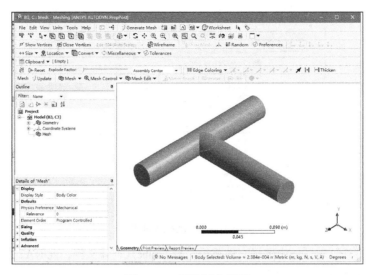

图 16-47　网格划分界面

步骤 02　选中模型树中的Mesh选项，在Details of "Mesh"窗口中设置网格用途为CFD网格，求解器设置为
　　　　CFX，如图 16-48 所示，其他选项保持默认值。

步骤 03　右键单击模型树中的Mesh选项，依次选择Mesh→Insert→Method命令，如图 16-49 所示。这时可
　　　　在细节设置窗口中设置刚刚插入的网格划分方法。

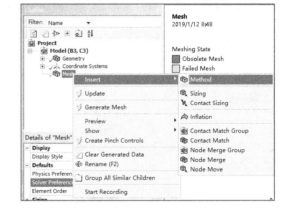

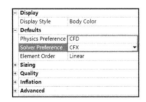

图 16-48　设置网格类型和求解器　　　　　　　　图 16-49　插入网格划分方法

步骤 04　在图形窗口中选择计算域实体，在细节设置窗口中单击Apply按钮，设置计算域为应用该网格划
　　　　分方法的区域。设置网格划分方法为Tetrahedrons，网格生长方式为Patch Independent，设置最小
　　　　限制尺寸为 1mm，如图 16-50 所示。

步骤 05　右键单击模型树中的Mesh选项，在弹出的快捷菜单中选择Generate Mesh命令，开始生成网格，如
　　　　图 16-51 所示。

步骤 06　网格划分完成以后，单击模型树中的Mesh项，可以在图形窗口中查看网格，如图 16-52 所示。

图 16-50　网格划分方法的设置

图 16-51　开始生成网格

图 16-52　计算域网格

步骤 07　单击模型树中的Mesh项，在Details of "Mesh" 窗口中展开Statistics（统计）项，在Mesh Metric中选择Skewness（扭曲度），这样能够统计出节点数、单元数、扭曲度区间、平均值及标准方差，同时显示网格质量的直方图，如图 16-53 所示。

图 16-53　网格划分情况统计

步骤 08　执行主菜单中的File→Close Meshing命令，退出网格划分界面，返回到Workbench主界面。

步骤 09　右键单击Workbench界面中的B3 栏Mesh项，在弹出的快捷菜单中选择Update命令，完成网格数据往Fluent分析模块中的传递，如图 16-54 所示。

图 16-54　更新网格数据

16.2.5　边界条件

步骤 01　双击C4栏的Setup项，打开CFX前处理模块（CFX-Pre窗口），如图16-55所示。

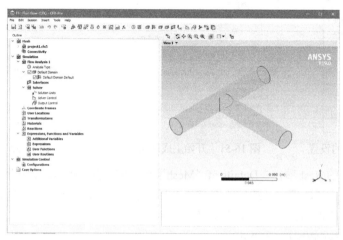

图 16-55　打开 CFX-Pre 窗口

步骤 02　单击任务栏中的 （域）按钮，弹出如图 16-56 所示的Insert Domain（生成域）对话框，名称保持默认值，单击OK按钮确认进入如图 16-57 所示的Domain（域设置）面板。

图 16-56　生成域对话框

步骤 03　在Domain（域设置）面板的Basic Settings（基本设置）选项卡中，Location选择B9，Material选择Air Ideal Gas，其他选项保持默认值。单击OK按钮完成参数设置，在图形显示区将显示生成的域，如图 16-58 所示。

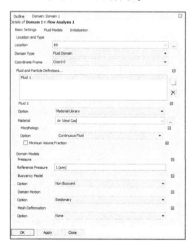

图 16-57　域设置面板

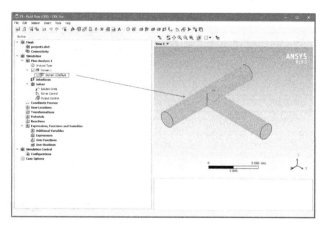

图 16-58　生成域显示

步骤 04 单击任务栏中的 (边界条件) 按钮，弹出 Insert Boundary (生成边界条件) 对话框，如图 16-59 所示，设置 Name (名称) 为 In，单击 OK 按钮进入如图 16-60 所示的 Boundary (边界条件设置) 面板。

图 16-59　生成边界条件对话框

图 16-60　边界条件设置面板

步骤 05 在 Boundary (边界条件设置) 面板的 Basic Settings (基本设置) 选项卡中，Boundary Type 选择 Inlet，Location 选择 IN。

步骤 06 在 Boundary Details (边界参数) 选项卡中，在 Normal Speed 中输入 5，单位选择 m s^-1，如图 16-61 所示。单击 OK 按钮完成入口边界条件的参数设置，在图形显示区将显示生成的入口边界条件，如图 16-62 所示。

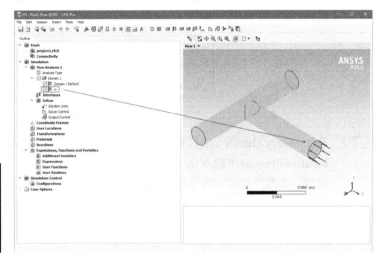

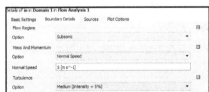

图 16-61　边界参数选项卡

图 16-62　生成的入口边界条件显示

步骤 07 同步骤 (3) 方法，设置出口边界条件，名称为 Out1。

步骤 08 在 Boundary (边界条件设置) 面板的 Basic Settings (基本设置) 选项卡中，Boundary Type 选择 Outlet，Location 选择 OUT1，如图 16-63 所示。

图 16-63　基本设置选项卡

步骤 09 在 Boundary Details (边界参数) 选项卡的 Mass And Momentum 中，Option 选择 Static Pressure，在 Relative Pressure 中输入 0，单位选择 Pa，如图 16-64 所示。单击 OK 按钮完成出口边界条件的参数设置，在图形显示区将显示生成的出口边界条件，如图 16-65 所示。

步骤 10 同步骤 (3) 方法，设置出口边界条件，名称为 Out2。

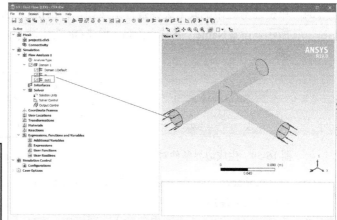

图 16-64　边界参数选项卡　　　　　　　　图 16-65　生成的出口边界条件显示

步骤 11　在Boundary（边界条件设置）面板的Basic Settings（基本设置）选项卡中，Boundary Type选择Outlet，Location选择OUT2，如图 16-66 所示。

图 16-66　基本设置选项卡

步骤 12　在Boundary Details（边界参数）选项卡的Mass And Momentum中，Option选择Static Pressure，在Relative Pressure中输入 0，单位选择Pa，如图 16-67 所示。单击OK按钮完成出口边界条件的参数设置，在图形显示区将显示生成的出口边界条件，如图 16-68 所示。

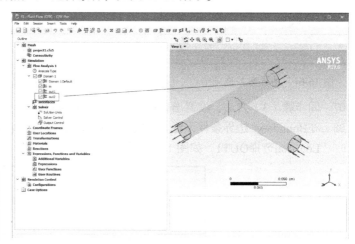

图 16-67　边界参数选项卡　　　　　　　　图 16-68　生成的出口边界条件显示

16.2.6　初始条件

单击任务栏中的 （初始条件）按钮，弹出如图 16-69 所示的Initialization（初始条件）设置面板，设

置条件均保持默认值，单击OK按钮完成参数设置。

16.2.7　求解控制

单击任务栏中的（求解控制）按钮，弹出如图 16-70 所示的Solver Control（求解控制）设置面板，设置条件均保持默认值，单击OK按钮完成参数设置。

图 16-69　初始条件设置面板

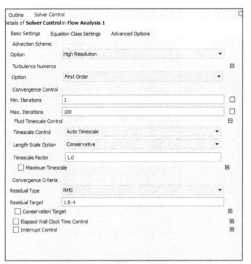

图 16-70　求解控制设置面板

16.2.8　计算求解

步骤 01　双击项目C中的C5 栏，即Solution项，进入如图 16-71 所示的求解管理器界面，单击Start Run按钮开始计算。

图 16-71　求解管理器对话框

步骤 02 求解开始后，收敛曲线窗口将显示残差收敛曲线的即时状态，直至所有残差值达到 1.0E-4，如图 16-72 所示，计算结束后关闭窗口。

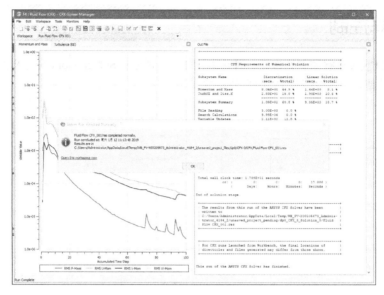

图 16-72　收敛曲线窗口

16.2.9　结果后处理

步骤 01 双击C6 栏中的Results项，打开CFX后处理模块（CFX-Post窗口），如图 16-73 所示。

步骤 02 单击任务栏中 Location → Plane（平面）按钮，弹出如图 16-74 所示的Insert Plane（创建平面）对话框，保持平面名称为Plane 1，单击OK按钮进入如图 16-75 所示的Plane（平面设置）面板。

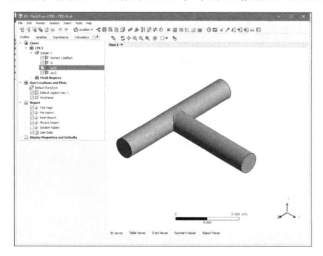

图 16-73　CFX-post 窗口

图 16-74　创建平面对话框

步骤 03 在Geometry（几何）选项卡中，Method选择ZX Plane，Y坐标取值为 0，单位为m，单击Apply按钮创建平面，生成的平面如图 16-76 所示。

图 16-75　平面设置面板

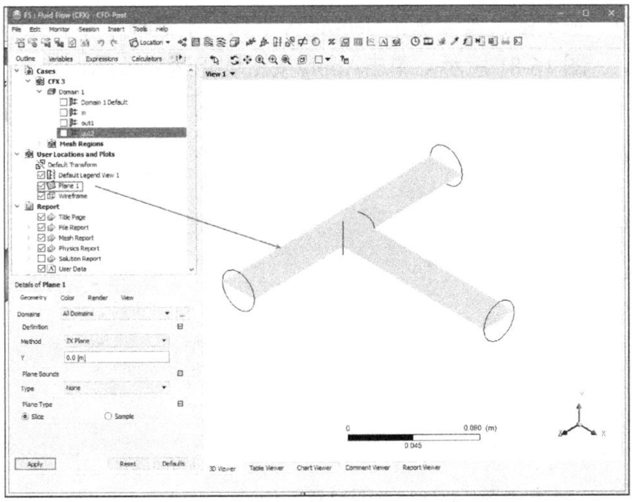

图 16-76　生成 ZX 方向平面

步骤 04　单击任务栏中的 （云图）按钮，弹出如图 16-77 所示的Insert Contour（创建云图）对话框，输入云图名称为Press，单击OK按钮进入如图 16-78 所示的云图设置面板。

图 16-77　创建云图对话框

图 16-78　云图设置面板

步骤 05　在Geometry（几何）选项卡中，Locations选择Plane 1，Variable选择Pressure，单击Apply按钮创建压力云图，如图 16-79 所示。

步骤 06　同步骤（4）方法，创建云图Vec，如图 16-80 所示。

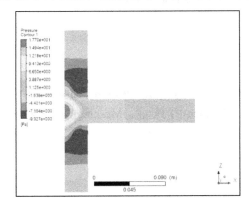

图 16-79　压力云图

图 16-80　指定云图名称

步骤 07 在云图设置面板的Geometry（几何）选项卡中，Locations选择Plane 1，Variable选择Velocity，如图 16-81 所示。单击Apply按钮创建速度云图，如图 16-82 所示。

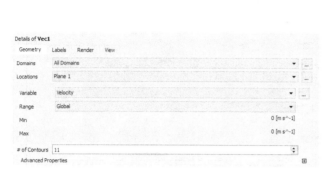

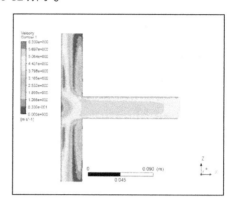

图 16-81　云图设置面板　　　　　　　　　　图 16-82　速度云图

16.2.10　保存与退出

步骤 01 执行主菜单中的File→Quit命令，退出CFD-Post模块返回到Workbench主界面。此时主界面的项目管理区显示的分析项目均已完成，如图 16-83 所示。

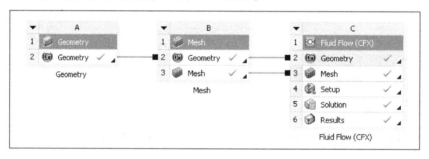

图 16-83　项目管理区中的分析项目

步骤 02 在Workbench主界面的常用工具栏中单击（保存）按钮，保存包含分析结果的文件。

步骤 03 执行主菜单中的File→Exit命令，退出ANSYS Workbench主界面。

16.3　本章小结

本章通过圆管内气体流动和三通内气体流动两个实例介绍了CFX在Workbench中应用的工作流程。

通过对本章内容的学习，读者可以掌握CFX在Workbench中的创建、Meshing的网格划分方法及不同软件间的数据共享与更新。

参 考 文 献

[1] 付德熏，马延文. 计算流体动力学. 北京：高等教育出版社，2002.

[2] 陶文铨. 数值传热学（第二版）. 西安：西安交通大学出版社，2001.

[3] 苏铭德. 计算流体力学基础. 北京：清华大学出版社，1997.

[4] 章梓雄，董曾南. 粘性流体力学. 北京：清华大学出版社，1998.

[5] 谢龙汉. ANSYS CFX流体分析及仿真. 北京：电子工业出版社，2012.

[6] 孙纪宁. ANSYS CFX对流传热数值模拟基础应用教程. 北京：国防工业出版社，2010.

[7] J. D. Anderson. Computational Fluid Dynamics: The Basics with Applications. McGrawHill. 北京：清华大学出版社，2002.